商品交易市場
發展論

曾慶均 ● 等著

財經錢線

目　錄

第一篇　商品交易市場概論篇

第一章　緒論 / 3
一、研究的背景與意義 / 3
二、國內外相關研究 / 4
三、研究內容與研究方法 / 9
四、研究創新點與不足 / 12

第二章　商品交易市場發展概述 / 13
一、商品交易市場定義 / 13
二、商品交易市場分類 / 14
三、商品交易市場功能 / 16
四、商品交易市場產生的條件 / 18

第三章　商品交易市場發展模式 / 21
一、商品交易市場發展模式概述 / 21
二、國外商品交易市場發展模式 / 21
三、中國商品交易市場發展模式 / 23

第四章　中國商品交易市場發展現狀 / 27

一、商品交易市場發展歷程 / 27

二、商品交易市場總體發展狀況 / 29

三、商品交易市場東中西發展現狀比較 / 32

四、商品交易市場發展存在的問題 / 34

五、商品交易市場發展趨勢 / 37

第五章　商品交易市場區域差異實證分析 / 43

一、區域界定 / 43

二、區域差異測度方法 / 44

三、商品交易市場東中西三大地帶泰爾系數分解 / 49

四、商品交易市場內部差異聚類分析 / 52

五、五類地區差異分解分析 / 55

第六章　商品交易市場區域差異影響因素分析 / 59

一、影響因素指標選取 / 59

二、全國商品交易市場影響因素面板數據模型 / 61

三、東部商品交易市場影響因素分析 / 65

四、中部商品交易市場影響因素分析 / 67

五、西部商品交易市場影響因素分析 / 69

第七章　商品交易市場發展思路 / 72

一、加快各個地區城市化發展 / 72

二、提高交通運輸質量 / 73

三、繼續增加進出口總額 / 74

四、重視政府支持作用 / 75

第二篇 重慶商品交易市場發展篇

第八章 重慶商品交易市場發展：基於 2012 年的分析 / 79
一、重慶商品交易市場發展歷史 / 79
二、重慶商品交易市場總體發展情況 / 83
三、重慶商品交易市場對國民經濟發展的貢獻 / 87
四、重慶商品交易市場綜合發展指數 / 96
五、重慶商品交易市場發展面臨的問題 / 104
六、重慶商品交易市場供求分析 / 109

第九章 重慶商品交易市場發展模式 / 156
一、重慶商品交易市場發展模式概述 / 156
二、重慶市商品交易市場發展典型模式 / 157
三、重慶市商品交易市場發展模式創新 / 162

第十章 重慶龍頭專業市場培育 / 168
一、龍頭專業市場及其特點 / 168
二、重慶龍頭專業市場現狀分析 / 169
三、重慶龍頭專業市場存在的問題 / 170
四、培育龍頭專業市場的思路 / 171

第十一章 重慶市鋼材市場發展分析 / 176
一、重慶市鋼材市場發展現狀 / 176
二、重慶市鋼材市場比較性評價 / 181
三、重慶市鋼材市場存在的主要問題 / 184

四、重慶市鋼材市場發展的對策建議 / 187

第十二章　重慶市主城區家居市場發展分析 / 190
　　一、重慶市家居市場發展歷史沿革 / 190
　　二、重慶市家居市場 SWOT 分析 / 192
　　三、重慶市家居市場發展建議及展望 / 194

第十三章　重慶市農產品批發市場發展分析 / 197
　　一、重慶市農產品批發市場發展現狀 / 197
　　二、重慶市農產品批發市場建設主要經驗 / 200
　　三、重慶市農產品批發市場存在的主要問題 / 202
　　四、國內外農產品批發市場主要發展經驗 / 203
　　五、重慶市農產品批發市場發展對策建議 / 204

第十四章　重慶市主城區市場外遷與佈局 / 209
　　一、重慶主城區大型商品交易市場發展現狀 / 209
　　二、重慶主城區大型商品交易市場存在的問題 / 211
　　三、重慶主城區大型商品交易市場面臨的形勢 / 211
　　四、重慶主城區大型批發市場外遷的意義 / 214
　　五、重慶主城區大型批發市場外遷的對策 / 215
　　六、重慶二環區域大型商品交易市場佈局 / 216

參考文獻 / 221

後　記 / 226

第一篇
商品交易市場概論篇

第一章　緒論

一、研究的背景與意義

　　商品交易市場是由市場開辦者提供固定的場地、設施進行經營管理，若干經營者集中在場內以自己的名義獨立從事商品交易活動的場所。商品交易市場作為中國社會主義初級階段的歷史產物，在商貿流通發展中具有重要的基礎地位。

　　中國商品交易市場的發展大致經過了20世紀80年代起步、90年代發展和21世紀初至今的升級換代（整合、改造、升級、重組和功能創新）三個時期，不斷適應了中國生產力發展水平。1992年以來，商品交易市場以超常規的發展速度，取得了令人矚目的成就，為繁榮中國商貿流通、為中國「大商貿，大流通，大市場」總體格局的形成做出了重大貢獻，在活躍商品流通、方便居民生活、擴大城鄉就業、推動國民經濟發展等方面發揮著積極的作用。截至2012年年底中國商品交易市場成交額達9.3萬億元，承載著中國80%的農產品和60%的工業產品流通任務。

　　面對商品交易市場如此迅猛的發展，我們必須清楚地認識到商品交易市場在發展過程中存在許多問題，如商品交易市場基礎建設滯後、分佈不均、交易方式單一、市場缺乏統一的管理與法律規範等。這些問題的存在，對商品交易市場的總體發展造成一定的影響。電子商務的時代，商品交易市場發展面臨挑戰，同時，消費水平、消費方式的變化，客觀上也是發展機遇，商品交易市場的完善、提升、創新、發展成為歷史必然。

　　商品交易市場的重要作用，決定了研究商品交易市場的必要性。但中國商品交易市場發展不平衡，使得研究商品交易市場區域差異成為一項重要任務。當前有關商品交易市場方面的研究成果大多都是現狀性的分析，實證層面的研

究尚處於探索階段，尤其是關於商品交易市場區域差異方面的研究較少。因此，對中國商品交易市場發展尤其是區域差異的研究，是瞭解中國商品交易市場大體發展情況的一種途徑，它不僅豐富和發展了中國現有的商品交易市場發展研究體系，同時也有利於健全商貿流通及商品交易市場研究理論。

從實踐的角度看，在2012年中國商品交易市場發展統計的數據中，東部地區市場數和成交額分別占全國的60.4%和76.91%；中部地區分別占全國的27.21%和16.33%；西部地區分別占全國的12.33%和13.68.%。從三大區域的年成交額發展狀況看，東部地區發展非常快，成交額占全國的76.91%，比重非常大。西部地區發展落後，無論是從商品交易市場的成交額還是市場數量來看佔有率都比較低。因此，找出商品交易市場發展產生如此巨大差異的原因，以及如何改善中國商品交易市場，對於優化中國商品交易市場理論、促進各個區域商品交易市場的協調發展、解決中國發展不平衡問題具有重要的現實意義。

二、國內外相關研究

(一) 國外研究

國外學者對商品交易市場的研究多是關於農產品交易市場方面的研究，其中以日本學者居多。日本學者主要研究了農產品批發市場的體系。甲斐（1996）、木立（1995）、新山（1996）和藤島（1999）對「集散市場體系論」進行了論述。細川（1993）提出了「信息主導型綜合批發市場體系論」。派恩（1993）通過研究認為生產規模正由大規模生產向大規模定制轉變，指出「不能再期望客戶對龐大單一市場感興趣」，在國際理論界產生了「專業市場消亡論」的觀點。隨著近年來信息接收和發送技術的迅速提高，Rhiannon 和 Antje（2002）研究了電子商務以及其對零售業的影響，Per 和 Arne（2007）研究了多元市場的樹形模型，James 和 Yeager（1997）研究了市場發展的理論與模式、商品市場的演化、動態發展。Peter（2007）研究了商品交易市場發展的作用，Maksim 和 Kathleen（2002）對商品交易市場的週期進行了研究。國外學者對商品交易市場的研究中，採用的是廣義商品交易市場概念，很少涉及中國商品交易市場。

（二）國內對商品交易市場發展現狀的研究

研究商品交易市場，一般都會涉及對其發展現狀的評價。郭國慶、錢明輝、吳劍峰（2005）指出：中國商品交易市場發展迅速，對促進中國市場經濟的繁榮起到了積極作用；但與此同時，與國外商品交易市場及其他零售業態相比，中國商品交易市場發展相對滯後，相關法制建設不健全，市場管理不完善。作者在最後對加強商品交易市場管理提出了相應的對策。楊富堂（2008）指出商品交易市場的發展有其必然性，它是由中國的國情決定的。為了適應時代的要求，中國商品交易市場的發展必須實現持續性，而實現商品交易市場的持續發展必須加強商品交易市場體系建設，實現已有商品交易市場的功能創新，調整商品交易市場結構，實現由數量規模擴張型向質量提升型轉變、加強商品交易市場的管理及組織創新、加速商品交易市場國際化進程、完善商品交易市場調控監管體系。王克臣、李敏、劉曉燕（2009）指出中國商品交易市場現狀是市場規模繼續擴大、超大型市場發展迅速、單個市場和攤位規模與效益增速顯著，但也提出商品交易市場發展中存在的問題：一是流通方式初級，交易方式傳統，組織化程度低，交易的集約化和集中化較弱，缺乏現代交易市場應有的規範與效率；二是市場長效監管機制不健全、不完善，法制建設相對滯後。政府有關部門對商品交易市場的監管仍停留在一般水平，缺乏現代化的管理方法與技術手段，尤其是在市場長效監管機制方面不夠健全完善。洪濤（2012）指出改革開放30多年來，中國商品交易市場經歷了七個發展階段，大多數商品交易市場採取了多種發展模式，商品交易市場出現了前所未有的繁榮景象，這使得中國迅速成為世界商品交易市場大國。彭建強（2004）把中國農村專業批發市場的發展分為三個階段，即起步階段（改革初期—1985年）、擴張階段（1986—1991年）、全面提高階段（1992年以後）。曾慶均、丁謙（2012）基於2010年的數據，分析了重慶市商品交易市場發展的規模與結構及對重慶國民經濟的貢獻、發展制約的因素和發展前景，構建了重慶市商品交易市場綜合指數並對各區縣市場發展進行了排名。

（三）國內對商品交易市場發展模式的研究

關於商品交易市場發展模式的研究，有總體的分析，也有個案的闡釋。洪濤（2009）在其著作《中國商品交易市場30年——商品交易市場體系與模式創新研究》中對商品交易市場的起源、發育、發展、體系、建設尤其是商品交易市場發展模式進行了系統的研究。楊松（2007）通過分析北京商品交易

市場「多少之爭」「大小之爭」和「聚散之爭」，總結了當前北京商品交易市場發展模式形成的原因，提出了新發展模式思路。丁俊發（2012）在對「十二五」中國商品交易市場發展的八點基本估價的基礎上，認為中國商品交易市場的發展模式應該創新，提出中國商品交易市場發展要快中求變的想法，舉出了政府主導全面改造升級模式、一市一特色專業市場提升模式、東貨西進模式、批發市場全國連鎖模式、電子商務批發市場模式、商貿物流共建模式以及總部基地、產業基地、供應鏈集成模式七種模式。孫暢（2012）分析了重慶商品交易市場發展的典型模式，如朝天門模式等。馬增俊（2010）、梁筱筱（2010）、關海玲（2010）、陳炳輝（2006）等對農產品等行業市場發展模式也開展了研究。「義烏模式」是學者們研究的熱點。陸立軍（1997）最早提出「義烏模式」，並進行了系統的研究。陸立軍（1999）將義烏模式的內涵界定為：通過實施「興商建市」的總體發展戰略，同時注重以商促工、以商強農、科教興商，推動農村經濟工業化、城鎮化、現代化，實現縣域經濟社會協調發展。包偉民和王一勝（2002）通過歷史分析認為，義烏小商品市場是在社會分工和生產專業化的推動下興起的，而市場又反過來推動經濟增長，並促使市鎮經濟向市場經濟轉化。史晉川（2005）從制度經濟學、金祥榮（2005）從交易費用經濟學角度分別對義烏小商品市場的快速發展作出了相關解釋。「義烏模式」從開始的市場秩序擴展和民間力量誘致逐漸發展為以政府為主導的專業市場。陸立軍（2009）認為應該通過大力發展電子商務和現代物流配送網絡、扶持和壯大會展經濟以及加強品牌建設等來推進義烏專業市場的轉型升級。曹榮慶（2008）以義烏國際商貿城為例研究了專業市場的模式創新，他指出中國市場經濟體制改革的一個重要路徑就是發展專業市場，專業市場在中國社會主義市場經濟建設取得如此巨大的成就中起到了關鍵性的作用。他最後指出應當從義烏小商品市場的國際化模式創新中吸取經驗，為強化專業市場的國際化程度、提高專業市場的國際化績效做出貢獻。

（四）國內對商品交易市場發展趨勢的研究

洪濤（2008）指出中國商品交易市場發展趨勢為：大型化趨勢、專業化趨勢、國際化趨勢、品牌化趨勢、多功能趨勢以及網絡化趨勢。馬燕、王鬱、王敬華（2006）指出中國農村專業市場的發展趨勢具有交易額集中化、組織網絡化、管理信息化、交易組織多元化、市場經營企業化等特點。劉東英、盧燕（2009）指出中國商品交易市場發展的趨勢是：專業市場發展迅速，綜合市場逐漸萎縮；市場攤位密集度減少，攤位規模擴大；以批發經營為主的市場

發展速度明顯快於以零售經營為主的市場；市場分佈顯現地區化趨勢；食品、服裝等非耐用消費品成交額比重下降，投資品和耐用品成交額上升；部分商品交易市場日益呈現國際化的趨勢；信息化正在逐步改變市場的管理模式；集團化趨勢日益明顯；市場法人主體化趨勢呈現以及仲介組織開始進入市場等。曾慶均（2012）指出伴隨城市化的進程，中國商品交易市場發展有外遷化的發展趨勢，並認為重慶商品交易市場發展呈現出了集中化、外遷化、公司化、品牌化、網絡化、信息化的趨勢特點。

（五）有關專業商品交易市場的研究

專業市場是商品交易市場最重要的組成部分，研究者較多。孫家賢（1992）、羅衛東（1996）等學者對專業市場的概念和內涵較早進行了相應研究。鄭勇軍（1998）將專業市場定義為「以現貨批發為主、集中交易某一類商品或若干類具有較強互補性和互替性商品的場所，是一種大規模集中交易的坐商式的市場制度安排」，並歸結為以下五個特點：具有專業性或者專門性；以批發為主，兼營零售；賣者數量必須達到一定的規模；以現貨交易為主；每日交易或每週的交易日明顯長於歇業日。朱國凡（1995）認為專業市場功能的發揮需要一些基本條件。金祥榮、柯榮生（1997）從交易費用角度對專業市場作了一種經濟學解釋。鄭勇軍（1998）從制度需求和制度供給兩方面對浙江專業市場的形成進行了分析，認為浙江專業市場發達的原因是浙江經濟結構和發展戰略對專業市場有很強的制度需求。鄭勇軍、袁亞春（2003）從專業市場成長的生命週期來看，浙江專業市場經歷了產生（1978—1984年）、成長和成熟（1985—1995年）、轉型（1996年後）三大發展階段。彭建強（2004）從制度創新角度討論了中國農村專業批發市場的形成和發展。彭繼增、趙恒伯（2009）研究了專業市場的歷史演進及其集聚機理分析，認為專業市場從歷史演化過程來看，它是從商品批發市場或商品交易市場演化而來，通常是指對農產品、家電、紡織品等商品分類，集中進行批發、批零兼營交易的攤位制市場。中國的專業市場最先形成於改革開放後的沿海省市的農村地區，而後隨著社會經濟的發展逐步向內陸省市、沿海省市小城鎮和城鄉接合部轉移。空間數量經濟分析揭示，在區域經濟發展中，且滿足一定的假設條件下，專業市場中兩種類型企業（流通性企業與生產性企業）的多次博弈最終導致一種集聚均衡，即在均衡的區位與價格條件下，批發企業或出口企業與專業化生產企業達到各自的利潤最大化，且是最有效率的均衡，這便是專業市場的集聚機理。石憶邵、張雪伍（2008）研究了中國億元商品交易市場的集中

化與專業化空間態勢，指出中國億元商品交易市場存在向東部沿海地區和大城市集中的趨向。徐鋒（2006）指出在中國經濟日益國際化的背景下，中國專業市場呈現出國際化發展趨勢。他以專業市場國際競爭力和中國經濟國際化程度作為基本變量來分析中國專業市場國際化，將專業市場經營歸納為四種模式，認為國際化經營是目前中國專業市場國際化基本模式。劉天祥（2006）從專業市場概念研究、專業市場形成研究、專業市場發展研究、專業市場成長階段研究4個方面對專業市場發展進行了綜述。專業市場的個案研究是個熱點話題，如對義烏小商品市場的研究，有許多高水平的成果，如陸立軍（1997，1999，2007，2010）。曾慶均（1997）在調查研究的基礎上，探討了重慶朝天門綜合交易市場發展的成就、問題及對策，並分析了市場的組織與運行。對農產品市場發展，學者們有深入的研究，如紀良綱（1995）、李敏（2003）、張新民（2011）等。

（六）商品交易市場發展區域差異分析

中國商品交易市場區域差異是客觀存在的，國內學者對其研究不多。其中石憶邵（2005）分析了中國商品交易市場的空間分佈及其發展對策，他從商品交易市場密度、市場規模等方面剖析了中國商品交易市場發展的省際區域差異特徵，證實了市場密度、市場規模與國民經濟發展水平之間存在著顯著的相關性關係；然後從市場數量、市場規模及其發展趨勢方面論述了中國商品市場發展的東、中、西部三大地帶差異特徵；最後指出生產力水平、國家政策、歷史積澱等因素導致商品交易市場區域之間的差異。張旭亮、寧越敏（2010）利用2000—2009年間的相關統計數據，借鑑並融合不同學科的經典研究方法，對中國總體及省際層面的商品交易市場發展差異進行了測度。結果表明，中國商品交易市場相對差異先增大後稍收斂，總體呈增大的趨勢；省際發展空間分佈呈似「胡煥庸線」弱帶，即呈東西兩頭較強的啞鈴狀。他們著重從核心因素、主要因素和助推因素三大方面七個影響因素對產生差異的機理進行了深入分析。吳意雲、朱希偉（2012）通過建立理論模型與計量分析發現，由於地方保護主義及市場分割的存在，外省的接入效應對各省商品交易市場的發展沒有本省的接入效應明顯；其次發現鐵路、公路以及高速公路等基礎設施的日益完善可以促進各省商品交易市場的發展；最後得出結論——不同要素密集度的生產企業對商品交易市場的依賴程度存在明顯差異，資本密集型產品的生產企業對商品交易市場的依賴度低於勞動密集型資源和資源密集型產品的生產企業。

(七) 商品交易市場的文獻述評

（1） 目前國內學者對中國商品交易市場的研究主要集中在商品交易市場的發展現狀、發展模式、發展趨勢、轉型升級等方面，對專業市場建設以及以義烏小商品市場為代表的市場個案研究也充分。也有學者從交易費用角度對市場發展作經濟學的解釋。研究表明：中國商品交易市場是改革開放的產物，經過多年的發展，中國商品交易市場已經具有相當的規模並發揮了重大作用，但也存在著管理不善、法制不健全、區域差異嚴重等問題。專業市場的發展是商品交易市場發展到一定階段才產生的，並且在社會發展中起著關鍵性的作用。

（2） 對商品交易市場區域差異進行實證分析的國內學者主要包括石憶邵、張旭亮、吳意雲等。石憶邵從商品交易市場密度、市場規模等方面剖析了中國商品交易市場發展的省際區域差異特徵；張旭亮對中國總體及省際層面的商品交易市場發展差異進行了測度；吳意雲、朱希偉建立了一個模型來證明接入效應對商品交易市場區域差異的影響。

關於區域差異的實證研究是在中國的省際層面進行分析，大都分東、中、西部進行劃分，很少對各個區域的具體差異進行分析。因此，本研究旨在借鑑關於區域差異分析的方法，通過聚類分出中國商品交易市場發展的五種類型，並對每類進行詳細的分析。在此基礎上，基於 2012 年數據，再次深入剖析重慶商品交易市場發展問題。

三、研究內容與研究方法

（一）研究內容與基本結論

1. 研究內容

全書共分為兩篇。

第一篇為商品交易市場概論篇，由七章構成。

第一章緒論，闡述了本研究問題提出的背景、意義以及研究目的、方法和內容，綜述了國內外商品交易市場的相關研究，對研究內容作了框架性描述。

第二章描述了商品交易市場定義、分類與功能，分析了商品交易市場誕生的條件。

第三章從國外、國內兩個方面討論商品交易市場的發展模式。

第四章分析了改革開放以來中國商品交易市場的發展歷程，概述了商品交

易市場總體發展現狀與問題，通過商品交易市場數量、總攤位數、營業面積以及成交額對中國東、中、西部商品交易市場的發展進行論述，分析了商品交易市場趨勢。

第五章主要研究商品交易市場的區域差異，通過構建衡量區域差異的各種指標，分東、中、西部討論中國商品交易市場的區域差異，並對東、中、西部的差異進行泰爾系數的分解。運用統計軟件對全國各個地區進行分類，運用統計學上的各類指標從絕對差異和相對差異兩個層面對分類後的區域差異作內部分解，並對分類結果進行相應的闡述。

第六章在第五章的基礎之上研究區域差異的影響因素，根據已有研究以及數據的可獲得性選取幾個影響因素用面板模型對全國商品交易市場的影響因素進行實證分析，並對東、中、西部影響因素進行實證分析。

第七章根據第五章實證分析得出的影響因素，有針對性地提出相應的對策建議。

第二篇重慶商品交易市場發展篇，由七章（第八～十四章）構成。

第八章基於2012年數據分析了重慶商品交易市場發展的總體規模、大型交易市場發展情況、區域分佈、市場類別等，剖析了重慶商品交易市場發展的問題；從貿易額、就業兩個方面，分析了2012年重慶商品交易市場對國民經濟發展的貢獻；在構建指標體系基礎上，分析了2012年重慶各區縣商品交易市場綜合發展指數並進行了排序，總體描述了重慶商品交易市場供求狀況。

第九章在概述重慶商品交易市場發展模式的基礎上，從農產品市場、日用品市場、生產資料市場中分別選取一個案例來剖析重慶市商品交易市場發展的典型模式，並就重慶市商品交易市場發展模式創新進行了分析。

第十章在描述龍頭專業市場及其特點、重慶龍頭專業市場現狀基礎上，認為培育重慶龍頭專業市場，應圍繞「整合、升級、創新」來進行。

第十一章在分析重慶市鋼材市場發展現狀基礎上，對重慶市鋼材市場發展進行了比較性評價，認為重慶市鋼材市場要進一步發展，必須嚴格控製規模、完善市場優化佈局、引領市場創新發展。

第十二章分析了重慶市農產品市場體系及其佈局、經營現狀，剖析了重慶農產品市場發展建設經驗，認為重慶農產品市場發展，需要完善市場體系規劃、加快整合搬遷、加強農產品市場信息體系建設、積極開展多樣化交易。

第十三章在描述重慶市家居市場發展歷史沿革基礎上，對重慶市家居市場進行了SWOT分析，提出了發展思路。

第十四章重點討論了重慶主城區大型商品交易市場外遷與重慶二環區域專

業市場佈局。

2. 基本結論

在當前研究商品交易市場基礎之上，試圖從區域差異的視角來研究中國商品交易市場的總體差異以及變動趨勢。在區域差異研究方法上利用衡量商品交易市場區域差異的各種指標從絕對層面以及相對層面來分析商品交易市場的總體差異。通過聚類的方法，將中國商品交易市場分為五大類進行討論，分別計算了每個區域的泰爾系數並對它們進行泰爾系數的分解，以期得出在影響商品交易市場差異中，地區之間的差異與地區內的差異誰占的比重較大。最後分析了區域差異的影響因素，並且提出相應的政策建議。得出的主要結論有：

第一，從全國層面來看中國商品交易市場絕對差異在不斷增大，相對差異先增大後減小，最後處於平穩狀態。

第二，從東、中、西三大地帶發展情況來看，西部地區商品交易市場發展最差，波動性很大。中部地區與東部地區商品交易市場發展相對穩定。同時分析了東、中、西三大地帶之間的差異——2000—2011年，三大地帶差異中，地區之間的差異一直占主導作用。到2012年三大地帶地區之間與地區內的差異基本相等，這說明中國商品交易市場地區發展之間差異有縮小的趨勢。

第三，從商品交易市場發展聚類分析得出的五類區域中，發展最好的第一類區域商品交易市場區域差異在不斷縮小，第二類區域商品交易市場區域差異是先增大後逐漸縮小，第三、四、五類區域商品交易市場區域差異在不斷增大。分析這五類區域差異中，地區間差異是主要因素，但地區之間差異在逐漸縮小。

第四，通過面板模型得出影響中國商品交易市場發展的因素有城鎮化率、進出口總額、貨物週轉量和政府財政支出，它們對商品交易市場都有顯著的正向影響。其中東部地區城鎮化率、進出口總額和貨物週轉量影響相對顯著。中部地區進出口總額對商品交易市場影響最大。西部地區政府財政支出、城鎮化率和貨物週轉量對商品交易市場影響最大。

第五，研究商品交易市場區域差異的指標選取數量較少，主要原因是另外一些影響因素的數據無法量化，因此很難得出數據。此外在衡量商品交易市場影響因素上，選取的影響因素是根據現有研究成果以及數據可獲得性，可能指標選取不全面。這些問題都需要在後續工作中不斷完善。

第六，通過對重慶商品交易市場發展的分析，發現重慶商品交易市場發展迅速，重慶商品交易市場發展逐步理性，但存在區域差異明顯、規模擴張過度等問題。

(二) 研究方法

（1）文獻分析法。在查閱國內外相關研究文獻資料基礎之上，把握商品交易市場研究現狀、趨勢以及不足，並對國內學者關於商品交易市場發展的思想、觀點及研究方法進行分析總結。

（2）比較分析法。對中國商品交易市場進行東、中、西區域性差異分析的比較，分析地區間存在的差異性及對造成這種差異的原因進行實證分析。

（3）定量研究方法。為了科學、準確、全面評價中國商品交易市場發展差異，本研究採用標準差、極值、變異系數、平均值、泰爾系數、以人口加權的變異系數、泰爾系數分解等指標科學測定了中國商品交易市場的內部差異與外部差異，並且分析了地區之間與地區內差異，重點分析地區間差異所占比重與地區內差異所占比重。

（4）理論與實證相結合的研究方法。在對中國商品交易市場發展內部差異影響因素進行理論闡釋的基礎上，通過實證分析運用面板模型對影響因素進行實證檢驗，並以重慶商品交易市場發展為典型案例，實證分析了區域商品交易市場的發展情況。

四、研究創新點與不足

目前國內對商品交易市場區域差異的研究，大都以東、中、西部進行劃分。本研究在選取相關衡量指標後對中國商品交易市場的整體差異情況劃分為從好至差五類，這種劃分是一種思路上的創新。在對商品交易市場影響因素分析上，很少有人用面板模型對影響因素進行分析。本研究利用面板模型分析影響因素，這種方法較現有文獻普遍使用的方法是一種進步。同時，在研究重慶商品交易市場發展情況時，從實際出發，根據課題組的調研數據，通過選取與商品交易市場密切相關的八大指標，應用SPSS數據統計軟件，採用主成分分析方法選出主成分因子並自動賦權，得到商品交易市場綜合發展指數，並對各區域進行排名。類似研究在全國是個創新。

本研究對商品交易市場區域差異的指標選取數量較少，主要原因是另外一些影響因素的數據無法量化，因此很難得出數據。此外在衡量商品交易市場影響因素上，選取的影響因素是現有研究成果以及數據可獲得性，可能指標選取不全面。

第二章　商品交易市場發展概述

中國商品交易市場從集貿市場發展而來，雖然總體發展起點較低，但它順應了中國經濟社會發展的實際，已經成為中國社會主義市場經濟中極具特色的組成部分。

一、商品交易市場定義

商品交易市場是指全國鄉鎮及以上經政府主管部門批准，有固定交易場所、相應設施及服務機構，有若干經營者入場經營，進行經常性交易，分別納稅，設有專職管理人員，由市場經營管理者負責經營管理，實行集中公開商品交易的場所。

商品交易市場是中國商品經濟和國內市場不發達的歷史條件下的產物，與工業化發展水平密切相關，是市場的特殊存在形式，是由社會主義初級階段的生產力水平所決定的，有中國特色的商品流通模式，是社會商品流通體系的重要組成部分。商品交易市場作為商品流通的一個範疇，具有兩種含義：一是作為交換場所，商品交易市場就是指交易規模較大的商品交換的場所。這種商品交易市場一般是在城鎮集市貿易市場、專業市場的基礎上發展而來的。二是作為一種流通組織形式，商品交易市場是指買賣雙方提供經常性的、公開的、規範的以批發交易為主的商品交易，並且具有信息結算、運輸等配套服務功能的交易組織。我們重點研究的是第二種定義的商品交易市場。

商品交易市場提供的不僅僅是商品交易的場所，還是提供服務的場所。場所體現經營定位，場所也體現服務品質。商品交易市場包括交易主體、交易客體、交易載體等多種要素。商品交易市場不僅給生產者、批發商、零售商以及消費者提供了一個商品交易的場所，而且提供了一個有較好服務質量的交易場地。各種交易主體在這種商品交易市場的交易活動中，通過交易行為得到商品

交易市場提供的服務。商品交易市場通過各種交易主體提供服務，促進了商品使用價值的轉移，完成了商品價值的實現，同時又將處於不同商品流通環節的商業勞動凝結於商品之中，促進了商品價值的增值。

二、商品交易市場分類

（一）按照經營的業態劃分

按照經營的業態劃分，商品交易市場可以分為狹義的商品交易市場與廣義的商品交易市場。

狹義的商品交易市場，就是城鄉集市、商業街、商品專業交易市場一類的市場。

廣義的商品交易市場，除了上述的市場以外還包括雜貨商店、專業商店、百貨商店、超級市場、批發公司等。

（二）按照經營客體劃分

按照經營客體劃分，商品交易市場可以分為綜合型商品交易市場與專業型商品交易市場。

綜合型的商品交易市場，簡稱綜合市場，指經營若干類商品的市場，這種市場往往是商品交易發展水平不高的產物。

專業型的商品交易市場，簡稱專業市場，指以重點經營一類商品為主的市場，如建築建材專業市場、家具市場、水果市場等。這類市場的特點是具有特定的客戶定位、特定的行業的定位。專業市場是經濟發展到一定時期的產物，是社會分工走向專業化、主體化的體現。專業型的商品交易市場大致可以分為農產品市場、工業消費品市場、生產資料市場等。

（三）按照商品交易市場在流通中的地位劃分

商品交易市場按照在流通中的地位可以分為：

產地型商品交易市場。這類市場主要是依託本地的產業發展，以產促銷，流通環節少，有區位的優勢，大多由於有產業的支撐，市場發展穩定並且繁榮。

銷地型商品交易市場。這類市場重點依託本地市場，產品主要在產地銷，或外產地銷。銷地型市場依靠大城市、大的消費群體發展起來，但是當零售業

態發生變革，連鎖超市、賣場等出現，這類市場會逐漸走向萎縮。

集散型的商品交易市場。這類市場生產與銷售在很大程度上都集中在外地，是較大區域商品集散地。以義烏商品交易市場為例，其市場80%的商品來自外地，80%的商品銷往外地，80%的經營者是外地人，其產品基本上是「買全國、賣全國」。

（四）按照商品交易市場發育的成熟度劃分

商品交易市場按照商品交易市場發育的成熟度分為：

初級形態的商品交易市場。這類市場基本上沒有嚴格意義的商品交易市場管理主體，其交易的時間空間不規範、交易主體不規範、交易行為不規範以及交易設施不規範。比如初級形態的農村專業批發市場缺乏嚴密的組織，市場內部組織化程度低，市場的發展尚處於初級階段。

中級形態的商品交易市場。這類市場大都有完善的組織類型，商品交換在固定場所進行，價格根據市場供求關係而確定。

高級形態的商品交易市場。高級形態的商品交易市場是發育成熟、規範並且具有現代化特徵的市場組織形式。其中典型的是現代化的大型的輻射全國的中心批發市場。這類市場每一筆交易規模都較大，交易方式有即時的現貨交易，也有中遠期的合同交易。並且這些市場半徑大、輻射力強，可以在大區域範圍內帶動、協調商品產銷體系。

（五）按照批量交易規模和規範化程度劃分

按照批量交易規模和規範化程度來劃分，商品交易市場又可分為中央批發市場、地方批發市場和自由批發市場三個層次的組織形式。此種劃分有些類似於按照商品交易市場發育的成熟度劃分。

中央批發市場。它通常被稱為國家級批發市場，是規範化程度最高、交易規模較大的一種市場貿易組織形式。其一般特點有：①中央批發市場大多設在商品流通的集散中心、交通轉運中心或消費者密集的大城市。因此，中央批發市場又常稱為「集散中心市場」。②中央批發市場一般為「官辦」組織，可由地方政府獨立開辦，或地方政府和中央政府有關機構聯合創立。在後一種情況下，中央政府和地方政府按一定比例出資，中央政府給市場派出監督人員，市場的其他日常管理則由地方政府負責。當然也可由民間合作團體興建和管理中央批發市場。如德國波恩的羅伊斯多夫水果和蔬菜中央批發市場，就是由1,002家農戶和果園主自己建立起來的合作社性質的批發市場。③中央批發市

場中進行買賣的交易者人數不是很多，但交易量很大。如在日本東京生鮮食品中央批發市場中，買主僅為幾個大批發商，賣主主要是一些農產品產地的收購商、大型農戶、水產企業、地方農協等供貨組織。

地方批發市場，又稱為「區域批發市場」。其一般特點有：地方批發市場一般設在產地；有些是露天市場，有些則設在建築物內，並配有一定的倉儲設備；可由當地政府開辦，也可由各種經濟組織實行民辦；其交易量和規範化程度都不及中央批發市場，但必須達到一定水平；在市場交易中，售方是生產企業，購方是採購商、購銷代理商、地方零售商以及部分生產企業。

自由批發市場。中央和地方批發市場以外的批發市場統稱為自由批發市場。其一般特點有：規範化較差；其申辦者不像中央批發市場或地方批發市場那麼嚴格，不須特別批准，只要登記註冊領取執照便可開辦；交易規模較小，甚至可進行少量的零售交易。中國大部分蔬菜、水果等生鮮食品批發市場和一些日用品的專業市場都是自由批發市場的主要組成部分。

總之，中央批發市場、地方批發市場和自由批發市場是批發市場交易規範程度由低到高、輻射範圍由小到大的批發市場的三個層次。它們分別適應不同程度和不同範圍內的供求需要而合理地存在。日本、美國批發市場體系均由這幾個層次的組織形式構成。中國批發市場起步較晚，但目前也基本建立起了由這三個不同層次構成的完整的批發市場體系。其中，自由批發市場和地方批發市場發展迅速，而中央批發市場也不斷發展，在中國社會主義市場經濟中扮演著十分重要的作用。

另外，《中國商品交易市場統計年鑒》將商品交易市場按市場類別分為綜合市場和專業市場：綜合市場包括生產資料綜合市場、工業消費品綜合市場、農產品綜合市場、其他綜合市場4類；專業市場包括生產資料市場，農產品市場，食品、飲料及菸酒市場，紡織、服裝、鞋帽市場，日用品及文化用品市場，黃金、珠寶、玉器等首飾市場，電器、通信器材、電子設備市場，醫藥、醫療用品及器材市場，家具、五金及裝飾材料市場，汽車、摩托車及零配件市場，花、鳥、魚、蟲市場，舊貨市場，其他專業市場13類。同時，商品交易市場又可按營業狀態分為常年營業、季節性營業、其他；按經營方式分為以批發為主、以零售為主；按經營環境分為露天式、封閉式、其他。

三、商品交易市場功能

商品交易市場有著多重經濟功能，如商品交易功能、信息發布功能、形成

價格功能、展示功能、質量檢測功能、物流配送功能、聚散功能、結算功能、進出口功能、服務功能、城市名片功能等，在中國各類商品交易市場尤其是各類大型商品交易市場，充分發揮了「建一個市場、帶一方企業、活一方經濟、富一方人民」的經濟功能和作用。

對於輻射全國或世界的大型商品交易市場而言，大宗交易是其重要特點，因此其功能更為獨特，主要包括：

一是採購與銷售的第三方平臺。具體說就是：拓寬物資流通渠道，減少流通環節，提高流通效率，降低流通成本，增加各個交易主體的透明度。

二是企業套期保值的避險工具。具體說就是：規避價格波動風險，利用大型商品交易市場的價格形成與發現機制所發出的價格信號，合理安排生產銷售計劃、原材料採購計劃，以提前鎖定原料成本和生產成本，或以較高的價格提前鎖定銷售利潤。

三是投資投機獲利的理財渠道。市場的參與者不僅可以以低成本進行採購，或者通過買入保值鎖定遠期成本，以更高價格完成無負債銷售，或者通過賣出保值鎖定遠期銷售價格，還能夠直接在交易平臺上投資或投機獲利。

四是市場價格形成與發現機制。大宗商品經銷企業改變和增加了經營方式，企業資本（資產）管理有了新的渠道。在可承受風險範圍內，在電子盤上投資獲利。或直接做盤，或套期保值，期轉現獲利。更由於集中撮合交易平臺的集中競價制度，大密度、高頻率的集中撮合交易，無數買家與賣家都在集中交易平臺上按照自己心目中的價格出價進行交易，必然形成市場所能接受的即期和遠期價格。這樣就形成和發現了對現實生產與貿易有實際指導意義的價格。中央級商品交易市場的價格發現與形成機制，有助於中國用市場方式爭奪國際市場的定價權。

五是金融創新發展供應鏈融資。大型商品交易市場是多層次資本市場的一個組成部分。資本市場要允許一部分投資者和投機者的存在。大型商品交易在多層次資本市場中佔有一定的位置。交易市場上資金流、與資金相關的信息流佔有主要地位。現貨物流、倉儲、配送體系反倒是服務性，在數量上成為少數。在這裡適度的金融性投資乃至投機都是活躍市場的必備條件。也只有活躍的市場才真正能實現價格發現和定價的功能，成為企業的定價參照系。還有重要的一點，就是大型商品交易市場作為市場的組織者和管理者，有成為市場會員企業融資「資金池」的作用。如倉單質押貸款業務，由此發展而來的供應鏈融資業務，信用擔保融資業務都是在大型商品交易市場上派生出來的金融創新業務。在控制風險的前提下，與銀行、證券、期貨業合作，充分利用大型商

品交易市場的金融屬性，是傳統產業資本化和電子交易市場的題中應有之義。

四、商品交易市場產生的條件

從商品交易市場發展的過程來看，歐美國家在工業化早期形成的大量工業品專業批發市場，大都在工業化中後期消亡了。許多歷史上著名的專業市場如曼徹斯特輕紡市場的消亡，在國際理論界產生了「專業市場消亡論」的觀點，對專業市場發展的前景質疑。發達國家商品交易市場（或批發市場）發展，一是以美國為代表，市場一部分功能為產銷一體化組織所取代；二是以比利時、日本為代表，市場向拍賣市場發展。目前，西方國家發展較好的商品交易市場（或批發市場）是農產品市場。中國目前各級各類市場比較健全，有其產生的特殊條件。

（一）商品交易市場產生的制度根源

商品交易市場作為一種制度創新模式，其產生與發展與中國的體制環境是分不開的。

1. 制度環境的變化

新中國成立初期，商品經濟以市場為媒介進行交換，原則上都是被徹底否定的，基本是政府擁有對經濟的絕對控製權。這段時期內，「有限流通論」甚至是「無流通論」大行其道，基本談不上商品流通，只有物資的調撥與個人生活資料的分配。尤其是在經歷了20世紀50年代的社會主義改造運動後，原來的商業網點深入街頭巷尾的特點逐漸為規模大、佈局疏、數量少的國營和合作經濟所代替。

黨的十一屆三中全會後，確立了改革開放的道路，計劃經濟體系逐漸解體。這一階段中國的計劃經濟與市場經濟並存，在商品流通中既有國家指令性的計劃經濟的存在，也有市場機制調節作用。1992年在鄧小平南方談話精神的指引下，中國迎來了新一輪改革發展的熱潮，商品交易市場發展出現快速發展的勢頭。1992年黨的十四大確立了中國改革目標是建立社會主義市場經濟體制後，商品交易市場得到更加迅速的發展，交易方式多樣化，市場化的程度不斷提高。

進入21世紀後，在積極加入世貿組織以及加快西部開發和結構調整的新形勢下，新經濟、新網絡時代迅速改變過去遠距離、長時間、高成本的經濟交

往模式。同時，中國的流通產業在21世紀高節奏地運行著。中國流通業在百花齊放的大形勢下，商品交易市場也開始探索與現代商貿產業接軌的新途徑。

2. 政府的引導

1987年6月10日國務院在向各地區、各部門批轉的由國家體改委、商業部、財政部發布的《關於深化國營商業體制改革的意見》中，進一步指出：「大中城市的國營批發企業要根據商品生產社會化、專業化要求，因地制宜地進行改革。要根據需要發展城市批發市場、小商品市場。」在政府的引導之下，全國各地兼具批發和零售功能的小商品市場如雨後春筍般出現。2003年，黨的十六屆三中全會召開，根據全會通過的決議中，要求貫徹「發展現代流通方式」精神，政府開始引導大量的初級批發交易市場，引導它們逐漸形成以信息聚集和發布以及大宗商品批發交易，物流配送為主的平臺。在政府的引導下商品交易市場的規模逐步擴大。

除了中央政府外，地方政府也積極引導商品交易市場的發展，許多政府結合本地優勢，因地制宜地「建市」或「造市」而產生的市場越來越多，政府的扶持與規範可以發揮巨大的作用。

（二）商品交易市場產生的經濟根源

商品交易市場作為一種商貿流通發展模式，其出現有很深的經濟根源。

1. 需求拉動

人口密集與社會生產力的發展會促進社會生產分工，分工發展到一定階段，就出現相應產業與相關產品的貿易。人口的聚集就會形成需求，有了商品的需求就會產生市場。需求拉動了商品交易市場的出現與繁榮，交易市場的出現與繁榮又反過來吸引異地的需求向本地市場的轉移，進一步繁榮了市場。由需求拉動產生市場是市場形成的最原始的途徑，也是最具有堅實基礎和生命力的形成方式。

2. 產業帶動

生產力的發展可以導致精細的分工，分工的發展導致不同的產業及產業集群的出現，產業群的出現會引起交換的出現，交換的出現又會促使商品交易市場的形成。大規模的生產必定要求大流通、大市場的出現，這是商品交易市場形成的原因之一。中國商品交易市場密集的地區大多是產業經濟發達的地區，商品交易市場所在地有龐大的產業支撐，才能保證市場有源源不斷的貨源優勢，同時商品交易市場又可以帶動和促進產業更好地發展。

同時，產業帶動條件下形成的交易市場往往需要借助市場仲介的力量，沒

有仲介的引導和規模化的組織，產業力量的集中很難形成需求的集中。特別是交易仲介、儲運仲介等一大批成熟的市場仲介的形成，對商品交易市場的集聚與發展有著舉足輕重的作用。

(三) 商品交易市場產生的社會根源

除了制度與經濟根源，商品交易市場的出現還有社會根源的推動。

1. 交通發展的帶動

「要想富，先修路。」「搞流通，上交通。」中國交通格局的變化對商貿流通、商品交易市場的發展影響深遠。隨著城市建設的大發展，新的交通網絡初具規模。強大的交通樞紐不僅改變了人流格局、物流的高效運作，而且帶來消費觀念的拓展與更新。這種由於新的交通網絡的興建而出現的人流的集聚往往也可以形成新的商貿中心和商品交易市場。同時，快速交通的發展和現代信息技術的發展，城市中已形成的商品交易市場也開始謀求外遷，虛擬化市場開始出現。

2. 歷史文化積澱的影響

中國有一部分商品交易市場是在地方歷史傳統的基礎上發展起來的，它們利用歷史的機遇形成先發優勢，並逐漸形成傳統和風俗習慣。例如湖南郴州地區的安仁藥材市場，主要就是在歷史繼承的基礎上發展起來的。

第三章　商品交易市場發展模式

一、商品交易市場發展模式概述

商品交易市場是為交易雙方提供生活消費品、生產資料交易服務的重要場所，其發展模式主要經歷了五次變革：第一代商品交易市場是傳統攤位制交易市場，供應者集中在某個場所，並將商品賣給需求者完成商品交易，這種模式的商品交易市場只具備商品交易功能；由於組織化程度的提高，採購者和供應者的數量及交易規模迅速擴大，為了適應這一變化，擁有物流功能的第二代商品交易市場應運而生；隨著國際貿易的增加，出現了具有商品展示功能的第三代商品交易市場，這種模式的商品交易市場以展示功能為主，通常規模較大，為國內企業搭建走向國際市場的平臺，同時為國外企業提供商品展示的平臺；以網絡和電子商務發展為背景，出現了第四代商品交易市場，即虛擬商品交易市場，這種模式的商品交易市場以其獨特的網絡集群優勢成為傳統現實商品交易市場的重要補充；與此同時，出現了集企業集群採購、商品展示、電子商務、現代物流於一體的第五代商品交易市場，這種模式的商品交易市場是以傳統市場為基礎的綜合性服務平臺，是真正的國際商品交易中心。

二、國外商品交易市場發展模式

商品流通網絡經過多年的發展，逐漸形成了具有自身特色的嚴密系統。縱觀國際商品交易市場的發展，一個典型的共同點就是各種傳統的、現代的流通組織和流通方式的共存，既相互競爭又相互補充，並在此過程中不斷發展。商品交易市場主要承載批發功能，總結其發展模式，主要有以下幾種。

(一) 向購物中心形式發展的商品交易市場

商品交易市場從其產生和存在的根本原因看是聯結小規模生產和小規模需求，但是在消費至上的發達國家，消費者對購物環境和方便程度的需求同樣誘導商品交易市場的交易主體。因此，在一些發達國家，商品交易市場不僅從事批發和零售的混合業務，而且在交易環境、市場管理等方面日益向購物中心模式靠攏。這種趨勢也表明傳統流通方式在現代技術和管理的影響下與現代流通方式的融合。

(二) 商戶與商戶關係穩定的商品交易市場

這類商品交易市場從形式上看與其他交易市場並無不同，市場內秩序井然，各家商戶規模相差不大，只做批發生意。但是如果涉及具體交易就會看出這類市場的鮮明特色，即各家商戶有著非常穩定的客戶，這些客戶在周圍從事零售經營，一般是「夫妻店」等小型零售商店。市場內商戶與零售客戶的關係穩定而長久，由於零售店的經營規模通常不會發生變化，所以交易市場內的批發商戶所經營商品的品種甚至營業額也基本不會發生變化，商戶的功能就是給自己所聯繫的幾家零售店進行集中採購，使得小規模的單體零售商店能夠享受到集中採購的價格優勢。這種穩定性一方面使得商品交易市場有了穩定的生產空間，同時由於商品交易市場所輻射的範圍內小型零售商店基本飽和，所以商品交易市場也不再有擴大發展的空間。

(三) 進行專業訂貨的綜合類商品交易市場

這類商品交易市場沒有駐場的固定商戶，卻完完全全行使商品交易市場的功能。該類商品交易市場的核心是信息網絡，通過信息網絡市場成功組織各類專業訂貨會。因此，每一天該市場都會成為某一類商品的專業交易市場，比如，某日是鞋子的專業訂貨會，在訂貨會之前會進行充分的信息交流，訂貨會當天，各種品牌的協作生產企業會進場展示他們生產的鞋子並接受訂貨，而需要鞋子的客戶則會雲集於此選貨訂貨。訂貨會結束後就會人去樓空，只剩下一個空市場，第二天該市場將成為另一種商品的交易天堂。這類交易市場依靠強大的信息處理能力，既省去了批發商經營環節，又實現了批發功能，為規模較小的生產者和需求者提供了便利。

(四) 以文化或體驗為特色的商品交易市場

這類商品交易市場是根植於人文地理層面上的市場，是經濟與文化相結合

的產物。它通常與旅遊業相生，在旅遊勝地或名勝景觀周邊選址建設，以當地人作為商品的生產者和經營者，以遊客為客戶，該類市場所承載的不僅是經濟功能，更主要的是特定地域文化和傳統藝術的傳播。這類市場比較穩定，沒有積極的現代化傾向，也不拓展更寬泛的領域，甚至市場的商戶並不以此為謀生的根本手段。

三、中國商品交易市場發展模式

改革開放以來，中國各類商品交易市場曾經達到 10 萬個，經過 10 餘年的調整，已調減為 8 萬個左右，減少了近 2 萬個。與此同時，中國各地商品交易市場在調整結構、交易創新、管理升級等方面也進行了積極的探索，初步形成了具有中國特色的商品交易市場模式。

（一）物流商品交易市場模式

物流批發市場是指從事現貨批量交易的商品交易市場，即「一手錢一手貨」的交易。至 2011 年年底，中國 5,075 個億元以上的商品交易市場交易額達到 8.2 萬億元，其中大多數是物流商品交易市場。最典型的是山東臨沂物流市場模式。

（二）商流商品交易市場模式

與物流市場相對應的是商流市場。商流市場是指與物流相分離，主要進行商流活動的商品交易市場。在中國一些中心城市出現了一些商流批發市場，商流批發市場是從事中遠期現期貨交易的批發市場，如以中國鄭州糧食批發市場為主的 42 家省會中心城市的糧食批發市場就是以商流為主的批發市場，還有許多生產資料批發市場也是以商流為主的無形批發市場。

交易商採取會員制，不是所有的交易當事人都直接進入市場進行交易，買者與賣者交易當事人在外地或者通過交易經紀人進行交易，也可以直接進入交易廳進行交易。商流交易主要採取計算機進行撮合的方式進行交易，交易人可以異地同步進行交易，具有較高的效率。商品的物流與配送活動剝離，在商流交易所裡主要進行商品交換活動，物流與配送活動不在交易所裡完成，而是交易終了在市場外進行實物交收。

（三）電子商務模式

20世紀90年代以來，隨著計算機和網絡技術在中國的迅速普及和發展，1998年第一筆電子商務交易達成，中國電子商務B2B、B2C、C2C等電子商務市場得到了迅速發展。電子商務交易市場主要有兩種類型：一是在傳統批發市場的基礎上建設電子商務交易市場；二是純粹的電子商務交易市場，一般由網絡公司建立。據中國電子商務研究中心發布的《2013年度中國電子商務市場數據監測報告》，2013年中國電子商務市場交易規模達10.2萬億元，同比增長29.9%。其中，B2B電子商務占比80.4%，交易額為8.2萬億元，同比增長31.2%；網絡零售交易規模市場份額占比17.6%，交易規模達1.89萬億元，同比增長42.8%；網絡團購占比0.6%；其他占比1.4%。未來幾年中國電子商務服務產業將迎來其發展的「黃金年代」。

（四）股份制市場模式

股份制商品交易市場是指採取現代企業制度的公司制組織形式進行商品交易的市場，具體來說可分為上市的股份制商品交易市場和非上市的股份制商品交易市場。

（1）上市的股份制商品交易市場。許多工業品交易市場採取股份制的方式，如中國（浙江）輕紡城集團股份有限公司1993年3月成立，是中國第一家以大型專業批發市場為基礎改組的股份制企業，1997年1月向社會公開發行「輕紡城」股票，也是第一個上市的股份制市場；深圳農產品股份有限公司1989年成立，1997年向社會公開發行股票；中國（義烏）小商品城2002年5月9日上市。

（2）非上市的股份制商品批發市場。許多進行股份制改造後的交易市場，並沒有在證券市場上市交易，如寧波輕紡城、江西洪城大市場，以及中國第一家合資批發企業——上海百紅公司建立的「世富上海」服裝批發市場等。

（五）會員制市場模式

會員制市場模式是指相對於公司制模式的一種市場模式。執行會員相當於做市商，在社會各個階層為企業提供信息，使得投資、交易更加活躍。會員制模式的生命力比較強，是產權交易市場的發展方向。會員制市場模式需要一定的基礎，如具有眾多的業務聯繫較緊密的會員單位，資本市場方面非常活躍，制度比較健全，會員制建立就順理成章。如果地區性交易所由於品種單一、交

易量少、信息相對閉塞，建立會員制則不容易。因此，全國性的統一大市場模式應採用會員制的形式，吸引會員需要具備一定的硬實力和軟環境，如果幾個大的地域性、區域性市場合建全國性的共同市場，採用會員制形式是完全可行的。目前，中國鄭州糧食批發市場、上海華通有色金屬現貨中心批發市場（國家指定白銀交易市場）、上海黃金交易所、大連石油交易所等均採用會員制。

（六）連鎖市場模式

商品交易市場可以單體營運，也可以連鎖經營。商品交易市場連鎖經營具有其自身的特點，主要採取直營連鎖、特許連鎖、自由連鎖三種形式。除了單體市場外，一些批發市場形成了自己的品牌效應，並利用其品牌效應向外進行品牌輸出，如中國小商品城（義烏）、漢正街小商品市場、深圳布吉農產品市場等，特別是中國小商品城已在甘肅、青海、新疆、江蘇、陝西、重慶等全國20多個省市區開辦了30多家分市場，在南非、烏克蘭、泰國、保加利亞等國家設立了6個分市場。12萬義烏經商大軍，其中5萬人分佈在全國各地，在國外經商者多達6,000人。

（七）拍賣市場模式

拍賣市場模式是指採取拍賣方式進行商品交易的市場模式。當前中國拍賣市場模式主要存在於藝術品市場、農產品市場，拍賣市場模式分為網上拍賣市場模式和網下拍賣市場模式。國內如深圳福田、山東壽光等農產品批發市場借鑑荷蘭等國經驗，採取蔬菜、水果電子拍賣的模式。

（八）攤位租賃式、產權式市場模式

攤位租賃市場模式是採取投資主體建設市場後租賃攤位的方式經營市場，攤位的所有權屬於投資主體，商戶按時交納租金。產權式市場模式是指開發商投資建設市場後出售商鋪產權給商戶，一般是40年使用權，由商戶經營與管理自己的商鋪。

（九）商業街區型市場模式

商業街區型市場模式是在商業街（步行街）區的基礎上形成的市場，如馬連道茶葉一條街（市場）、杭州四季青服裝特色街區型市場、中國（杭州）石祥路汽車貿易街區型市場、武漢漢正街市場等，採取街區管委會的模式進行

管理；福建福州糧食城街區型市場則採取街區集團公司式管理；還有的採取行業協會的管理模式進行管理。

(十) 園區型市場模式

園區型市場模式是指在空間上集聚形成的市場群進行市場園區型管理。如廣州從 2009 年 1 月開始將老城內 249 家市場分 5 年陸續分批改造升級，將占據廣州專業市場半數的越秀區內的 249 家市場逐步實現園區化管理，以培育一批檔次高、輻射面廣、帶動力強，能夠形成「廣州價格」的大型專業市場園區，實現商品集散、會展貿易、金融結算、信息發布和價格形成等多功能於一體的市場園區型管理。

第四章　中國商品交易市場發展現狀

隨著中國市場經濟體制的建立與發展，中國經濟的運行方式已經開始由生產決定向流通主導型轉變，而中國的商品交易市場在此基礎上迅速發展。

一、商品交易市場發展歷程

1949—1978年，由於實行高度集中的計劃經濟體制，中國沒有真正意義的商品交易市場。改革開放以來，國家工商行政管理部門從實際出發，因地制宜地培育和建設市場，中國各級各類市場建設有了較大的發展。中國商品交易市場大致起源於三個方面：一是在原有農貿市場和集貿市場基礎上發展起來的；二是在原有商業、糧食、物資、供銷等流通部門的購銷中心基礎上形成的；三是為適應經濟發展的要求而興建的。嚴格來說中國商品交易市場的發育和發展是伴隨著改革的到來才開始的。中國經濟改革的實質是要發揮市場的作用，並最終建立以市場配置資源為主的社會主義市場經濟體制，這也稱為市場取向的改革。市場取向的改革離不開商品市場的正常發育和發展。從進程來看，迄今為止，商品交易市場發展大體經歷了四個階段。

（一）1979—1984年：起步階段

在這段時期，商品交易市場的發展主要是為集貿市場正名，並給予其合法的地位。其背景是：隨著農村體制改革的迅速展開，中國農產品的產量迅速增加，在解決全國人民溫飽的基礎上，農副產品商品週轉率迅速提高，從而使得城鄉集市貿易快速地恢復和發展起來。與此同時對機電產品等部分工業產品實行了浮動價格，一部分生產資料價格實行了「雙軌制」。這些改革措施，促進了消費資料商品交易市場的發展，生產資料交易市場建設也開始起步。

(二) 1985—1991 年：全面展開階段

1984 年，以《關於經濟體制改革的決定》的頒布為標誌，城市經濟體制改革迅速展開。在擴大企業自主權、塑造商品經濟主體的同時，價格改革全面展開。在逐步縮小指令性計劃範圍的同時，重點改革長期扭曲的價格體系和過度集中的計劃價格形成機制，縮小計劃定價的範圍，提高了政府指導價和市場調節價格的比重，為商品交易市場的發展奠定了基礎。這一階段商品交易市場發展明顯加快，農副產品批發市場、專業批發市場紛紛建立，各地政府也開始重視培養市場。

(三) 1992—1998 年：數量擴張階段

1993 年 11 月 14 日，黨的十四屆三中全會通過的《中共中央關於建立社會主義市場經濟體制的若干問題的決議》提出：「改革現有的商品流通體系，進一步發展批發市場，在重要的產地、銷地或者集散地建立大宗農產品、工業消費品和生產資料批發市場。」在這一政策的指導下，一方面，商品交易市場得到了更加迅速的發展。城市商品市場和商業網點建設空前加快。尤其是非國有資金大量進入商業流通建設中來。另一方面，城鄉批發市場建設如火如荼，出現了大量產地型、銷地型的、集散型的消費資料、生產資料和農產品批發市場，輻射範圍不斷擴大。

(四) 1998 年至今：轉型升級階段

經過不斷改革與發展的累積，中國綜合國力大力提高，供給能力迅速增強。改變了長期影響經濟發展的短缺局面，商品買方市場初步形成。同時，居民消費結構面臨結構性的變化，以「住」和「行」為主的消費結構升級勢在必行。居民的消費支出多元化，商品市場中絕大多數商品面臨供大於求的狀況。需求不足成為制約經濟發展的主要矛盾。中國商品交易市場進入穩步發展、重在調整的時期，由市場數量擴張型向質量型轉變。這一階段向規模化和批發功能方向發展的趨勢十分明顯，逐漸壯大起來的大型商品交易市場通過各種手段增加了其輻射的範圍。專業化趨勢越來越明顯，市場競爭的加劇，使得很多商品交易市場不斷向生產領域延伸，以利於暢通供應渠道，掌握優質貨源，減少流通成本，確立價格競爭優勢。此外，做大做強使得市場管理走向規範化和現代化。

二、商品交易市場總體發展狀況

(一) 商品交易市場規模進一步擴大

表 4.1　2000—2012 年億元以上商品交易市場總體情況一覽表

年份	市場數（個）	攤位數（個）	營業面積（平方米）	成交額（萬元）
2000	3,087	2,115,115	82,615,615	163,588,929
2001	3,273	2,200,662	93,973,140	177,190,514
2002	3,258	2,190,814	103,131,711	198,400,373
2003	3,265	2,148,866	109,840,363	215,144,785
2004	3,365	2,229,818	124,774,690	261,027,342
2005	3,323	2,248,803	131,408,239	300,209,160
2006	3,876	2,527,987	180,723,148	371,374,661
2007	4,121	2,681,630	198,146,314	440,850,978
2008	4,567	2,839,070	212,252,204	524,579,577
2009	4,687	2,994,781	232,303,299	579,637,907
2010	4,940	3,193,365	248,323,113	727,035,303
2011	4,973	3,612,680	257,580,847	812,925,687
2012	5,194	3,819,270	278,993,712	930,237,663

資料來源：《中國商品交易市場統計年鑒》(2001—2013)

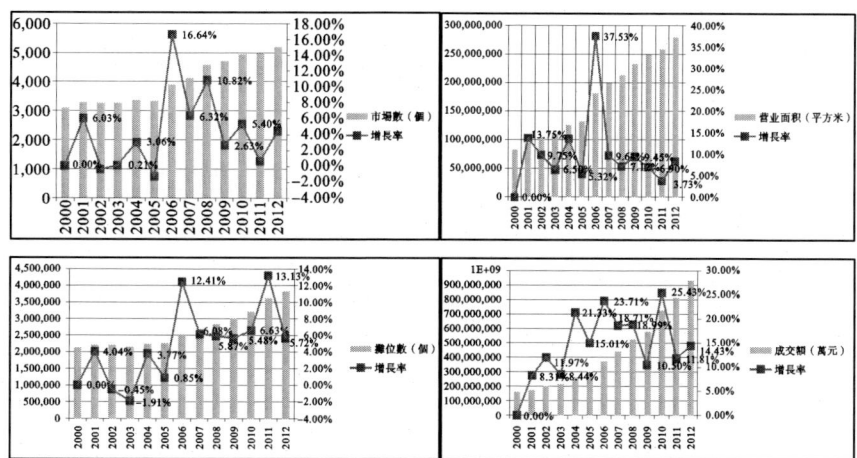

圖 4.1　2000—2012 年商品交易市場總體情況與增長率圖

第四章　中國商品交易市場發展現狀　29

表 4.1 中數據是商品交易市場成交額在億元以上的商品交易市場的總體情況。根據以上數據與圖形（圖 4.1）顯示，市場的數量從 2005 年迅速增長，2006 年市場個數的增長率達到 16.64%，2007 年後增長率開始減緩，但總體上仍然保持一定數量增長。商品交易市場的營業面積增長率在 2006 年達到了 37.53%，這表明在 2006 較 2005 年的前幾年，商品交易市場的營業面積還不是很大，2006 年隨著商品交易市場數量的增加，營業面積也得到快速增加。2012 年億元以上市場成交額是 2000 年的 5.68 倍，2012 年市場數量是 2000 年的 1.68 倍，2012 年攤位數大概是 2000 年的 1.81 倍，2012 年營業面積是 2000 年的 3.37 倍。這些數據都表明中國商品交易市場近幾年在數量上的發展有了巨大飛躍。

(二) 專業市場規模、效益超過綜合市場

《中國商品交易市場統計年鑒 2013》顯示，2012 年綜合市場數、攤位數、營業面積、成交額分別為 1,392 個、130.8 萬個、0.67 億平方米、1.81 萬億元，分別比 2011 年增長 1.75%、11.52%、13.97%、12.77%。2012 年專業市場數量、攤位數、營業面積、成交額分別為 3,802 個、2,510,494 個、211,752,046 平方米、748,639,028 萬元，與 2011 年相比同比增長 2.56%、16.16%、4.13%、13.57%。從市場總體數量來看專業市場超過綜合市場，2012 年專業市場與綜合市場的差距為 2,410 個，成交額差異為 567,040,393 萬元（表 4.2）。

表 4.2 2002—2012 年專業市場與綜合市場情況

年份	市場數量（個） 綜合市場	市場數量（個） 專業市場	攤位數（個） 綜合市場	攤位數（個） 專業市場	營業面積（平方米） 綜合市場	營業面積（平方米） 專業市場	成交額（萬元） 綜合市場	成交額（萬元） 專業市場
2002	1,278	2,574	1,035,744	1,155,070	31,514,386	10,593,109	67,038,235	67,683,911
2003	1,235	2,627	988,539	1,160,327	32,500,272	12,029,056	68,807,420	68,624,196
2004	1,228	2,739	991,371	1,238,447	32,947,255	11,889,659	73,997,728	80,147,900
2005	767	2,831	716,587	1,532,216	27,924,706	87,554,104	60,770,275	117,605,224
2006	1,106	2,932	912,771	1,615,216	38,989,929	128,840,331	78,241,774	262,806,310
2007	1,139	3,109	974,068	1,707,562	53,283,249	135,193,954	93,200,983	313,786,535
2008	1,248	3,319	1,041,339	1,797,731	52,548,235	159,703,969	102,548,204	422,031,373
2009	1,280	3,407	1,086,242	1,908,539	55,628,735	176,674,564	117,411,503	462,226,404
2010	1,341	3,599	1,167,981	2,025,384	57,401,634	190,921,479	147,942,258	579,093,045
2011	1,368	3,707	1,173,555	2,161,232	58,996,440	203,348,599	161,028,457	659,144,231
2012	1,392	3,802	1,308,776	2,510,494	67,241,666	211,752,046	181,598,635	748,639,028

資料來源：《中國商品交易市場統計年鑒》（2003—2013）

(三) 商品交易市場的形態不斷提質升級

隨著近幾年中國商品交易市場的飛速發展，大部分交易市場已從原始的室外簡陋集市，發展到初具規模與秩序的室內交易市場，再發展到具有規模與較好秩序的超市形態。許多商品市場也已從過去單一的攤位式交易形式向「攤位式、特色商店、專業街相結合」的模式轉變，形成「專業城、專業街、專營店、大眾攤相結合」的模式。尤其是農產品交易市場，從 20 世紀的馬路市場到室內農貿市場，再到目前大力實施的「農改超」工程，農產品交易市場（農貿市場）正逐步告別髒、亂、差的交易環境。

(四) 商品交易市場的功能不斷完善提高

如今的商品交易市場已由過去的單一商品中轉站向商品集散、價格發現、信息傳遞、運銷服務、產業帶動五大基本功能轉變，並為國家調節商品經濟運行提供了強力信號。如鄭州國家糧食交易中心已成為全國的「糧食價格中心」，義烏小商品交易市場成為全國的「小商品價格中心」。隨著國家經貿委關於大批發市場聯繫制度的出抬，商品交易市場的功能將更加完善，商品交易市場將逐步成為商品的集散中心、信息中心、價格形成中心和統一結算中心。另外還有一些商品交易市場不僅具有集散功能還兼具旅遊功能，如漢正街批發市場建有仿古一條街等旅遊景點，成為批發市場一條亮麗的風景線。

(五) 商品交易市場建設的投資渠道日益多元化

改革開放初期的商品交易市場大多由各級政府或其職能部門直接投資興建，日常管理也由政府一手抓。大量的資金投入時常令各級政府難以負擔，而抓得過死、管得過細也使經營戶的發展躡手躡腳。隨著改革開放的不斷深入，各級政府重新為自己定位，從市場建設的主辦者向規劃者、引導者轉變，重視發揮市場這只「看不見的手」的作用。市場建設資金來源也發生了巨大變化，「不求所有但求所在」成為相當一部分地區市場建設吸引投資的原則。投資主體的多元化使市場的所有制結構發生了很大變化，國有、集體、個人、股份合作制等各種形式的經營者在市場建設中各顯其能。

(六) 商品交易市場的現代化步伐明顯加快

2000 年以來，商品交易市場的現代化進程不斷加快，發達國家探索了幾十年的現代流通組織形式和業態形式幾乎全部被引入中國的商品交易市場。商

品的交易方式、結算方式也開始呈現多樣化態勢。從現貨交易到期貨交易，從現金結算到支票結算，新的交易方式、新的經營手段不斷開闊著人們的視野。艾瑞諮詢統計數據顯示，2012年中國電子商務市場整體交易規模為8.1萬億元，增長27.9%，與2011年32.8%的增速相比，下降了近5個百分點；其中2012年整體交易規模為2.4萬億元，環比增長16.2%，同比增長27.5%。

（七）外商大量湧入商品批發交易領域

2004年年底中國流通領域全面開放，許多外來投資者大量進入流通領域和批發市場、零售市場領域，對外貿易額明顯增多。2008年中國批發零售業外商直接投資額為443,297萬美元，2012年達到946,187萬美元，是2008年的2.13倍，外商投資大大提高了中國商品交易市場的國際化水平。具體見表4.3：

表4.3　2008—2012年批發零售業外商直接投資情況一覽表

年份	合同項目（個）	實際使用金額（萬美元）
2008	5,854	443,297
2009	5,100	538,980
2010	6,786	659,566
2011	7,259	842,455
2012	7,029	946,187

資料來源：《中國商品交易市場統計年鑒》（2009—2013）

三、商品交易市場東中西發展現狀比較

商品交易市場的數量及規模與各地區經濟社會的發展水平密切相關，億元以上商品交易市場大都相對集中於經濟較為發達的地區。

從省域層面分佈來看，2012年億元以上商品交易市場成交額和數量居前三位的分別是浙江、江蘇和山東。成交額分別為130,997,099萬元、140,073,129萬元、74,239,976萬元。市場數量分別為730個、575個、555個，三省成交總額為345,310,204萬元，占到全國交易額的42.10%，市場數量上百家的地區有16個，它們分別是：北京、浙江、江蘇、山東、廣東、河北、湖南、遼寧、福建、河南、上海、北京、安徽、湖北、重慶、四川。

從東、中、西部區域分佈看，東部地區市場數和成交額分別占全國的 68.1%和76.69%；中部地區分別占全國的 18.46%和12.17%；西部地區分別占全國的 13.43%和11.12.%。從三大區域的年成交額發展狀況看，東部與中部發展良好，西部發展相對落後。2011年東部地區成交額為3,636,215,594 萬元，比上年增長11.9%；中部地區成交額為99,839,698 萬元，增長19.6；西部地區成交額為84,117,675 萬元，比上年增長11.5%。具體情況見表4.4：

表4.4　　　2008—2012年東中西部億元以上商品交易市場情況

年份	地區	市場數量（個）	總攤位數（個）	年末出租攤位數（個）	營業面積（平方米）	成交額（萬元）
2012	東部	3,352	2,406,045	2,205,599	184,286,563	697,640,460
	中部	1,125	803,118	741,045	50,766,440	134,701,804
	西部	717	610,107	547,478	43,940,709	97,895,399
2011	東部	3,293	2,336,554	2,126,705	174,285,719	613,243,912
	中部	1,100	760,325	700,139	47,699,360	115,652,083
	西部	682	562,641	507,943	40,359,960	91,276,693
2010	東部	3,233	2,265,430	2,057,540	166,150,839	554,330,108
	中部	1,052	741,250	657,256	44,718,074	97,325,625
	西部	655	540,901	478,569	37,454,200	75,379,570
2009	東部	3,119	2,169,951	1,957,864	162,226,322	439,728,388
	中部	957	688,119	614,896	39,666,356	80,633,245
	西部	611	479,804	422,021	30,410,621	59,276,274
2008	東部	3,037	2,065,732	1,852,532	145,409,112	404,876,497
	中部	955	662,603	590,957	37,973,806	70,980,661
	西部	577	439,271	393,096	29,508,954	51,108,195

資料來源：《中國商品交易市場統計年鑒》(2009—2013)

　　根據表4.4與圖4.2分析中國東中西部商品交易市場的發展現狀，就商品交易市場個數而言，東部市場個數遠遠大於中部及西部地區，中部地區商品交易市場的個數大於西部。中部地區商品交易市場的個數在2010年同比增長率在東中西中最大，達到9.93%，西部地區商品交易市場個數的增長率有上升的趨勢，東部地區商品交易市場的個數增長率是最小的，且慢慢趨於穩定。這些

都說明東部地區基礎好，商品交易市場總體個數最大，但是增長緩慢，中部與西部地區商品交易市場數量不及東部地區，但是增長迅速，上升空間很大。

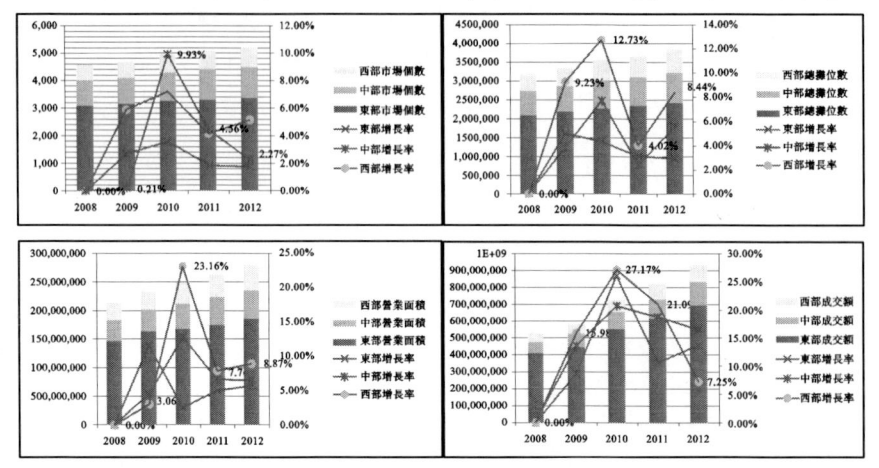

圖4.2　2008—2012年商品交易市場東中西部情況與增長率圖

就商品交易市場總攤位數而言，東部地區數量占絕對優勢，東部與西部地區商品交易市場的總攤位數增長率在2010年達到頂峰，2011年增長率不及2010年，但仍然處於增長的狀態，到2012年增長率又大於2011年，這說明中部與西部地區商品交易市場的總攤位數量依然在不斷增多。

西部商品交易市場的營業面積增長率在2010年最大，從2010年開始，西部商品交易市場營業面積增長率大於東部與中部，這說明西部商品交易市場發展迅速。西部商品交易市場的成交額在東中西部中絕對值最小，但2008—2012年增長率一直都大於東部與中部，增勢迅猛，到2012年中部商品交易市場的成交額增長率最大，東部的增長率始終小於中部與西部。這些數據都充分說明中國商品交易市場發展中部與西部地區增長迅速，發展潛力依然很大。

四、商品交易市場發展存在的問題

中國商品交易市場雖然取得了很大發展，但也存在諸多問題，面臨諸多挑戰。尤其在新一輪的市場建設大潮中，暴露和顯現出的一些問題和趨向，足以引起有關部門的重視，並得到有效調控。

（一）市場規模擴張過度

中國商品交易市場正處於一個數量不斷增多、規模迅速壯大時期。但是各

省市在市場建設過程中缺乏統一規劃，出現的占用土地過多、規模擴張過度和單體體量過大傾向，給商品交易市場的規模發展造成了不小的負面影響，引起業界的普遍質疑。如不加以有效調控，將不可避免造成重複建設和資源浪費。單體市場規模超大化現象，幾乎涉及所有門類，而且愈演愈烈。雖然需要一批規模大、功能強、輻射廣的大型或超大型交易市場來支撐和帶動，但並非普遍都需要如此大的體量，也並非越大越好，一味強調大手筆，追求「大而全」，動輒上千畝（1畝≈666.67平方米。下同）、幾十萬平方米，這種超大化很容易演變成空殼化。目前許多地方一些新開張和即將建成營業的超大交易市場，因配套不齊、招商不足出現市場空置的現象，應該看作是一個危險警示信號。

(二) 市場規劃佈局不合理

(1) 區域內市場佈局不合理。中國絕大多數省市缺乏統籌本區域發展的商品交易市場專項規劃，客觀上形成投資商引導本區域市場建設的格局。一些區縣為了局部利益，不顧地區經濟、地域環境和資源條件的約束，都在市場建設上大做文章，相繼規劃了一批市場項目，特別是一些熱門市場成為搶手貨。其中，有的地區尚不具備類似市場建設的基本條件，有的則同一門類市場過於集中，重複佈局，相鄰地區缺乏協調發展，強調輻射周邊，追求大而全，存在較大的主觀性和盲目性。

(2) 商品交易市場結構性矛盾突出。東部沿海商品交易市場較為密集，西部商品交易市場分佈則較為稀疏；有些品類的商品市場多，有些品類的市場少，遠期交易市場少。

(三) 交易方式多樣性比較單一

商品交易方式單一是中國商品交易市場發展至今存在的普遍問題。目前，中國商品交易市場內的交易和結算方式仍主要採取一對一的談判交易和現金交易等攤位式交易方式，其統一結算、信息傳遞、價格形成以及運輸、保管、包裝、加工、配送等輔助功能欠缺。以重慶為例，抽樣調查顯示，2010年全市商品交易市場中應用電子訂貨系統的市場不到2%，應用電子商務購物系統的也只有6%左右，應用客戶管理系統的不到3%。這種個別協商形成的價格難以保證價格的公正性，不能完全反應供求關係，產地與銷地缺乏成梯度的有機結合的關係。市場利潤分割不透明，價格波動大，在商品交易市場中欺行霸市、強買強賣現象時常發生。

(四) 現代物流配送滯後

商品交易市場物流是隨著商品交易市場的發展而產生的,其先進的組織方式與管理技術,是提高勞動生產率、促進企業降低成本以外的重要利潤源泉,在商品交易市場區域經濟發展中發揮著重要的作用。商品交易市場物流發展得好可以帶動區域物流業的發展,改善區域的投資環境,促進全民放開,優化資源配置,加快差別結構的調整,可以有效提高競爭力以及促進經濟增長。

中國一些商品交易市場物流配送發展嚴重滯後,現代化物流技術利用率低,交易方式主要是批發和零售。生產資料市場的生產性配送環節較為薄弱,配送的社會化程度十分低,商品交易市場的配送與其他零售業態和連鎖方式結合程度低。當前發達國家的貿易、批發企業,單純做商流業務的很少,多數規模較大、實力較強的批發貿易企業,一般兼具有物流配送功能。中國目前商品流通領域發展現狀也表明,單純做商流批發貿易的企業處境較困難,商品交易市場作為批兼零的商品流通組織形式,近些年在物流配送上發展比較迅速。

(五) 商品價格功能、展示功能發揮不夠

價格功能的發揮不夠。許多商品交易市場還未形成價格中心。

商品的展示功能也沒有充分發揮。當前大多數商品交易市場發揮的主要功能是交易功能,而其他功能沒有得到充分發揮,其商品展示功能發揮得不夠。

(六) 信息化建設比較滯後

中國商品交易市場的信息化建設尚在起步階段,信息網絡還很不完善。一些國家投資項目雖然建成,但由於受多方因素尤其是人才的制約,以致形同虛設或移作他用,未能發揮其功能和效應。一些市場業主捨不得投入,信息設備配備不齊全,人才培養跟不上,以致有的交易市場對商戶、商品、經營和物業的管理,仍以手工為主,不能提供信息查詢、發布和跟蹤服務。而一些市場積極投身信息化建設,也因社會氛圍等的影響,尚在艱難摸索中,需要得到政府部門及社會更多的關注和扶持。總體說來,東部地區比中西部地區、國家級或大型商品交易市場比地方或中小型交易市場的信息化水平要高。

(七) 市場理論研究滯後

目前,中國商品交易市場呈現出總體規模持續擴大和市場研究長期滯後的不協調的局面。對市場理論的研究重視不夠,缺乏商品市場深層次的理論研究

和導向，未能充分發揮行業專家學者的智囊作用，不能及時提供行業發展的決策參考和意見。商品交易市場的持續發展，勢必推進市場理論研究的同步發展，而市場理論研究的深化，對商品市場進一步發展具有極強的指導作用。當前，中國商品交易市場面臨許多新變化和新問題，需要業界專家學者和有識之士共同關注和深化研究，也需要政府有關部門的主導和扶持。

五、商品交易市場發展趨勢

中國商品交易市場的迅速發展，在一定程度上改變了中國商品流通格局，對促進國民經濟增長、方便城鄉居民生活發揮了重要作用。在經歷了十幾年高速增長和規模擴張後，商品交易市場正逐步實現從數量擴張向質量提升的轉變之中。在全國商品交易市場中，成交額在億元以上的大型交易市場占據著主導地位，商品交易市場在持續擴大發展的基礎上，也出現了一些新的發展趨勢。

（一）規模化趨勢

隨著中國經濟的持續穩定發展，規模化趨勢在中國商品交易市場中不斷深化，2012年中國億元以上商品交易市場平均成交額17.9億元，是2000年5.3億元的3.38倍。

商品交易市場的規模化發展，源自於市場競爭的壓力和消費者對市場交易環境的新要求，交易市場中經營的商品、質量和價格雖然是競爭的主要因素，但是，隨著購買者收入水平的提高和消費理念的變化，對購物環境和市場的服務功能要求越來越高，促使中國商品交易市場由小到大、由弱到強，逐漸步入了規模化發展的道路。商品交易市場的規模化趨勢對中國社會經濟產生了積極影響，帶動了經濟增長，擴大了內需。並且，商品交易市場的規模化發展也有利於企業提高效益，增強市場競爭力：一方面，逐漸壯大起來的大型或超大型交易市場通過各種手段擴大地域的輻射範圍；另一方面，隨著經濟的快速增長，構成商品交易市場供貨主體的中小企業及個體戶提供的產品的規模也在迅速擴大。規模化的發展，導致大型交易市場越來越轉向批發的功能，並逐漸把銷售的末端留給零售商業和小型的市場。

商品交易市場在規模化發展的過程中，有幾個方面值得特別重視：一是許多大型商品交易市場仍然以傳統經營方式為主；二是包裝加工、儲運物流、信息服務等專業配套服務設施在不同類別市場中差異過大；三是交易市場為入駐

經營戶提供融資、擔保服務尚處於起步階段;四是專業人才偏少。

(二) 專業化趨勢

全國商品交易市場在綜合市場發展的同時,專業市場以其清晰的商品定位顯示出強大的生命力,市場數量和成交額均遠遠高於綜合市場:一方面,商品交易市場向大而專的專業市場或專業市場群集中;另一方面,在交易市場內部,交易向經營大戶集中。

專業市場比重上升的主要動因在於以下兩方面:一是隨著經濟的發展和消費方式的變化,客觀上要求交易市場進一步細分,要求市場參與群體和目標客戶群體的指向性更加明確;二是在專業市場上,價格發現和信息聚集的功能能夠得到更充分的發揮。

交易向經營大戶集中的趨勢,體現在一些市場的大經銷戶已經成為一些產品的一級代理商和經銷商,並已搭建起縱橫交錯的經銷網絡體系;經銷商與生產商和用戶之間形成了穩定的供銷關係。這一趨勢背後的主要動因,是規模效應和穩定的供銷關係以及廣泛的銷售網絡等因素在發揮作用。事實上,各地批發交易市場已經成為一些專業批發商和貿易商的孵化器。

2012 年,全國億元以上商品交易市場中,綜合市場有 1,392 個,占全部市場個數的 26.8%,全年實現成交額達 18,160 億元,占全部成交額的 9.52%;專業市場 3,802 個,占全部市場個數的 73.2%,全年實現成交額 74,864 億元,占全部成交額的 80.48%。

可見,市場競爭日趨激烈,迫使很多商品交易市場不斷向生產領域延伸,以利於暢通供應渠道,掌握優質貨源,減少流通成本,確立價格競爭優勢。這導致商品交易市場之間在經營範圍和產品類別上的分化和區隔,集中銷售某一類別或某一區域的,甚至是某些品牌的商品,以求通過特色經營,獲得最大的輻射廣度和強度,占據最好的區位優勢,這是相當多的商品交易市場的發展方向。可以說,商品交易市場的專業化趨勢越來越明顯。

(三) 外遷化趨勢

在中國大部分商品交易市場以「三現」(現金、現場、現貨)交易為主,這種傳統的經營手段對城市交通、市場秩序、生活環境、社會治安和城市管理帶來諸多挑戰。隨著中國城市化進程的推進以及城市建設的加快,以「三現」交易為主的商品交易市場面臨著外遷出城市中心區的趨勢。

中國已經進入城市化快速發展的時期,特別是在當前國內外經濟形勢倒逼

經濟轉型升級作用下，加速城市化進程、帶動經濟發展，是中國大多數地區的選擇。與此同時，在城市化進程中，必然伴隨著產業在城市空間的重新佈局，而目前在城市中存在的商品交易市場，由於歷史形成的原因，所占據的空間位置一般比較優越，從而成為各個城市發展、產業佈局的阻礙，客觀上要求遷出城市中心區。

以成都市為例，在2010年時成都市就計劃在3~5年內，逐步將中心城區的100個各類商品交易市場全部遷移到繞城高速以外：在3年內完成荷花池片區、五塊石片區、鹽市口片區、紅牌樓片區的商品市場調整調遷，5年內完成金府路片區、八里莊片區、西門車站片區、川藏路沿線商品市場調整調遷；而北部商貿、青白江、雙流、龍泉驛四個商品市場集中發展區，及彭州市濛陽鎮後備發展區將作為主要承接地。

商品交易市場的外遷，必須結合電子商務、倉單交易、現代物流等新型流通方式的廣泛應用，通過外遷來轉型發展。例如，符合條件的樓宇型商品市場可以通過改造提升向品牌零售和電子商務轉型，批發物流功能向物流園區或物流中心轉移。

(四) 標準化趨勢

隨著經濟的發展和人民生活水平的不斷提高，中國各類商品交易市場經過不斷調整和升級，無論在市場的管理技術還是在業態的改造和提升方面都取得了巨大的進步。商品交易市場的標準化日益受到人們的高度重視，標準化問題正在成為規範商品流通、規範商品交易市場健康發展的關鍵性和基礎性工作。從發展情況看，大力推進市場的標準化將是中國商品交易市場目前的一項重要內容。

標準化是規範市場經濟秩序、建立社會誠信體系的必然要求。從根本上說，市場經濟秩序混亂的根源在於非標準化生產、非標準化流通，具體表現則是生產和流通領域中的違規行為。從商品交易市場看，目前的不規範行為仍然表現在兩個方面：一是行銷假冒偽劣商品；二是偷逃稅款。解決這些問題的途徑多種多樣，但是產生這些問題的根源不解決，標準化技術跟不上，也很難實現經濟秩序的根本好轉。在這個問題上，連鎖經營、電子商務等新型流通方式之所以倍受推崇，之所以受到政府主管部門的高度重視，一個很重要的原因，就在於這些經營方式建立的是標準化的採購系統和標準化的銷售系統，在電子流程的統一運作下，從管理的技術層面最大限度地避免了假冒偽劣和偷漏稅問題的發生。這也正是中國各類商品批發市場需要努力調整、改造和提高的

方向。

(五) 產業鏈延伸趨勢

商品交易市場在產品供應鏈中發揮著越來越重要的作用,並向生產和消費領域逐漸擴大影響,即由原來的現場、現貨、現金交易的傳統批發交易市場經營形態向集商品展示、洽談、接單和電子商務、物流配送為一體的現代批發經營形態轉變,提供以物流配送服務為核心的綜合化商業服務,除具有傳統批發交易市場所具有的商品集散、信息發布、價格形成、融資等功能外,還具有現代會展、電子商務、娛樂休閒等功能。

這種商品交易市場向生產和消費兩頭延伸的趨勢在許多地區也被稱為「走出去」戰略。在「走出去」中做大規模,依靠產業鏈對外擴張,來增強市場競爭力,擴大市場規模。

深圳農產品股份有限公司依託自身優勢,在全國範圍內打造農產品批發市場網絡體系,先後控股了南昌農產品綜合批發市場、上海農產品中心批發市場,與山東壽光蔬菜集團組建山東壽光蔬菜批發市場有限公司,規模不斷擴大,發展十分迅速。重慶市的朝天門綜合批發市場、觀音橋農貿市場等已經開始向外延伸,通過控股、參股、收購、新建等方式,在區域性中心城市、區縣及周邊省市開設分市場,取得了一定效果;特別是大型農產品交易市場,發揮了龍頭帶動作用,積極推行「市場+各類經濟實體+基地」「市場+基地+農戶」等模式向外擴張,擴大規模、拓展市場、增強輻射力和競爭力,帶動農民增收,促進城鄉統籌和當地經濟發展。

(六) 品牌化趨勢

當今世界是品牌制勝的時代,品牌是企業的名片,也是企業的生命力。品牌包含了優秀的設計、放心的質量、創新的時尚和良好的售後服務,品牌就意味著信賴、放心、滿意和強大的競爭力。企業需要創品牌,商品交易市場同樣需要創建品牌。中國許多商品交易市場大力推進品牌化建設,繼中國商業聯合會發布《品牌市場等級評定》標準之後,許多商品交易市場開始了品牌建設的探索。浙江義烏的小商品市場從無到有、從小到大、從弱到強,迅速發展成為世界最大的小商品市場,左右著世界小商品經濟的命脈,在全世界都是十分響亮的品牌。正是由於義烏人注重了市場品牌的打造,其商品得到消費者和經營者的認可,得到世界各地的認可,市場才以跳躍式的速度發展。重慶的朝天門市場、觀音橋農貿市場也是如此。因此,近年來中國各級政府、協會以及交

易市場本身越來越重視市場的品牌建設，聯合打造商品交易市場的名片。

（七）企業化趨勢

近年來，一些商品交易市場開辦主體向企業化發展。原有的非企業化的開辦主體通過改制也向公司化發展。隨著投資主體的逐漸多元化，商品交易市場普遍採取股份制形式這種現代企業制度，以利於本身的經營和管理。一些交易市場公開向社會發行股票和上市，一些政府投資轉變為股份，這些探索商品交易市場各種融資模式的改革，使出資人與管理人、行政管理人與經營管理人相分離，改變了商品交易市場的治理結構，吸引了公眾投資者進行投資。

商品交易市場出現的這種企業化趨勢，一方面是投資主體為了明晰產權關係、強化市場管理和經營能力、提高投資回報率和便於實現資本運作；另一方面是這種企業化的主體形式使市場開辦者的主體責任更加明確，也是促進商品交易市場進一步走向規範的重要手段。

（八）虛擬化趨勢

在全球電子商務蓬勃發展的勢頭下，商品交易市場總量雖然呈增長趨勢，但經營困難的市場有增無減，出現了從未有過的發展困境和瓶頸。比如：大多數商品交易市場在管理、經營、信用等方面存在固有弱點；市場部分商戶在多年經營累積後，經營行為逐步規範並向公司化演進，建立起自己的營銷網絡，不再依賴商品交易市場帶來的客戶，所以逐步退出商品交易市場，在其他地方租賃一般的辦公室經營；目前大型連鎖超市、賣場的經營模式對原有的分級代理模式產生衝擊，分銷商的減少造成商品交易市場客戶的大量流失；目前部分外銷型商戶逐漸使用阿里巴巴、環球市場、中國製造等渠道進行 B2B 業務。阿里巴巴出口通每年的年費高達 2 萬元，對原有商品交易市場的租金形成衝擊。商品交易市場為了避免在電子商務化大潮中被邊緣化，在發展中必然逐漸選擇電子商務化道路，電子商務發展趨勢不可改變。

電子商務必將引起商品交易市場組織的變化：一部分商品交易市場「蒸發」，悄然退出市場；一部分商品交易市場升級，從有形市場變為無形市場；還有一部分商品交易市場發生異化，使有形市場和無形市場相結合，從而產生一種新的模式。對絕大多數市場來說，在組織創新上，最易採取的形式是有形市場與無形市場相結合。充分利用有形市場的優勢，創辦網上市場，搭建網上交易平臺，為市場經營者建立網上商鋪，進行網上商品宣傳，引導經營者開展網上交易，實行與現貨交易並行的電子商務模式。不過作為一種開創性的創

新，並沒有可以充分借鑑的成功模式。目前有以下幾種模式：①與阿里巴巴合作。目前很多商品交易市場的大批商戶都開通了阿里巴巴出口通業務，阿里巴巴也開通了商品交易市場專欄為部分市場提供宣傳渠道，以更好地吸收新的用戶。②門戶信息網站。目前國內在原有商品交易市場的基礎上建立起來的比較成功的電子商務網站有太平洋電腦網。這個網站依託廣州天河密集的IT專業市場群建立起來，目前主要作為門戶信息網站，方便用戶在網站上查詢豐富的IT產品功能、測評、導購、價格行情等產品信息。該種網站的主要獲利模式是通過收取廣告費和增值服務等獲得利潤。③自建門戶網站。建立起網上電子商務展示平臺，借助市場的客戶資源優勢，形成一個比較齊全的批發商務平臺。④標準化產品的電子商務平臺。能夠標準化的產品比一般的商品更具有發展電子商務交易的基礎。

商品交易市場電子商務的發展，必然導致有形市場向無形市場轉變，最後導致市場的虛擬化，這種轉變將從根本上改變傳統的商品交易市場的組織形式，使市場從擁有大片土地和建築物的物理市場變成虛擬市場。這種改變將使市場的投資成本下降，但交易範圍大大擴展，交易費用大大降低。未來大多數原料和生產資料市場，或商品標準化程度高、交易對象比較穩定的商品交易市場，都應該是虛擬的市場。

虛擬市場是沒有地域限制的，網上交易市場越大，效益越高。市場的虛擬化將加速導致同類市場的合併，最終建立同類市場的網上大平臺是一個必然趨勢。建立網上市場後，原先市場的地域概念、地理優勢、地方優惠政策都將失去意義，人們逐漸淡忘市場的地理位置，購買者追求的只是商品的價格、質量、物流成本和送貨的便捷度。在信息充分的條件下，性價比高的商品成為所有經營者爭奪的對象，經銷商難以獲得超額利潤，未來電子商務交易市場注重的是物流成本，它要麼有自己的物流體系，要麼有強大的社會物流作為支撐。未來實行電子商務的商品交易市場組織形式是：虛擬市場+物流體系。

虛擬市場一旦形成，部分競爭力不強、商品雷同的商品交易市場將失去存在的價值；現存的有形交易市場會進一步萎縮，一些中小型交易市場將退出，大型商品交易市場在組織上將脫胎換骨。

第五章　商品交易市場區域差異實證分析

　　本章主要從相對差異與絕對差異兩個方面對中國商品交易市場發展總體差異進行闡述，用泰爾系數及分解式對東、中、西部差異進行分解，用聚類分析方法對 2012 年中國商品交易市場發展進行分類並分別計算五類區域的泰爾系數。

一、區域界定

　　所謂區域，從地理學定義上來講就是地球表面的空間單位，它是指人們在地理差異的基礎上，按一定的指標和方法劃分出來的各個板塊。由於目的與所用的指標不同，人們劃分的區域類型也不同。隨著區域經濟研究的不斷深化和發展，中國經濟區域的劃分方法有多種，其中一種主要觀點認為中國經濟區域可以分為東部、中部、西部三大地帶。另外一些經濟區域劃分方法有：六大綜合經濟區，包括東北地區、黃河中下游地區、長江中下游地區、東南沿海、西南地區、西北地區；七大經濟區，包括東北、西北、華北、華東、華中、華南、西南。

　　本章研究中國商品交易市場區域差異中，區域的劃分方法分為兩種，其中一種是目前大多數學者認可的三大經濟帶劃分法，即東部、中部、西部劃分法。另外一種是根據對商品交易市場總體發展差異以及目前已有的研究成果結合應用 SPSS 軟件進行的聚類分析，該方法將中國商品交易市場的區域差異聚類分為五類區域。

二、區域差異測度方法

在區域差異分析方法選取上運用各種相關統計指標，包括標準差、極差、變異系數、加權變異系數、泰爾系數及其分解等指標，對中國商品交易市場區域差異進行全面系統的考查。由於各個指標的局限性，單個指標只能看出地區某一部分的特徵，利用盡可能多的指標可以對商品交易市場區域差異進行一個綜合的考查。

（一）相對差異與絕對差異分析

區域經濟差異的測度可以從絕對差異與相對差異來進行測度。絕對差異是指研究的某變量偏離參照值的絕對差距；相對差異是指某變量偏離參照值的相對差距。其中測度絕對差異的方法目前主要包括平均差、標準差和極差等；測度相對差異的方法包括變異系數、泰爾指數等。基於本文的需要以及數據選取可行性選取平均差、標準差以及變異系數、泰爾系數分別對商品交易市場發展的內部絕對差異和相對差異進行測度和分析。

1. 絕對差異衡量方法

（1）平均差

平均差是總體各單位標誌對其算術平均數的離差絕對值的算術平均數。它綜合反應了總體各單位標誌值的變動程度。平均差越大，就表示標誌變動度越大，反之則表示標誌變動度越小，它是一種簡單的統計指標，其公式如下：

$$D = \frac{\sum_{i}^{N}|y_j - \bar{y}|}{N}$$

式中，y_j 表示第 j 區域的商品交易市場成交額，$\bar{y}$ 代表各區域商品交易市場成交額的平均值，N 表示研究區域的總數。

（2）標準差

標準差是一種表示分散程度的統計概念，用來衡量差異的一種指標。它同平均差一樣也是反應各區域樣本值與其算術平均值的偏離程度，一個較大的標準差，代表大部分的數值和其平均值之間差異較大；一個較小的標準差，代表此數值較接近平均值。其計算公式為：

$$S = \sqrt{\frac{\sum_j (y_j - \bar{y})^2}{N}}$$

式中，S 表示標準差，y_j 表示第 j 區域的商品交易市場成交額，$\bar{y}$ 代表各區域商品交易市場成交額的平均值；N 表示區域總體個數。

（3）極差

極差（R）又稱離差或全距，是指總體各單位的兩個極端標誌值之差，即指樣本中各單位變量的最大值與最小值之間的差值，它用以說明變量的變動範圍和幅度，它的確定是往往不能充分反應社會經濟現象的離散程度。其計算公式如下：

$$R = Y_{max} - Y_{min}$$

R 表示極差，Y_{max} 表示交易額的極大值，Y_{min} 表示交易額的極小值。

2. 相對差異衡量方法

（1）變異系數

變異系數（CV_{uw} 或 V_{uw}）是衡量各觀測值變異程度的一個統計量。當進行兩個或多個資料變異程度的比較時，如果度量單位與平均數相同，可以直接利用標準差來比較。如果單位和平均數不同，比較其變異程度就不能採用標準差，而需採用標準差與平均數的比值來比較。變異系數越小，偏離程度越小，風險也就越小；反之，變異系數越大，偏離程度越大，風險也就越大。在衡量商品交易市場區域差異中它反應了各區域間交易總額偏離全國交易額水平的相對差距。其計算公式如下：

$$CV_{uw} = \frac{\sqrt{\frac{1}{N} \sum_j (y_j - \bar{y})^2}}{\bar{y}}$$

式中 y_j 表示 j 區域的商品交易市場成交額，$\bar{y}$ 代表各區域商品交易市場成交額的平均值；N 表示區域個數。

（2）加權變異系數

變異系數的測算有時候會受到各地區人口數量的影響，有的地區人口基數較大，有的地區人口基數較小。加權變異系數是為了對變異系數結果進行修正。其計算公式為：

$$CV_w = \frac{\sqrt{\sum_j (y_j - \bar{y})^2 \frac{p_i}{p}}}{\bar{y}}$$

式中，p_i 表示 i 地區人口，p 代表國家總人口，y_j 表示 j 區域的商品交易市場成交額，$\bar{y}$ 代表各區域商品交易市場成交額的平均值。

(3) 泰爾（Theil）系數

泰爾（Theil）系數作為衡量區域差異不平等的指標，經常被廣大學者採用，它的最大優點是可以衡量組內差距和組間差距對總差距的貢獻。泰爾系數的計算公式為：

$$I(0) = \frac{1}{N} \sum_{i=1}^{N} \log \frac{\bar{y}}{y_i}$$

式中，N 是區域總數，y_i 是第 i 個區域的商品交易市場成交額，$\bar{y}$ 代表各區域商品交易市場成交額的平均值。

(4) 泰爾（Theil）系數分解

用泰爾系數分解可以計算各個區域之間的差異以及區域內部各個省之間的具體差異，同時還可以測算出組內差距、組間差距對總體差距的貢獻程度。這樣就可以判斷商品交易市場成交額的差距在多大程度上是由組內引起的，在多大程度上是由組間引起的。該指標恰如其分地滿足研究的需要。它的基本計算方法及分解公式如下：

$$T_p = \sum_i \sum_j \left(\frac{Y_{ij}}{Y} \right) \log \left[\frac{\frac{Y_{ij}}{Y}}{\frac{N_{ij}}{N}} \right] = T_w + T_b$$

$$T_w = \sum_i \left(\frac{Y_i}{Y} \right) T_{pi}, \quad T_{pi} = \sum_j \left(\frac{Y_{ij}}{Y_i} \right) \log \left[\frac{\frac{Y_{ij}}{Y_i}}{\frac{N_{ij}}{N_i}} \right]$$

$$T_b = \sum_i \left(\frac{Y_i}{Y} \right) \log \left[\frac{\frac{Y_i}{Y}}{\frac{N_i}{N}} \right]$$

其中 T_p 為總體泰爾系數，T_w 為地區內差距，T_b 為地區間差距，T_{pi} 為 i 經濟區各省份間收入差距，Y 是全國商品交易成交總額，Y_i 是 i 經濟區成交額，Y_{ij} 是 i 經濟區 j 省份商品交易成交額。N 是全國總人口數，N_i 是 i 經濟區的人口總數，N_{ij} 是 i 經濟區 j 省份的人口數。

(二) 商品交易市場絕對差距與相對差距分析結果

根據以上衡量商品交易市場區域差異的指標，以 2001—2013 年《中國商

品交易市場統計年鑒》以及《中國統計年鑒》數據為依據，在現有數據基礎上進行了以下計算工作：以省區為單位，計算了全國各地區2000—2012年商品交易市場成交額的標準差（S）、極差（R）、平均差、變異系數（CV_{uw}）、以人口為權數的加權變異系數（CVW_p）以及泰爾系數。其中具體計算結果如下（表5.1）：

表5.1　2000—2012年商品交易市場區域差異分析結果一覽表

年份	標準差	極差	變異系數	泰爾系數	以人口加權的變異系數	平均差
2000	6,861,548.07	28,522,324	1.258,315	0.310,512	1.394,668	4,927,631
2001	7,851,933.18	33,057,202	1.329,405	0.342,422	1.473,013	5,546,100.4
2002	8,990,764.31	38,831,756	1.359,488	0.376,119	1.496,369	6,383,105.7
2003	10,032,526.09	44,399,777	1.398,945	0.386,187	1.519,843	7,103,384.7
2004	12,525,976.23	53,556,794	1.439,617	0.381,514	1.583,105	8,597,952.8
2005	14,482,675.66	62,370,548	1.447,259	0.375,062	1.615,094	9,859,261.5
2006	17,062,007.68	73,085,359	1.378,285	0.369,181	1.542,019	11,581,755
2007	20,258,449.22	81,902,706	1.378,592	0.357,909	1.550,298	13,936,427
2008	22,792,108.37	89,475,284	1.346,898	0.390,637	1.545,437	15,598,348
2009	24,349,411.92	96,453,040	1.302,247	0.385,579	1.492,907	16,732,254
2010	30,749,821.52	117,380,095	1.268,844	0.350,834	1.435,138	21,624,465
2011	35,004,272.58	139,892,303	1.280,374	0.342,694	1.459,473	23,958,500
2012	38,935,523.78	156,407,250	1.255,664	0.347,963	1.422,526	27,556,404

根據上述計算得出的結果對衡量絕對差異的標準差、平均差、極值（差）繪製柱形圖，同時計算同比增長率，具體如圖5.1所示。

根據表5.1中呈現出來的數據並結合圖5.1可以看出中國商品交易市場成交額的標準差在不斷擴大，2004年與2010年的同比增長率最大分別為24.85%與26.29%，2009年同比增長率最小。平均差與標準差的變動幅度基本一致，也是處於不斷增長的趨勢，其中平均差同比增長率大於標準差的同比增長率，兩者都說明了中國商品交易市場的絕對差異在整體上逐漸變大。極值的變化幅度是最大的，2012年極差為2000年的5倍以上，這充分說明了中國商品交易市場發展過於極端，發展好的省份與發展差的省份差距懸殊，有些地方像浙江、江蘇發展極為迅速，成交額巨大，有些落後的地方比如青海、海南等地發展極為落後，這些都表明中國商品交易市場發展不平衡，找出隱藏在巨大

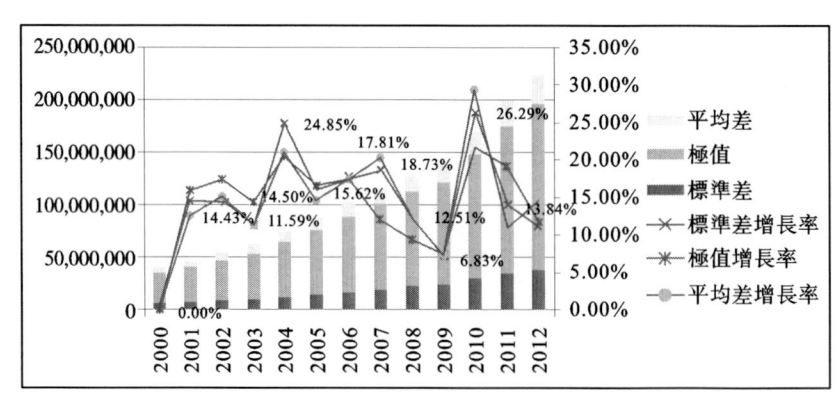

圖 5.1　2000—2012 年商品交易市場標準差、
平均差、極值（差）變化及同比增長率趨勢圖

差異背後的原因就顯得十分必要。

以上對絕對差異的數據進行分析之後，接下來根據衡量相對差異的數據，繪製變異系數、泰爾系數以及以人口加權的變異系數的圖形，見圖 5.2：

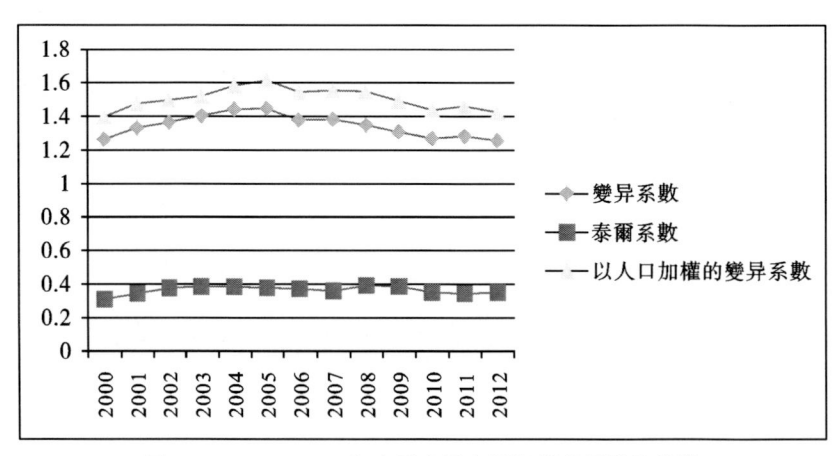

圖 5.2　2000—2012 年商品交易市場相對差異變化趨勢

從表 5.1 與圖 5.2 可以看出，中國商品交易市場成交額的泰爾系數基本處於平穩狀態，2008 年泰爾系數數值最大，為 0.39，到 2009 年又開始處於平穩狀態，大致維持在 0.35 左右，這說明中國商品交易市場相對差異在整體上變化不大，省與省之間、地區與地區之間的差異還需要對泰爾系數進行分解。

從變異系數和以人口加權的變異系數可以看出它們兩者變動幅度相似，2000—2005 年呈緩慢增長的趨勢，從 2005 年開始下降且下降幅度不斷增大。

這說明中國各個省之間從 2000 年到 2005 年商品交易市場相對差異在逐步增加，到 2006 年開始相對差異在慢慢變小。以人口加權的變異系數大於變異系數，說明人口對商品交易市場的差異有一定影響。

三、商品交易市場東中西三大地帶泰爾系數分解

中國區域經濟大部分研究主要採用東、中、西三大經濟帶進行割分，西部一些不發達省份與東部沿海省份的經濟差異已經相當突出，使得國家面臨著一系列的經濟社會發展問題。

（一）東中西三大地帶泰爾系數分解結果

在研究中國商品交易市場區域差異上首先對東、中、西三大經濟帶進行泰爾系數的分解，得出東、中、西三大經濟帶地區間差異與地區內差異以及各自所占比重，以期能粗略分析出中國商品交易市場區域差異表現在哪些方面。在查詢計算商品交易市場成交額的基礎上，利用本章開始講解的泰爾系數分解的計算公式，對中國東、中、西部泰爾系數進行了分解，分別測算出東部、中部、西部泰爾系數，計算出三大地區之間的泰爾系數與三大地區內的泰爾系數，且得出最終貢獻率，具體數據與圖形見表 5.2 與圖 5.3：

表 5.2　　2000—2012 年商品交易市場三大地帶差異分析結果

年份	全國泰爾系數	東部泰爾系數	中部泰爾系數	西部泰爾系數	T_b（地區間泰爾系數）	T_w（地區內泰爾系數）	地區間（%）	地區內（%）
2000	0.173,9	0.058,3	0.021,3	0.067,9	0.120,4	0.053,4	69.27%	30.72%
2001	0.202,6	0.074,7	0.025,6	0.069,8	0.135,2	0.067,3	66.76%	33.23%
2002	0.212,3	0.083,6	0.015,1	0.098,8	0.138,1	0.074,1	65.05%	34.94%
2003	0.230,6	0.091,8	0.029,4	0.111,2	0.146,3	0.084,3	63.44%	36.55%
2004	0.243,5	0.102,5	0.026,1	0.147,0	0.147,6	0.095,9	60.63%	39.36%
2005	0.232,2	0.095,5	0.028,2	0.122,7	0.143,3	0.088,8	61.74%	38.25%
2006	0.217,3	0.089,6	0.020,7	0.106,9	0.135,8	0.081,5	62.49%	37.50%
2007	0.223,3	0.095,7	0.018,3	0.093,5	0.137,7	0.085,6	61.67%	38.32%
2008	0.189,6	0.078,1	0.013,6	0.092,3	0.118,9	0.070,7	62.76%	37.27%
2009	0.187,2	0.086,8	0.003,9	0.090,1	0.111,6	0.075,6	59.60%	40.32%

表5.2(續)

年份	全國泰爾系數	東部泰爾系數	中部泰爾系數	西部泰爾系數	T_b（地區間泰爾系數）	T_w（地區內泰爾系數）	地區間（％）	地區內（％）
2010	0.196,2	0.091,1	0.015,5	0.140,8	0.110,1	0.086,2	56.07%	43.92%
2011	0.194,3	0.091,8	0.016,1	0.147,1	0.107,5	0.086,8	55.32%	44.67%
2012	0.197,5	0.110,5	0.016,5	0.127,7	0.098,8	0.098,7	50.01%	49.99%

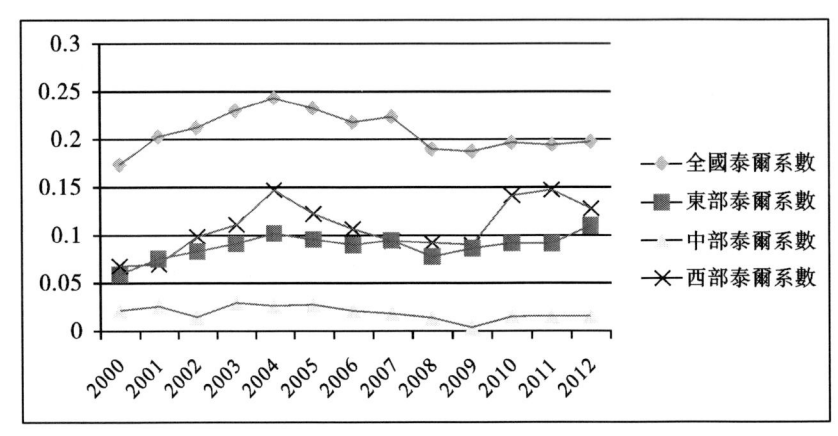

圖5.3　2000—2012年商品交易市場三大地帶泰爾系數分解圖

(二) 三大經濟帶泰爾系數分解結果解讀

根據以上分解結果，從全國泰爾系數來看，數值最大，這說明中國商品交易市場整體發展不平衡，差距較大。2004年泰爾系數達到頂峰，為0.24，2004年到2006年開始下降，2007年有短暫上升後逐漸減少並趨於平穩。這說明從2000年開始中國商品交易市場開始迅速發展，造成全國各個地區發展不平衡，泰爾系數不斷擴大，在2004年後總體發展趨於穩定狀態，並且差異逐漸減小。

東部泰爾系數基本處於穩定狀態，與全國泰爾系數態勢趨於一致。這說明東部各省之間的整體發展相當，總體上來說東部各省之間發展差距在拉大，但是趨勢不是很明顯。東部泰爾系數小於全國水平，卻大於中部泰爾系數，其原因是東部各個省之間的發展是不平衡的，比如海南省與東部的浙江、江蘇、廣東的人均GDP差異巨大，這從總體上拖後了東部的發展。

中部泰爾系數在三大經濟帶中是最小的且發展最為穩定，基本維持在

0.01~0.02。分析其原因不難得出，中部共劃分為 8 個省，分別為安徽、江西、河南、湖北、湖南、山西、吉林、黑龍江。中部 8 省無論從地理位置還是人均 GDP 來看都具有極大的相似性，因此它們之間商品交易市場區域差異不大，發展較為均衡。

西部泰爾系數波動性較大，從 2000 年開始增大，2004 年之後又開始下降，2009—2010 年經歷了一次增長後，2011 年趨於穩定，之後又急遽下降。2000—2004 年的變動趨勢與全國變動趨勢一致，2004 年西部泰爾系數最大，說明西部各個地區商品交易市場的發展極不平衡。2004—2009 年下降，可能是各個省之間重視市場的發展，加之經濟的發展，西部各省總體之間差異在變小。西部地區泰爾系數個別年份大於中部與東部且沒有規律，分析其原因可能是西部地區省份較多，並且發展差異巨大。比如西部的重慶與四川，商品交易市場的發展迅速並且成交額巨大，明顯高於西部地區的整體發展水平，因此造成西部地區整體發展差異巨大。泰爾系數分解的地區間差異與地帶之間的差異的貢獻率也在不斷變化，具體見圖 5.4：

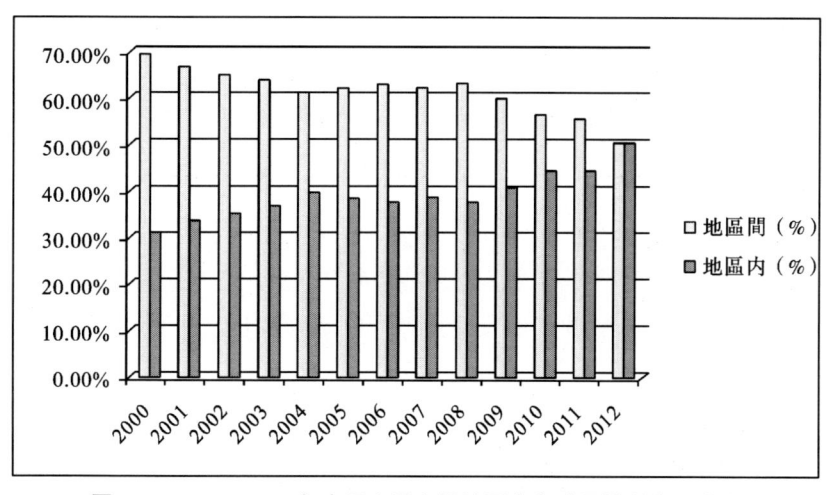

圖 5.4　2000—2012 年商品交易市場地區內與地區間所占百分比

從圖 5.4 可以看出從 2000—2011 年中國東、中、西部的差異主要集中在地區之間的差異上。由於三大地帶之間本身地理位置以及經濟資源稟賦的差異，地區之間差異為主要原因是符合實際情況的。從 2010 年開始，這一趨勢有所改變，西部的有些城市發展迅速，東部有些資源稟賦相對差的省份商品交易市場發展滯後，這就導致了地區之間的差異過度到了地區內之間的差異，這對調整商品交易市場差異的發展提供了一個思路。

四、商品交易市場內部差異聚類分析

根據三大經濟帶的區域劃分對中國商品交易市場整體差異進行綜合評價，從其評價結果來看，以三大經濟帶為經濟區域劃分的結果顯得略微粗糙，特別是西部的發展參差不齊，因此有必要根據其內部差異表現出來的數據，將全國31個省（市、區）具有相同發展程度的歸為一類。

(一) 聚類分析概念及分類

1. 聚類分析概念

聚類分析又稱為群分析，它是根據「物以類聚」的原理對樣品或是指標進行綜合分類的一種多元統計的方法，涉及對象為大量樣品，聚類結果要求能按照各自的特徵對樣品進行分類。聚類分析起源於分類學，早期人們主要依靠經驗和專業知識進行分類，很少採用系統方法利用數學工具對研究對象存在的差異進行定量分類，這很容易造成分類的不科學、不全面。隨著研究方法的不斷改善，人們逐漸將數學工具應用到分類學中並且將多元分析的技術引入數值分類學中，這樣便誕生了聚類分析。

2. 聚類分析的分類

聚類分析具有十分豐富的內容，按照分類對象可以分為Q-型聚類分析與R-型聚類分析。Q-型聚類分析的原理是根據被觀測的樣品的各種特徵，將特徵相似的樣品歸為一類；R-型聚類分析是根據被觀測的變量之間的相似性，將特徵相似的變量歸為一類。

聚類分析按其分類的方法分為系統聚類法、動態聚類法等。系統聚類將樣品或指標各視為一類，根據類與類之間的距離或相似程度將最相似的類加以合併，再計算新類與其他類之間的相似程度，並選擇最相似的類加以合併，這樣每合併一次就減少一類，連續不斷進行這一過程，直到所有樣品合併為一類為止。動態聚類也稱快速聚類法或者K-均值聚類法。其思想是：開始按照一定方法選取一批聚類中心，讓樣品向最近的聚心凝聚，形成初始分類，然後按照近距離原則不斷修改不合理分類，直到合理為止。

（二）商品交易市場聚類分析指標選取

1. 指標選取的原則

研究商品交易市場的區域差異首要前提是選取科學合理的指標及數據來全面、客觀、準確地反應商品交易市場的綜合發展程度。因此，在選取衡量商品交易市場區域差異指標時應遵循目標一致性原則、整體性原則、客觀性原則以及數據可獲得性原則。指標體系的確定、指標的取捨都應以客觀數據資料為依據，減少個人主觀判斷，選取的各個指標及所構成的綜合指標體系要能真實客觀地反應商交易市場的發展概況。選取的商品交易市場綜合發展指標體系應當邏輯連貫、簡單明確、思路清晰，且各類數據能從各類統計資料、調研活動中直接或間接獲得並進行量化處理，具備良好的現實數據可得性和數據分析的可操作性。

2. 具體指標及數據

本書根據上述原則並參考其他文獻和現有的研究成果，篩選出 5 項主要指標作為描述商品交易市場區域差異發展的變量，由此構成衡量商品交易市場綜合發展差異的指標體系。篩選出的指標主要包括利潤收益、就業狀態和經營規模三大類。

（1）反應經營效益的指標：商品交易市場的成交額。
（2）反應就業狀態的指標：從業人員。
（3）反應經營規模的指標：市場個數、營業面積、攤位數。

具體指標及數據見表 5.3：

表 5.3　　　　2012 年商品交易市場差異衡量指標一覽表

地區	成交額（萬元）	從業人員（人）	市場個數（個）	營業面積（平方米）	攤位數（個）
北京	30,457,075	369,409	143	7,370,820	133,332
天津	22,763,167	98,187	78	5,034,083	53,718
河北	47,739,831	124,282	268	28,619,765	335,552
福建	15,858,597	141,892	161	3,510,000	62,248
遼寧	43,290,472	100,245	227	8,821,731	195,116
吉林	7,065,385	30,806	65	3,062,839	57,621
黑龍江	10,775,514	48,296	99	3,306,092	68,580
上海	107,786,449	384,803	188	9,638,526	84,332

表5.3(續)

地區	成交額 (萬元)	從業人員 (人)	市場個數 (個)	營業面積 (平方米)	攤位數 (個)
江蘇	156,592,420	340,723	562	33,146,860	390,154
浙江	137,692,506	332,714	764	28,746,728	505,883
山東	80,209,924	336,544	569	38,320,698	405,059
廣東	55,064,849	560,155	384	20,979,979	236,254
海南	185,170	16,686	8	97,373	4,397
安徽	24,287,860	107,209	143	10,682,938	124,007
江西	14,402,052	54,902	95	3,640,174	74,191
河南	24,746,631	149,567	180	11,114,530	146,961
湖北	18,554,642	128,494	182	5,963,991	97,018
湖南	29,696,555	24,154	320	10,367,863	198,402
山西	5,173,165	98,201	41	2,628,013	36,338
內蒙古	6,988,133	40,851	71	6,646,476	39,291
廣西	11,161,779	64,506	95	4,729,794	77,813
重慶	31,307,225	104,372	133	6,550,002	93,117
四川	17,141,622	132,644	114	6,374,404	130,900
貴州	4,180,301	51,372	39	1,194,272	22,758
雲南	6,901,580	80,661	56	4,088,303	72,629
西藏	—	—	—	—	—
陝西	3,600,629	69,059	44	1,636,473	30,460
甘肅	4,614,217	26,914	46	1,919,267	37,741
青海	589,719	10,230	12	443,475	9,131
寧夏	2,312,564	10,574	31	3,903,122	24,255
新疆	9,097,630	64,254	76	6,186,284	72,012

資料來源：《中國商品交易市場統計年鑒2013》與《中國統計年鑒2013》。西藏數據缺失。

3. 聚類結果

本研究採取的是K-均值聚類法。根據對商品交易市場的分析與實際經驗結果將中國商品交易市場按照發展程度分為五大類。以上原始數據的取值差異

性較大，本文將原始數據應用 SPSS 軟件首先進行標準化處理，避免變量值差異過大對分類結果產生影響。具體聚類結果如下（表 5.4）：

表 5.4　　　　　　中國商品交易市場聚類結果情況表

類別	地區	個數
第一類	浙江、江蘇、山東	3
第二類	北京、上海、廣東、河北、遼寧	5
第三類	湖南、重慶、四川、安徽、湖北、河南、福建、天津	8
第四類	廣西、黑龍江、江西、內蒙古、雲南、新疆	6
第五類	海南、吉林、山西、貴州、陝西、甘肅、青海、寧夏	8

註：由於西藏數據缺失，本分析將西藏排除在外。

五、五類地區差異分解分析

（一）泰爾系數地帶分解

利用聚類分析將中國商品交易市場分為五類後，本節對五類區域商品交易市場成交額進行泰爾系數的分解，具體結果見表 5.5 和圖 5.5、圖 5.6：

表 5.5　2000—2012 年五類區域商品交易市場區域差異分解分析情況表

年份	第一類泰爾系數	第二類泰爾系數	第三類泰爾系數	第四類泰爾系數	第五類泰爾系數	T_b（地區間泰爾系數）	T_w（地區內泰爾系數）
2000	0.049,957	0.063,385	0.070,578	0.087,35	0.102,934	0.113,535	0.059,425
2001	0.052,724	0.072,877	0.061,272	0.082,02	0.109,359	0.133,467	0.068,245
2002	0.055,375	0.075,711	0.078,747	0.098,83	0.119,423	0.140,175	0.071,217
2003	0.052,879	0.086,111	0.086,786	0.098,64	0.112,438	0.146,494	0.083,202
2004	0.063,623	0.091,644	0.103,13	0.107,25	0.110,612	0.151,633	0.090,982
2005	0.067,289	0.088,589	0.102,906	0.107,94	0.127,244	0.152,768	0.078,495
2006	0.064,74	0.088,377	0.101,371	0.114,55	0.115,516	0.136,152	0.080,203
2007	0.058,189	0.090,954	0.116,707	0.112,44	0.129,753	0.136,544	0.085,878
2008	0.050,896	0.095,382	0.116,715	0.119,98	0.128,346	0.121,491	0.077,342
2009	0.049,901	0.094,861	0.117,734	0.123,34	0.126,698	0.113,022	0.075,622

表5.5(續)

年份	第一類泰爾系數	第二類泰爾系數	第三類泰爾系數	第四類泰爾系數	第五類泰爾系數	T_b（地區間泰爾系數）	T_w（地區內泰爾系數）
2010	0.042,39	0.080,557	0.115,385	0.123,95	0.134,268	0.111,566	0.083,681
2011	0.044,15	0.081,293	0.116,603	0.122,31	0.136,332	0.110,782	0.074,257
2012	0.043,287	0.086,051	0.114,522	0.127,24	0.136,365	0.112,673	0.088,337

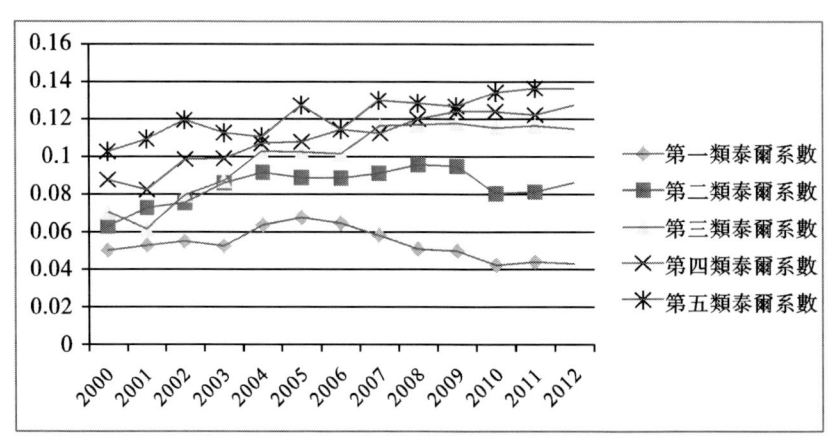

圖 5.5　2000—2012 年商品交易市場五類區域泰爾系數圖

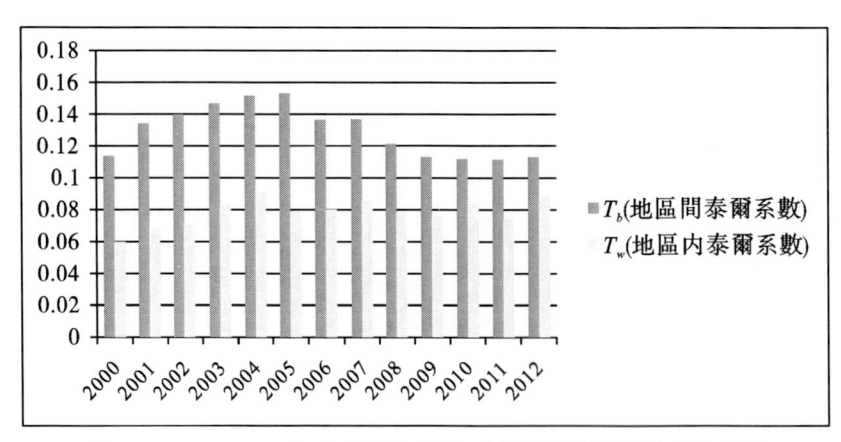

圖 5.6　2000—2012 年商品交易市場五類區域泰爾系數地區占比圖

（二）泰爾系數五類區域分解結果解讀

從五類區域泰爾系數分解可以看出，第一類區域（包括浙江、江蘇、山

東）的泰爾系數是最小的，維持在0.04左右，從2000年到2003年處於平穩發展的態勢，從2003年到2005年泰爾系數處於緩慢上升階段，到2006年後不斷下降最後趨於穩定。首先，第一類泰爾系數數值最小，說明第一類區域發展最好，符合現實情況，且說明聚類分析結果正確；其次，第一類區域泰爾系數在不斷下降，說明在浙江、江蘇、山東三省之間的相對差異在慢慢變小，基本處於平穩狀態，這說明三個省之間商品交易市場已經高度發達，都各自利用現有的資源基本達到最優化的發展狀態。

第二類區域商品交易市場成交額的泰爾系數從2000年緩慢上升，到2010年下降，隨之保持穩定。這說明在第二類區域中各省（市）商品交易市場的發展差距從2000年到2009年在緩慢加大。泰爾系數總體數值高於第一類區域小於其他三個區域，處在發展較好階段。分析第二類區域不難發現，本區域各省（市）經濟發展好，地理優勢佳，相應的商品市場發展也比較成熟，基本達到商品交易市場發展的最優狀態。

第三類區域商品交易市場成交額的泰爾系數在2000—2007年是不斷增大的，2008年後趨於平穩。第三類經濟區域從地理位置來看，大都處於中部地區，僅有四川與重慶處於西部地區。這些區域泰爾系數從2000年到2007年不斷增大，說明商品交易市場的發展存在著一定差距，尤其是在前幾年發展差異巨大。這可能與早期四川與重慶商品交易市場發展緩慢有關，但是隨著社會經濟的發展和西部大開發戰略的實施，重慶與四川商品交易市場在近幾年發展迅速，逐步趕上此區域其他各省（市），最後使得這一區域總體發展差距逐漸縮小。

第四類區域商品交易市場成交額泰爾系數較大，一直處於緩慢上升趨勢，這說明第四類區域商品交易市場發展差距較大，且差距在慢慢增加，這與這一區域各個省（區）的經濟發展以及商品交易市場發展條件欠缺是分不開的。

第五類區域商品交易市場成交額的泰爾系數最大，處於商品交易市場發展最差的區域。本區域各省（區）商品交易市場發展程度低，且差異明顯。其原因在於這些省（區）大都處於西部地區，經濟發展不好，加之交通運輸不便，貨物週轉率低，商品交易市場發展處於緩慢發展的階段，差距不斷增加。

從泰爾系數分解對五大經濟區域地區間與地區內之間的貢獻度可知，地區間差異一直都是主要原因，這與分類出來的結果也相吻合。2000—2005年地區之間的差距在逐步拉大，2005年達到最大值。到2006年後地區之間差距有所下降，說明中國總體商品交易市場的發展差異在不斷減小，這與前面得出的結論是一致的。2000—2005年，地區內差異也在不斷增加，這說明2000—

2005年各個地區與各個省之間的發展都在急遽變化，到2006年有所緩解。五大類區域的地區內的差異處於上升趨勢，說明各個地區之間的發展差距仍然存在。

結論：本章首先對全國商品交易市場的差異進行分析，發現中國商品交易市場的總體差異先增大後逐漸減小。對東、中、西三部分區域差異分析發現，東、中、西三部分差異主要表現在三大地帶之間的差異上，但是地區之間差異的比重在逐漸減小。對五類商品交易市場分解發現，浙江、江蘇、山東三省商品交易市場發展最好，而海南、甘肅、寧夏、青海等省（區）商品交易市場發展最差，它們之間的差異仍然表現在地區之間的差異上。

第六章　商品交易市場區域差異影響因素分析

商品交易市場區域發展不平衡導致區域差異的出現，區域差異問題一直是政府和經濟學家們重點關注的問題。本章將在第五章分析中國商品交易市場區域差異的基礎之上，採用面板數據模型對全國影響因素進行分析，然後分東、中、西部對中國商品交易市場影響因素進行實證分析。

一、影響因素指標選取

國內學者對中國商品交易市場區域差異影響因素研究中，張旭亮（2010）提出中國商品交易市場區域差異影響因素可以分為：經濟因素、制度因素、外貿因素以及歷史文化等因素。石憶邵（2005）提出造成中國商品交易市場區域差異的影響因素有生產力水平、中央財政政策、歷史積澱等因素。這二位學者從理論層面對商品交易市場區域差異影響因素進行了分析。本章結合已有研究成果與影響因素數據可獲得性，選取進出口總額、城鎮化率、貨物週轉量、財政支出四個因素，運用面板模型對中國商品交易市場影響因素進行分析。

（一）進出口總額（JCK）

貿易的核心就是進行商品的交換。所謂對外貿易就是進出口貿易，通常指一個國家或地區與另一個國家或地區之間的商品、勞務及技術等方面的交易活動，對外貿易是由進口和出口兩個部分組成的。對外貿易可以促使企業參與國際競爭，一個地區對外貿易程度的提高即表現為其商品、勞務或技術等在國際的流動擴大。

在中國的地理分佈中，東南及東北沿海地區的地理位置優越，承擔了發達地區商品轉移的責任，這些地方比如浙江、江蘇、山東等的外商直接投資和對

外貿易量均高於內陸其他地區，對商品交易市場拉動性強；西部大開發以來，西北地區的貿易發展迅速，成為中國向西開放的方向，使中國的對外開放由單向開放轉變為東、西雙向開放的新格局。分析中國西北地區，發現貿易的相對繁榮對當地商品交易市場的帶動作用巨大；而非沿海沿邊地區由於區位的相對劣勢與東部地區相比發展差異逐漸明顯。選取的是按經營所在地分的進出口總額值。數據為 2006—2012 年的各個省（市、區）進出口的增長率；數據來自《中國統計年鑒》2006—2013。

（二）城鎮化率（CZH）

城鎮化率是指一個地區常住城鎮的人口占該地區總人口的比例。中國早在「十一五」規劃綱要中就已經明確「要把城市群作為推進城鎮化的主體形態」；「十二五」規劃以大城市為依託，以中小城市為重點，逐步形成輻射作用大的城市群，促進大中小城市和小城鎮協調發展。城市產業的繁榮和高回報吸引了更多的資本、技術和知識的流入，這些要素的整合將會進一步誘發新的技術創新和流動，並促進新興產業的形成。因此，城市是現代經濟中最具有活力的區域。

中國商品交易市場的飛速發展離不開城市化的推動。石憶邵（2008）通過實證分析論證了城市化發展水平能夠促進商品交易市場的發展，並且二者之間呈正相關的關係。選取城鎮人口占總人口的比重作為衡量城鎮化率的指標。數據是中國 30 個省的城鎮化率增長率，時間跨度為 2006—2012 年。數據來自《中國統計年鑒》2006—2013。

（三）貨物週轉量（HYL）

在商品交易市場的發展中，要使商品交易市場正常運轉，就必須保證把生產工具、勞動對象等各種要素在特定的時間，按照一定的數量置於特定的地點，交通運輸的功能就在於完成這種移位的要求。交通運輸的發展可以節約流通成本以及降低交易費用，發達的運輸系統是商品交易市場得以發展的前提，交通運輸落後則會影響商品交易市場的發展。

分析商品交易市場發展程度較高的浙江、江蘇，發現它們的交通設施發展迅速，鐵路、公路以及水路發展良好，運輸里程與年均貨物週轉量都處於全國領先水平。分析商品交易市場較差的省區，比如甘肅、青海、寧夏等，這些省區大都交通設施欠缺，交通總線路短且發展緩慢，交通設施的改善可以大大地降低運輸成本，進而推動該省區商品交易市場的發展。選取全國貨物週轉量衡

量交通運輸影響因素。在數據選取上選擇了中國2006—2012年的貨物週轉量的增長率作為衡量的指標。數據來自《中國統計年鑒》2006—2013。

(四) 政府財政支出（CZZ）

國家經濟政策是指國家履行經濟管理職能，調控國家宏觀經濟水平、結構，實施國家經濟發展戰略的指導方針。在不同時期發展戰略的引導下，國家經濟政策對地區經濟的發展格局起著不可估量的作用，是影響地區間差距變動的重要因素。國家經濟政策在數值上可以表現為政府財政支出。

改革開放以來，在國家的政策鼓勵與傾斜下，東部沿海地區抓住了發達國家和地區產業轉移的機會，發展了大量勞動密集型產業，比如紡織、服裝、玩具、皮革、家具等，並成為東部地區的優勢產業。結合中國商品交易市場的發展差異，東部沿海地區如浙江、江蘇、遼寧、廣東等省利用早期國家產業經濟政策的傾斜，充分發展商品交易市場，通過不斷探索與創新完善了商品交易市場的體制，形成了許多大型商品交易市場。這些良好的發展模式與經驗對東部商品交易市場發展起到了重要作用。而西部等商品交易市場相對落後的省份，由於自身發展優勢不明顯，加之國家對這些區域不夠重視，導致商品交易市場的發展相對落後，並且增長速度緩慢。選取政府財政支出作為衡量政策的影響因素對商品交易市場區域差異分析。具體選取中國30個省的財政支出增長率作為解釋變量，時間跨度為2006—2012年。數據來自《中國統計年鑒》2006—2013。

二、全國商品交易市場影響因素面板數據模型

（一）面板模型簡介

所謂面板數據（Panel Data），是指由變量 y 關於 N 個不同對象的 T 個觀測值所得到的二維結構數據，可以記為 y_{it}，其中，i 表示 N 個不同對象，t 表示 T 個觀測時期。面板數據也可稱為時間序列截面數據或混合數據，面板數據是同時在時間和截面空間上的二維數據。

面板數據模型一般可以劃分為以下三種類型：
(1) 不變系數模型
$$y_{it} = a + x_{it}b + \mu_{it} \quad (i = 1, \cdots, N, \ t = 1, \cdots, T)$$
這種情形表示模型在截面上無個體影響，沒有結構變化。這種模型與一般

的迴歸模型無本質區別，該模型也被稱作混合迴歸模型。

(2) 變截距模型

$$y_{it} = a_i + x_{it}b + \mu_{it} \quad (i = 1, \cdots, N;\ t = 1, \cdots, T)$$

這種情況表示模型在截面上存在個體影響，不存在結構變化，也就是說解釋變量的結構參數在不同截面上是相同的，不同的只是截距項，個體影響可以用截距項的差別來說明，所以通常稱為變截距模型。

(3) 變系數模型

$$y_{it} = a_i + x_{it}b_i + \mu_{it} \quad (i = 1, \cdots, N,\ t = 1, \cdots, T)$$

這種情況表示該模型既存在個體影響又存在結構變化，允許個體影響由截距項 a_i 來表示，允許解釋變量的系數 b_i 隨個體的不同而不同，用來說明個體成員間的結構變化，通常稱為變系數模型。根據對中國商品交易市場區域差異影響因素選擇，現建立以下面板數據模型：

$$CJE_{i,t} = \alpha_0 + \beta_1 CZH_{i,t} + \beta_2 CZZ_{i,t} + \beta_3 JCK_{i,t} + \beta_4 HYL_{i,t} + \varepsilon_{i,t}$$

(二) 單位根檢驗

在進行時間序列數據迴歸之前需要對時間序列的數據平穩性進行檢驗，如果時間序列數據平穩或者具有相同的單整階數，在進行迴歸時就可以避免偽迴歸現象。與時間序列數據迴歸一樣，面板數據是否平穩或者是否具有相同的單整階數，是面板數據迴歸估計的前提。因此，為了確保估計結果的有效性，避免出現偽迴歸現象，需要首先對面板數據進行單位根檢驗。為了避免單一方法帶來的不足，採用了 LLC 檢驗、IPS 檢驗、Fisher-ADF 檢驗和 Fisher-PP 檢驗。檢驗結果見表 6.1：

表 6.1　　中國商品交易市場區域差異影響因素單位根檢驗

指標/檢驗方法	檢驗設定形式	LLC	IPS	ADF-F	PP-F	單位根
△CJE	(c, 0)	-31.469,3	-2.603,50	125.014	226.876	否
		0.000,0	0.004,6	0.000,0	0.000,0	
		0.013,9	0.999,4	1.000,00	0.993,0	
△HYL	(c, 0)	-18.618,5	-5.253,75	144.155	208.406	否
		0.000,0	0.000,0	0.000,0	0.000,0	

表6.1(續)

指標/檢驗方法	檢驗設定形式	LLC	IPS	ADF-F	PP-F	單位根
△JCK	(c, 0)	-16.779,3	-4.376,24	129.905	213.598	否
		0.000,0	0.000,0	0.000,0	0.000,0	
△CZH	(c, 0)	-9.645,3	-1.569,6	80.382,2	102.458	否
		0.000,0	0.058,3	0.040,7	0.000,5	
△CZZ	(c, 0)	-13.959,0	-3.636,9	116.128	171.701	否
		0.000,0	0.000,1	0.000,0	0.000,0	

註：上表由 Eviews7 軟件整理而來；△表示一階差分值；檢驗設定形式括號中的 c 表示有截距項，0 表示沒有時間趨勢項，均在10%顯著水平下通過檢驗；滯後階數由 SIC 準則確定。

檢驗結果顯示，成交額、貨物週轉量、進出口總額和城鎮化率與政府財政支出原序列不平穩，存在單位根，但經過一階差分後，均變為平穩，說明各變量同為一階單整，即 I(1)，因此可以對涉及的變量進行迴歸分析。

(三) 協整檢驗

單位根檢驗之後，發現幾個變量都是平穩過程，接著檢驗幾個解釋變量是否存在協整關係。由於模型的解釋變量較多，因此選擇 Kao 檢驗來進行變量的協整關係檢驗。檢驗結果見表6.2：

表6.2　　　　　　　　　Kao 檢驗結果

	t-Statistic	Prob.
ADF	-6.620,245	0.000,0
Residual variance	0.076,110	
HAC variance	0.026,650	

由表6.2可以看出，5個變量之間存在協整關係，因此可以進行迴歸分析。

(四) 全國商品交易市場成交額模型設定與迴歸分析

由前面數據檢驗結果可知，本研究使用的數據均單整且存在協整關係。在確定面板模型的具體形式時，對模型的固定效應與隨機效應、變系數與變截距等重要問題進行實證分析。就建立變系數和變截距方程問題而言，本研究分別

建立了混合迴歸模型、變系數迴歸模型和變截距迴歸模型,並通過計算得到三個模型的殘差平方和數據,最後根據數據得出本研究為變截距模型。

就固定效應和隨機效應而言,本研究分別對固定效應模型和隨機效應模型進行迴歸,並採用 Hausman 檢驗進行分析。Stata 軟件檢測結果顯示,在 5% 顯著性水平下,Hausman 檢驗的 p 值為 0.000,8,接受設置固定效應模型的原假設。因此,應設置固定效應模型。

綜合前述分析,中國商品交易市場區域差異影響因素分析應該建立固定效應的變截距模型。具體迴歸結果如下(表 6.3):

表 6.3　　　　　　　　　　面板模型迴歸結果

Variable	Coefficient	Std. Error	t-Statistic	Prob.
C	1.137,207	0.284,988	3.990,369	0.000,1
CZH	2.124,848	0.703,354	3.021,022	0.002,9
CZZ	0.460,863	0.540,776	0.852,225	0.395,2
JCK	0.145,821	0.057,725	2.526,151	0.012,4
HYL	0.105,646	0.045,949	2.299,187	0.022,7

對商品交易市場區域差異影響因素的面板數據迴歸結果見上表。從上表可以得出如下結論:

(1) 城鎮化率對中國商品交易市場區域差異的影響為正,且在 5% 顯著水平下是顯著的。這說明城鎮化率越高,中國商品交易市場發展越快,城鎮化率會對中國商品交易市場發展產生明顯影響。

(2) 政府的財政支出對中國商品交易市場有影響,但是在 5% 顯著水平下不顯著。這可能是由於政府財政支出不會直接影響商品交易市場的成交額,通過中間效應來影響商品交易市場的發展。

(3) 進出口總額會對中國商品交易市場區域差異造成影響,並且系數為正。這說明進出口總額對中國商品交易市場的發展具有明顯的正向效應,進出口總額越高,商品交易市場的發展程度越好。

(4) 貨物週轉量在 5% 顯著水平下是顯著的,系數為正。這說明貨物週轉量對中國商品交易市場的發展有明顯的正向效應。某個地方貨物週轉量多少可以衡量這個地方的交通發展狀況,貨物週轉量越多則這個地方的商品交易市場越發達。

三、東部商品交易市場影響因素分析

分析了城鎮化、政府財政支出、進出口總額與貨物週轉量對全國商品交易市場的影響，以下將分析中國東中西三大地帶在城鎮化、政府財政支出、進出口總額與貨物週轉量對中國商品交易市場的影響。

（一）東部商品交易市場影響因素單位根檢驗

在進行時間序列數據迴歸之前需要對時間序列的數據平穩性進行檢驗，如果時間序列數據平穩或者具有相同的單整階數，在進行迴歸時就可以避免偽迴歸現象。與時間序列數據迴歸一樣，面板數據是否平穩或者是否具有相同的單整階數，是面板數據迴歸估計的前提。因此，為了確保估計結果的有效性，避免出現偽迴歸現象，需要首先對面板數據進行單位根檢驗。為了避免單一方法帶來的不足，本研究採用了 LLC 檢驗、IPS 檢驗、Fisher-ADF 檢驗和 Fisher-PP 檢驗（表6.4）。

表6.4　東部商品交易市場區域差異影響因素單位根檢驗

指標/檢驗方法	檢驗設定形式	LLC	IPS	ADF-F	PP-F	單位根
△CJE	(c, 0)	-14.212,2	-4.948,15	68.297,1	91.083,7	否
		0.000,0	0.000,0	0.000,0	0.000,0	
△HYL	(0, 0)	-9.113,22	-2.305,65	43.349,6	57.212,2	否
		0.000,0	0.000,0	0.004,3	0.000,1	
△JCK	(c, 0)	-9.836,22	-2.439,80	45.483,4	75.694,2	否
		0.000,0	0.007,3	0.002,3	0.000,0	
△CZH	(c, 0)	-6.193,68	-1.077,07	30.795,2	41.602,8	否
		0.000,0	0.1,007	0.100,4	0.007,0	
△CZZ	(c, 0)	-9.047,89	-2.480,00	45.568,1	65.939,3	否
		0.000,0	0.006,6	0.002,2	0.000,0	

註：上表由 Eviews7 軟件整理而來；△表示一階差分值；檢驗設定形式括號中的 c 表示有截距項，0 表示沒有時間趨勢項，均在10%顯著水平下通過檢驗；滯後階數由 SIC 準則確定。

檢驗結果顯示，成交額、貨物週轉量、進出口總額、政府財政支出和城鎮化率原序列不平穩，但經過一階差分後，均變為平穩，說明各變量同為一階單整，即I(1)，因此可以對涉及的變量進行迴歸分析。

(二) 影響因素協整檢驗

單位根檢驗之後，發現幾個變量都是平穩的，接著檢驗幾個解釋變量是否存在協整關係。選擇 Kao 檢驗來進行變量的協整關係檢驗，檢驗結果見表6.5：

表6.5　　　　　　　　Kao 檢驗結果

	t-Statistic	Prob.
ADF	−1.583,787	0.056,6
Residual variance	0.025,762	
HAC variance	0.025,762	

由表6.5可以看出，5個變量之間存在協整關係。

(三) 東部商品交易市場影響因素模型設定與迴歸分析

根據以上分析結果可知，本研究選取的影響因素與成交額之間有協整關係。根據以上對全國商品交易市場影響因素的分析，仍然確定為固定效應的變截距模型。具體迴歸結果如表6.6所示：

表6.6　　東部商品交易市場影響因素面板模型迴歸結果

Variable	Coefficient	Std. Error	t-Statistic	Prob.
C	1.033,707	0.437,830	2.360,978	0.021,4
CZH	1.482,045	0.823,456	1.799,785	0.076,8
CZZ	0.095,342	0.935,453	0.101,920	0.919,1
JCK	0.229,130	0.089,855	2.550,010	0.013,3
HYL	0.105,441	0.045,658	2.309,355	0.024,3

(四) 東部商品交易市場影響因素結果分析

對東部地區的迴歸結果顯示，城鎮化率、進出口總額以及貨物週轉量對東部地區商品交易市場的成交額有顯著影響，並且相關係數皆為正數，說明這三

個因素對商品交易市場的成交額均有正向的影響。這與全國層面上得出的結論是一致的。東部地區各個省份的城鎮化率越高，商品交易市場發展越好，城鎮化率增加 1 個單位，可以帶動商品交易市場增加 1.48 個單位。東部地區進出口總額對商品交易市場的影響也為正向影響。進出口總額每增加 1 個單位可以帶動商品交易市場增加 0.229 個單位，東部各省地理位置多處於沿海地帶，對外貿易總量高於全國其他地方，這對其商品交易市場發展起著重大作用。東部地區財政支出對商品交易市場的影響不是很明顯，這同樣說明在東部地區政府財政支出對商品交易市場的發展影響較小，政府的政策干預可能會降低商品交易市場的效率。

四、中部商品交易市場影響因素分析

（一）影響因素單位根檢驗

本研究採用了 LLC 檢驗、IPS 檢驗、Fisher-ADF 檢驗和 Fisher-PP 檢驗。具體結果見表 6.7：

表 6.7　　中部商品交易市場區域差異影響因素單位根檢驗

指標/檢驗方法	檢驗設定形式	LLC	IPS	ADF-F	PP-F	單位根
△CJE	(c, 0)	-9.078,84	-3.216,75	41.841,8	58.521,5	否
		0.000,0	0.000,0	0.000,0	0.000,0	
△HYL	(c, 0)	-8.850,80	-2.873,06	40.288,4	59.031,7	否
		0.000,0	0.002,0-	0.000,7	0.000,0	
△JCK	(c, 0)	-7.230,03	-2.049,20	32.563,8	53.615,4	否
		0.000,0	0.020,2	0.008,4	0.000,0	
△CZH	(c, 0)	-5.367,9	-0.957,99	22.415,3	29.965,4	否
		0.000,0	0.04,007	0.050,08	0.018,2	
△CZZ	(c, 0)	-7.548,34	-1.798,03	30.243,4	47.199,0	否
		0.000,0	0.036,1	0.016,8	0.000,1	

註：上表由 Eviews7 軟件整理而來；△表示一階差分值；檢驗設定形式括號中的 c 表示有截距項，0 表示沒有時間趨勢項，均在 10% 顯著水平下通過檢驗；滯後階數由 SIC 準則確定。

檢驗結果顯示，中部地區商品交易市場成交額、貨物週轉量、進出口總額、政府財政支出、城鎮化率經過一階差分後，均變為平穩，說明各變量同為一階單整，即I(1)，因此可以對涉及的變量進行迴歸分析。

（二）中部影響因素協整檢驗

單位根檢驗之後，發現中部地區幾個變量都是平穩的，接著檢驗幾個解釋變量是否存在協整關係。選擇 Kao 檢驗來進行變量的協整關係檢驗。檢驗結果見表6.8：

表6.8　　　　　　　　　　Kao 檢驗結果

	t-Statistic	Prob.
ADF	−3.387,026	0.000,4
Residual variance	0.056,742	
HAC variance	0.029,800	

由表6.8可以看出，5個變量之間存在協整關係。

（三）中部商品交易市場影響因素模型設定與迴歸分析

根據以上分析結果可知，本研究選取的影響因素與成交額之間有協整關係。根據以上對全國商品交易市場影響因素的分析，仍然確定為固定效應的變截距模型。具體迴歸結果如表6.9所示：

表6.9　　　中部商品交易市場影響因素面板模型迴歸結果

Variable	Coefficient	Std. Error	t-Statistic	Prob.
C	0.694,404	0.439,452	1.580,159	0.121,2
CZH	0.844,177	1.475,312	0.572,202	0.570,1
CZZ	0.813,891	1.878,890	0.433,176	0.667,0
JCK	0.189,425	0.096,271	1.967,617	0.055,4
HYL	0.018,022	0.072,612	0.248,201	0.805,1

（四）中部商品交易市場影響因素結果分析

對中部地區的迴歸結果顯示，進出口總額對中部地區商品交易市場影響最大，其他因素影響不是特別顯著。中部地區進出口總額每增加一個單位將會帶

動商品交易市場的成交額增加 0.189 個單位。這說明在中部地區要促進商品交易市場的發展，應該重視貿易這一重要影響因素，需要擴大中部地區的出口貿易。

五、西部商品交易市場影響因素分析

(一) 西部商品交易市場影響因素單位根檢驗

為了確保估計結果的有效性，避免出現偽迴歸現象，需要首先對面板數據進行單位根檢驗。為了避免單一方法帶來的不足，本研究採用了 LLC 檢驗、IPS 檢驗、Fisher-ADF 檢驗和 Fisher-PP 檢驗。具體結果見表 6.10：

表 6.10　西部商品交易市場區域差異影響因素單位根檢驗

指標/檢驗方法	檢驗設定形式	LLC	IPS	ADF-F	PP-F	單位根
△CJE	(c, 0)	−11.533,8	−3.852,01	58.690,2	73.148,0	否
		0.000,0	0.000,0	0.000,0	0.000,0	
△HYL	(0, 0)	−9.553,49	−2.851,77	49.334,4	70.033,9	否
		0.000,0	0.000,2−	0.000,7	0.000,0	
△JCK	(c, 0)	−8.586,15	−2.602,01	46.930,9	72.236,7	否
		0.000,0	0.004,6	0.001,5	0.000,0	
△CZH	(c, 0)	−5.164,67	−0.698,06	27.171,7	30.889,8	否
		0.000,0	0.06,007	0.050,8	0.098,4	
△CZZ	(c, 0)	−7.611,10	−1.992,87	40.316,7	58.568,3	否
		0.000,0	0.023,1	0.009,9	0.000,0	

註：上表由 Eviews7 軟件整理而來；△表示一階差分值；檢驗設定形式括號中的 c 表示有截距項，0 表示沒有時間趨勢項，均在 10%顯著水平下通過檢驗；滯後階數由 SIC 準則確定。

檢驗結果顯示，西部地區商品交易市場成交額、貨物週轉量以及進出口總額、城鎮化率以及政府財政支出經過一階差分後，均變為平穩，說明各變量同為一階單整，即 I(1)，因此可以對涉及的變量進行迴歸分析。

(二) 影響因素協整檢驗

單位根檢驗之後，發現西部地區幾個變量都是平穩的，接著檢驗幾個解釋變量是否存在協整關係。選擇 Kao 檢驗來進行變量的協整關係檢驗，檢驗結果見表6.11：

表6.11　　　　　　　　　　Kao 檢驗結果

	t-Statistic	Prob.
ADF	-5.374,851	0.000,0
Residual variance	0.134,244	
HAC variance	0.029,800	

由表6.11可以看出，5個變量之間存在協整關係。因此可以對這些變量進行迴歸分析。

(三) 西部商品交易市場影響因素模型設定與迴歸分析

根據以上分析結果可知，本文選取的影響因素與成交額之間有協整關係。根據以上對全國商品交易市場影響因素的分析，仍然確定為固定效應的變截距模型。具體迴歸結果如表6.12所示：

表6.12　　西部商品交易市場影響因素面板模型迴歸結果

Variable	Coefficient	Std. Error	t-Statistic	Prob.
C	1.304,660	0.474,657	2.748,636	0.007,8
CZH	3.501,690	1.567,205	2.234,354	0.029,1
CZZ	1.189,693	0.922,575	1.289,535	0.202,0
JCK	0.093,982	0.107,801	0.871,816	0.386,7
HYL	0.246,230	0.136,415	1.805,003	0.075,9

(四) 西部商品交易市場影響因素結果分析

對西部地區的迴歸結果顯示，城鎮化率以及貨物週轉量對西部商品交易市場成交額有著顯著正向影響。西部地區城鎮化率增加一個單位，將會帶動商品交易市場成交額增加3.50個單位，高於全國城鎮化率的影響系數。這說明提高西部地區城鎮化率將明顯有助於促進商品交易市場的發展。

西部地區貨物週轉量對商品交易市場的成交額有明顯的正向影響，貨物週轉量每增加一個單位會促使商品交易市場成交額增加 0.246 個單位，這在全國以及東部和中部來看都是最高的。

西部地區財政支出對西部商品交易市場有正向影響且結果較顯著，與東部和中部商品交易市場發展相比，西部地區商品交易市場政策因素是很重要的影響因素，即政府增加財政支出，會使西部商品交易市場發展加快。

綜上所述，從全國層面上對商品交易市場影響因素進行面板數據分析，得出城鎮化率、進出口總額和貨物週轉量對中國商品交易市場有著顯著正向影響。接著，分別對東部、中部、西部商品交易市場成交額影響因素進行分解分析，得出城鎮化率、貨物週轉量和進出口總額對東部地區有著顯著的正向影響；中部地區有顯著正向影響的因素是進出口總額；西部地區商品交易市場的發展中，顯著正向影響因素是城鎮化率以及貨物週轉量，財政支出對西部商品交易市場的發展也有重要影響。全國與東中西部商品交易市場影響因素對比分析結果見表 6.13：

表 6.13 全國與東中西商品交易市場影響因素面板模型迴歸結果比較

	中國商品交易市場成交額			
	全國	東部	中部	西部
	（1）	（2）	（3）	（4）
C	1.137,207（0.000,1）**	1.033,707（0.021,4）**	0.694,404（0.121,2）	1.304,660（0.007,8）**
CZH	2.124,848（0.002,9）**	1.482,045（0.076,8）*	0.844,177（0.570,1）	3.501,690（0.029,1）**
CZZ	0.460,863（0.395,2）	0.095,342（0.919,1）	0.813,891（0.667,0）	1.189,693（0.202,0）
JCK	0.145,821（0.012,4）**	0.229,130（0.013,3）**	0.189,425（0.055,4）**	0.093,982（0.386,7）
HYL	0.105,646（0.022,7）**	0.105,441（0.024,3）**	0.018,022（0.805,1）	0.246,230（0.075,9）*

第七章　商品交易市場發展思路

　　對中國商品交易市場區域差異及影響因素進行分析，中國商品交易市場的地區差異依然是主要因素，且東、中、西部差異仍然很大。第六章通過實證分別分析了對東、中、西部的影響因素，本章將結合實證分析得出的結論，有針對性地提出相應的思路對策。

一、加快各個地區城市化發展

　　黨的十八大報告明確提出中國要堅持走新型工業化、信息化、城鎮化、農業現代化道路，推動信息化和工業化深度融合、工業化和城鎮化良性互動、城鎮化和農業現代化相互協調，促進工業化、信息化、城鎮化、農業現代化同步發展。「新四化」發展本質是以城鎮為載體加速工業化，以工業為基礎推動城鎮化。城市產業的繁榮和高回報可以吸引更多的資本、技術和知識，這些要素的整合將會進一步誘發新的技術創新和流動，並促進新興產業的形成。因此，城市是現代經濟中最具有活力的區域。

　　從城鎮化率對全國商品交易市場的總體影響來看，城鎮化率迴歸系數為 2.12，東部城鎮化率對商品交易市場成交額的迴歸系數為 1.48，中部城鎮化率對商品交易市場成交額的迴歸系數為 0.84，西部城鎮化率對商品交易市場的成交額迴歸系數為 3.501。從總體層面來看，城鎮化率對西部各省商品交易市場成交額的影響最大，其次是東部地區。

　　東部地區城市化建設處於全國領先水平，在推進城鎮化建設中應該重點提高東部地區城市化質量，這就需要在東部各省之間構建「大都市區」的規劃，形成集中式大都市帶。打造世界級的大都市，需要在交通、住房等基礎設施上進行城市更新、改造和完善，在教育、醫療、養老等公共服務上提供保障，同時，需要拓展大都市區的輻射範圍，加快佈局與周邊中小城鎮之間的蛛網式連

接，形成「東部沿海大都市連綿帶」。

西部地區城鎮化發展滯後，然而西部地區城鎮化率對商品交易市場成交額的影響系數最大。這充分說明西部地區城鎮化的提升將會大大促進西部地區商品交易市場的發展。對於西部地區城鎮化的推進，應該對大城市與中小城市採取並舉方針，要形成合理的城市規劃體系，要完善城市中心的功能。對於城鎮化發展較好的省份要增加城市的人口規模，擴大人口容量，增大經濟實力。同時要增大城市的輻射範圍，帶動周邊城市的發展，形成城市群。此外，要更加注重西部地區小城市與城鎮的發展，將有發展潛力的小城市重點打造並實施相應的政策，使之發展成為具有一定帶動力的中型城市。

二、提高交通運輸質量

在商品交易市場的發展中，要使商品交易市場正常運轉，就必須保證把生產工具、勞動對象等各種要素在特定的時間，按照一定的數量置於特定的地點，交通運輸的功能就在於完成這種移位的要求。交通運輸的快速發展可以節約流通成本以及降低交易費用，發達的運輸系統是商品交易市場得以發展的前提條件，交通運輸落後則會影響商品交易市場的發展。

從實證分析結果來看，貨物週轉量對全國商品交易市場的發展起著顯著的正向作用。東部地區貨物週轉量對成交額的迴歸系數為0.105，中部地區貨物週轉量對成交額的迴歸系數為0.018但是效果不是很顯著，西部地區貨物週轉量對成交額的迴歸系數為0.246。可以看出西部地區貨物週轉量對商品交易市場的影響與東部中部相比，起著很重要的作用。這是因為西部地區經濟不發達，物流落後，但是只要西部地區貨物週轉量稍微提高，就會促使商品交易市場成交額增加。

東部地區與中部商品交易市場發展迅速，很大一方面原因是東部地區有著完善的交通運輸設施，無論從道路里程還是從貨物週轉量來看，東部與中部地區都處於全國領先位置。對於東部與中部地區交通運輸，應該把重點放在提升交通運輸質量，優化各個路網的配置，對公路品質的提升上。東部與中部地區絕大多數的貨物運輸以道路運輸為主，因此高品質的公路運輸起著重要作用。另外貨物運輸時間也是需要考慮的重要因素，東、中部地區向其他地區運輸貨物，高速鐵路也是一種便捷的選擇，加快高速鐵路建設，對於優化東部與中部路網也起著重要作用。要提高西部地區貨物週轉量首先應該改善西部交通運輸

以及物流發展狀況，可以從以下幾個方面入手：

1. 在商品交易市場建設物流中心

在西部商品交易市場建設物流機構，將市場服務與倉儲、貨物配送等服務結合起來，是商品交易市場物流體系的主體。在商品交易市場建設物流中心一方面有利於方便經營戶，提高效率，另一方面有利於物流設施資源的優化配置，另外還可以提高流通速度，減少運輸成本。

2. 注重區域物流園與第三方物流企業的建設

商品交易市場尤其是中小型商品交易市場的物流體系，離不開第三方物流企業的作用。第三方物流企業以其專業化、規模經營可以給貨物交易雙方提供一系列好處。規模較小的商品交易市場物流功能較弱，經營戶不得不依靠外部物流資源來保證其正常的物流運行，第三方物流就是這些經營戶的理想選擇。

3. 加快物流信息系統的建設

物流信息系統對商品交易市場現代物流體系的完善具有重要作用。物流信息系統能夠同時完成對物流的確認、跟蹤和控製。它不僅使交易市場自身的決策快、反應快，對市場應變能力強，而且可以更大程度上提高對經營戶的服務水平，為經營戶創造更多的價值。物流信息系統日益成為物流業發展的「瓶頸」，也成為商品交易市場物流制約的重要因素。因此，商品交易市場應加快物流信息系統的建設，使信息系統成為商品交易市場現代物流體系的紐帶。

三、繼續增加進出口總額

貿易的核心就是進行商品的交換，各省之間商品的互換可以促進市場的繁榮，進而推動商品交易市場的發展。國家與國家之間的貿易往來不僅可以促進經濟的發展，還對商品交易市場的發展有推動作用。前面實證結果顯示進出口總額對東部與中部有明顯的正向影響，對西部影響不顯著。

進出口總額對東部地區商品交易市場的發展起著不可忽視的作用。《中國統計年鑒2013》顯示，2012年中國東部地區進出口總額為33,751.69億美元，占全國進出口總額的87.27%。中國東部地區抓住加入世界貿易組織的契機，大力轉變對外貿易的發展方式，著力深化經濟體制的改革，對外開放邁上了新臺階，對東部地區經濟社會的發展發揮了很好的引領作用。東部地區商品交易市場的發展在全國處於領先水平，不斷提高其商品交易市場在國際上的佔有率，將是突破商品交易市場瓶頸的出路。

在影響中部地區商品交易市場差異因素中，進出口總額是最顯著的因素，這說明中部地區商品交易市場的發展在很大程度上取決於中部地區進出口總額以及對外貿易的程度。中部地區對外貿易的發展在近些年取得了一定的進步，但是與全國相比仍然存在著一定差距。中部地區要提高進出口總額要從以下幾個方面入手：

1. 發揮比較優勢，優化出口商品結構

中部地區要發展資源和勞動密集型產品的比較優勢，培育競爭優勢產業，努力擴大高新技術產品的出口。中部地區可以加快高新技術產業和對外貿易的結合，同時提高出口產品科技含量與附加值，增強出口企業的競爭力。

2. 努力開拓市場，推行出口市場多元化

在過去的 10 多年中，中部地區在開拓市場實施多元化戰略中取得了初步的成果，但是在今後的發展進程中，應當繼續推行市場多元化，發揮出口商品結構的多層次性，同時與眾多發達國家、發展中國家形成貿易互補，通過這樣的方式擴大出口。此外還要努力強化各個企業與行業開拓市場的作用。

四、重視政府支持作用

中國商品交易市場發展至今，政府在商品交易市場的規劃、管理、建設、法律體系完善等方面起著不可忽視的作用。改革開放以來，在國家的政策鼓勵與傾斜下，東部沿海地區抓住了發達國家和地區產業轉移的機會，發展了大量勞動密集型產業，比如紡織、服裝、玩具、皮革、家具等都是東部地區的優勢產業。這些優勢產業的發展使得東部地區的發展迅速，為之後東部商品交易市場的發展奠定了良好的基礎。政府掌握著當地絕大部分的資源，運用財政、稅收等政策的槓桿作用，不僅可以進行宏觀調控，還可以促進微觀經濟搞活。

第六章分析了財政支出對中國商品交易市場的影響，東部地區財政支出對商品交易市場的迴歸係數為 0.095，中部地區財政支出對商品交易市場的迴歸係數為 0.813。東部地區與中部地區的 p 值不是很顯著，但迴歸結果顯示，財政支出仍然對商品交易市場有影響。西部地區財政支出對商品交易市場有較顯著影響，迴歸係數為 1.189。西部地區各級政府應當對各個省份給予稅收、工商、土地徵用等方面的優惠政策，同時要制定合理的產業政策，調動各個地區進行產業結構調整，在西部地區培育健全的產業支撐體系。

除與四個影響因素相對應的思路對策之外，商品交易市場發展還應注重：

①加快市場體系建設。可建設以一級商品交易市場、二級商品交易市場、三級商品交易市場為縱，以綜合交易市場、專業交易市場為橫的縱橫交錯、層次分明、特色突出、佈局合理、功能完善、規模集聚的商品交易市場體系。②加快空間佈局調整。尤其是大城市，應按照城市主體功能區格局，進行一、二、三級市場的空間佈局與調整，重點是加快城區大型商品交易市場的搬遷調整。③加快信息化建設。建設市場信息化系統，提升市場信息化水平，形成智能化市場。④創新交易方式。在傳統交易方式基礎上，重點發展拍賣、招標、期貨、電子商務、集中委託上市等現代交易方式。⑤實施品牌戰略。打造具有龍頭效應的市場品牌。以質量為立足點，樹立全面的市場品牌意識；以知名度為催化劑，注重市場品牌個性化與差異化；以文化為根本，打造全國著名市場名牌。⑥創新發展新型流通業態。大力發展物流配送、連鎖經營、電子商務等新型市場流通業態。⑦創建信用市場。創建信用市場，目的是維護市場交易秩序和消費者的合法權益，促進經濟社會又好又快發展，具體思路是將商品交易市場分為不同信用類別，採取不同方式對其實施監管。

綜上所述，從第六章實證分析得出商品交易市場影響因素入手，針對城鎮化率、進出口總額、貨物週轉量和財政支出對東、中、西部商品交易市場的發展有區別地提出相應的對策建議。針對東部地區的發展要不斷提升城市化進程、加大對外貿易以及不斷完善交通體系。中部地區主要要加強對外貿易的力度，推行出口市場的多元化，提升商品交易市場進出口總額。西部地區商品交易市場的發展要重點加快城市化進程、重視政府的支持作用、加強對外貿易的力度，同時要建設現代化的物流體系，改善交通運輸設施，增加貨物週轉量。

第二篇
重慶商品交易市場發展篇

第八章 重慶商品交易市場發展：基於2012年的分析

一、重慶商品交易市場發展歷史

（一）古代和近現代：重慶市場的興盛

「蜀道之難，難於上青天。」地處長江與嘉陵江兩江交匯處的重慶，擁有舟楫和陸路交通之便，為「四川之咽喉，揚子江上游之鎖鑰」。由此，重慶自古成為西南地區和長江上游的物資集散地和繁榮的商業城市。重慶是一個因商而興的城市，商盛因於水運優。正如馬克思言：「商業依賴於城市的發展，而城市的發展也要以商業為條件。」（《資本論》第三卷第371頁）

乾隆初年，重慶已是「商貿雲集，百物萃聚」，「或販至劍南、川西、藏衛之地，或運自滇、黔、秦、楚、越、閩、豫、兩粵間，水牽運轉，萬里貿遷」。（乾隆《巴縣志》卷三）重慶憑藉其優越的地理條件，集四方之物於一地，販進販出，這種轉口貿易的發展，使得重慶城「九門舟集如蟻」，促進了重慶城市商業的興旺發達，吸引了大量的商業性移民，「每年逗留川中者不下十餘萬人」。重慶城內商業行幫已有25個，各業牙行有150多家。在古代商業體系中，商業貿易以米糧、食鹽、棉、布、山廣雜貨為大宗。開埠前的重慶，就是一個商業都會。

1869年，英國駐漢口領事在考察和研究了長江上游的市場後指出：「重慶貿易相當著名，它地處長江上游的分叉口，位置十分有利。」它既能大量吸引英國紡織品和消費品向四川各地擴散，又能輸出英國急需的土產品。因此他提出應該直接「開放四川重慶」。這至少說明了一點，即重慶商業貿易是十分發達的。1890年3月31日，中英正式簽訂了《菸臺條約續增專條》，正式規定

「重慶即準作為通商口岸無異」。1891年3月1日，英國控製的重慶海關成立開關，標誌著重慶正式開埠。古老的商業市場發生了重大變化，重慶市場與資本主義市場直接聯繫起來。一個以重慶為中心的洋貨分銷網和土貨購銷網開始形成。一方面其繼續發揮傳統農副土特產品集散市場的作用，另一方面成為洋貨的分銷中心，棉織品、毛織品、煤油、顏料、化妝品等洋貨從重慶口岸大量湧進，再由重慶分銷到西南各地。開埠後之重慶商業非西南其他城市可比。重慶成為與上海、漢口、天津、菸臺、廣州、廈門齊名的七大商業中心城市之一，因此，1904年清政府成立商部，第一次頒布在全國各地建立商會的章程，明確規定重慶與上述六大城市因「屬商務繁富之區」，一律設立商務總會。同年10月17日，重慶總商會宣告成立。到1936年，重慶已由開埠前的6個商業行業發展到27個，店鋪字號3,058家。重慶成為長江上游和西南地區的商業中心。

抗日戰爭爆發，重慶作為戰時首都，是全國的政治、經濟中心。這一特定的歷史時期，為重慶商貿流通的發展提供了極好的機會。生產資料和生活資料需求的猛增，刺激了重慶商業的繁榮，從而鞏固和擴展了重慶商業中心的地位和範圍，重慶也由地域性的商業中心成為全國性的商業中心。戰時重慶商貿流通空前繁榮，商業規模和商業資本擴大。抗戰末期，重慶商業行業達120個，其中最具典型意義的是棉貨業，包括棉花、棉紗、棉布三種商品；商業企業數量由1937年的1,007家增到1945年4月的27,481家，湧現了諸如寶元通、慶匯紗號、恒義升、華華綢緞公司、中國棉業公司、重慶中國國貨公司、四川畜產公司、川絲公司、冠生園等具有一定壟斷性的大型商業企業。

(二) 1949—1978年：重慶沒有真正意義的商品交易市場

1949—1978年，與高度集中的計劃經濟體制密切相關，重慶作為傳統的商業中心城市受到影響，重慶商品市場經歷了曲折的發展過程。1956年上半年、1958—1960年、1966—1978年大約有15年時間，國家曾三次關閉集貿市場，在此前後，集貿市場也有一個「時關時開—常年開放」的曲折發展過程。糧食、棉花等大宗品種市場更是時開時關。在計劃經濟時期，生產資料不是商品，實行統一調撥，只有商品的「外殼」；大多數農產品由國營部門統購統銷；日用工業品實行「三級批發」（即一級批發供應商、二級批發供應商、三級批發供應商，最後到零售商，不可越雷池半步）和「三固定」（指固定的供應區域、固定的供應對象、固定的倒扣作價方式）。在此期間，重慶應該沒有真正意義的商品交易市場。

(三) 1978—1997 年：重慶商品交易市場的起步發展

改革開放以來，重慶市政府和工商行政管理部門從實際出發，因地制宜地培育和建設市場，重慶市各級各類市場建設有了較大的發展。重慶商品交易市場大致起源於三個方面：一是在原有農貿市場和集貿市場基礎上發展起來的，如九龍坡區白市驛太慈市場（1997 年）；二是在原有商業、糧食、物資、供銷等流通部門的購銷中心的基礎上形成的，如朝天門市場（1984 年）、中興塑料日用品批發市場（1991 年）；三是為適應經濟發展的要求而興建的，如重慶觀音橋農貿市場（1985 年）、龍水五金專業市場（1985 年）、馬家岩建築裝飾材料市場（1984 年）、得意家具城（1993 年）。

20 世紀 80 年代，重慶商品交易市場里程碑式的改革，就是首創工業品貿易中心（全國十大工業品批發市場之一朝天門市場的前身）。這實際上是批發業的改革。1984 年 1 月，重慶市第一商業局所屬的百貨、紡織、針織、五金、交電、化工、儲運七個專業公司（站）聯合發起，組建了一種嶄新的商品流通組織形式——工業品貿易中心。重慶工業品貿易中心的建立，揭開了中國商業體制改革的新篇章，是中國批發商業體制改革的重大突破。1984 年以後，中國各大城市的貿易中心一般均仿效重慶貿易中心的做法。

由七家公司聯合組建的重慶工業品貿易中心是一個松散型的商品流通組織。其指導思想是：立足於「開放、搞活」，把貿易中心作為國營批發商業主動參與市場調節的陣地，使其成為市內市外城鄉流通網絡的集結點，由近及遠，向外輻射，推動經濟區域的形成和發展。其經營方針是：「地不分南北，人不分公私」，無論省內外，全民、集體、個體以及農村專業戶均可入場交易，充分體現了開放經營的實質。其經營方式是：開展代購、代銷、代儲、代運和加工訂貨業務；承辦多種商品展銷會、訂貨會、調劑會以及其他交易會；開展租賃服務；收集和提供經濟信息，為客戶當好參謀。此外，還實行批倉結合，開展「四就」（即就地看樣、就地開票、就地交款、就地托運）服務，充分體現了「多功能」和以服務為主的特色。其作價辦法是：改變固定調撥作價和按照顧客行政作價的常規辦法，實行按批量作價，即按照購買量的多少作價，批量越大，價格越低，同時，充分運用質量差價、地區差價、季節差價等多種價格形式，為搞活經濟服務。

重慶工業品貿易中心的產生，標誌著對舊的「三固定」批發體制的突破，為國營批發商業的改革提供了一條有效的發展思路。

(四) 直轄以來：重慶商品交易市場的升級換代

重慶直轄以來，重慶商品交易市場進入了大發展時期，商品交易市場的主流就是升級換代。商品交易市場實現了數量、規模、結構與效益的協調發展。2012年，重慶各類商品交易市場有1,843個，其中億元以上市場268個；實現交易額4,685.37億元。重慶商品交易市場在發展中呈現出了以下特點：

1. 集中化

重慶直轄以來，重慶交易市場發展出現了明顯的集中化發展趨勢，這種集中化發展趨勢呈現出兩個特點：

一是商品交易向大而專的專業市場或專業市場群集中。隨著經濟的發展和消費方式的變化，客觀上要求交易市場的進一步細分化，要求市場參與群體和目標客戶群體的指向性更加明確；在專業市場上，價格發現和信息聚集的功能能夠得到更充分的發揮。重慶億元市場，大部分都是大而專的專業市場或專業市場群，如朝天門市場、馬家岩建築裝飾材料市場、重慶汽博中心（2004年）、重慶鎧恩國際家居名都（2001年）、龍水五金市場群、綠雲石都建材交易城（2001年）、觀音橋市場等。

二是在交易市場內部，交易向經營大戶集中。在大型交易市場內部，交易向一些經營大戶集中的趨勢更為明顯。經營大戶身上體現出明顯的「馬太效應」。一些市場的大經銷戶已經成為一些產品的一級代理商和經銷商；部分經營大戶向貿易公司轉型已露端倪。

2. 外遷化

隨著城市化進程加速、城市規劃重新調整和修編的影響，無論是都市區，還是渝東北、渝東南、渝西地區，其交易市場開始進行重新規劃、按照不同類別和功能重新規行劃市，市場硬件設施也升級和改造。在城市化過程中，尤其是重慶主城「二環」時代的到來，交易市場一方面實現升級改造，另一方面大型商品交易市場的「外遷化」成為一個主流趨勢。同時，萬州、涪陵、黔江、永川、合川、江津六大中心城市新建大型商品交易市場，一般都建在城鄉接合部的交通要道附近；在城市中已建大型商品交易市場，也開始有條件地謀求外遷。

3. 公司化

近些年來，商品交易市場開辦主體已經向公司化、企業化發展，且趨勢越來越明顯。同時，原有的非企業化的開辦主體，也通過改制也向公司化發展。

4. 品牌化

重慶商品交易市場在市場品牌建設中，呈現出兩個明顯特點：一是注重自有品牌的培育，如朝天門市場、觀農貿、鎧恩國際、龍水五金、綠雲石都、萬州小天鵝（2000年）等；二是引進國內知名品牌，如居然之家、合川義烏小商品市場（2010年）等。

5. 網絡化

一些成功的市場利用其資本、品牌和管理優勢，向其他市場輸出資本和管理；在本埠和異地同時經營若干專業市場，有的還形成了母子市場體制和市場集團體制。例如，朝天門市場，作為全國十大工業品批發市場之一、西部第一的大市場，利用其品牌市場優勢，採用資本營運的主要手段，在重慶市各區縣建立加盟連鎖性質的市場，初步形成了一個日用工業品批發市場體系。渝惠食品集團，更是利用其國有投資公司平臺，在重慶各區縣建立農產品批發市場，以雙福國際貿易城為核心的農產品批發市場體系已基本形成。

6. 信息化

重慶直轄以來，重慶大型商品交易市場注重改造和提升市場信息化功能，一些大型專業市場的信息收集、處理、傳遞功能增強，其交易更多地依賴於信息網絡系統的支持。如龍文鋼材市場（1997年）、重慶菜園壩外灘摩配市場（1998年）建立了電子交易所，完善了外灘摩配市場大宗商品中遠期電子交易模式的軟硬件系統、服務體系、數字化倉儲、物流配送體系、銀行系統、質保體系等。

總之，1997年以來，在工業化、城市化以及流通方式變革的背景下，重慶商品交易市場發展出現了一些新動向、新趨勢、新特徵，顯示出商品交易市場未來的發展方向，並朝著合乎規律的方向發展。

二、重慶商品交易市場總體發展情況

（一）商品交易市場總體規模

據統計，2012年全市共有綜合專業市場、城區菜市場、鄉鎮農貿市場1,841個，占地面積1,713.95萬平方米，營業面積1,645.83萬平方米，固定攤位數34.9萬個，固定經營戶29.79萬戶，固定從業人員72.09萬人，交易總額4,685.37億元。具體見本章末的附表8-1。

2012年，綜合、專業市場（不含城區菜市場和鄉鎮農貿市場）共317個，

占地面積1,293.32萬平方米,營業面積1,259.66萬平方米,固定攤位數11.96萬個,固定經營戶11.09萬戶,固定從業人員43.4萬人,交易總額4,101.34億元。具體見本章末附表8-2。

(二) 大型商品交易市場發展情況

1. 億元商品交易市場

據統計,2012年重慶億元商品交易市場共268個,比2011年增加了60個,億元市場數量增加的主要原因是菜市場和鄉鎮農貿市場改造以及沿街攤位進入市場;其中,交易額上100億元的市場13個,比2011年減少2個;億元市場交易總額達到4,219.87億元,比2011年減少398.3億元;營業面積1,161.53萬平方米,比2011年增加了218.91萬平方米;固定攤位數13.49萬個,比2011年增加3.24萬個;固定從業人員46.72萬人,比2011年增加3.62萬人。具體見本章末附表8-3。

2. 營業面積上萬平方米市場

據統計,2012年重慶市營業面積1萬平方米以上市場共249個,比2011年增加31個;總營業面積達到1,265.58萬平方米,比2011年增加202.42萬平方米;其中,10萬平方米以上市場30個,比2011年增加5個。

2012年重慶市營業面積上萬平方米市場共有攤位數12.46萬個,比2011年增加了2.22萬個;固定經營戶數11.25萬戶,比2011年增加1.23萬戶;固定從業人員數44.05萬人,比2011年增加2.11萬人;交易總額4,066.63億元,比2011年增加230.36億元。具體見本章末附表8-4。

3. 工業消費品交易市場整體發展概況

據統計,2012年重慶市億元及萬平方米以上工業消費品交易市場共131個,其中億元市場107個,萬平方米市場117個;交易總額為1,417.39億元,其中交易額上100億元市場4個,比2011年增加了1個;固定攤位數6.66萬個,固定經營戶數5.72萬戶,固定從業人員21.64萬人;營業面積642.84萬平方米。個別數據與2011年相比變化較大,是因為市場統計口徑有變化。具體見本章末附表8-5。

4. 生產資料交易市場整體發展概況

據統計,2012年重慶市億元及萬平方米以上生產資料交易市場共67個,其中億元市場54個,萬平方米市場63個;交易總額1,913.28億元,其中交易額上100億元市場7個,比2011年減少了3個;固定攤位數2.77萬個,固定經營戶數2.4萬戶,固定從業人員11.84萬人;營業面積434.39萬平方米。

個別數據與 2011 相比變化較大，是因為市場統計口徑有變化。具體見本章末附表 8-6。

5. 重慶市農產品市場整體發展概況

（1）億元及萬平方米以上農產品市場

據統計，2012 年重慶市億元及萬平方米以上農產品交易市場共 121 個，其中億元市場 107 個，萬平方米市場 69 個；交易總額 902.78 億元，其中交易額上 100 億元農產品市場 2 個，與 2011 年相比無變化；固定攤位數 5.42 萬個，固定經營戶數 5.45 萬戶，固定從業人員 15.37 萬人；營業面積 229.23 萬平方米。個別數據與 2011 年相比變化較大，是因為市場統計口徑有變化。具體見本章末附表 8-7。

（2）鄉鎮農貿市場

據統計，2012 年重慶鄉鎮農貿市場共 1,068 個，比 2011 年增加 188 個；其中室內市場 345 個，比 2011 年增加 74 個；營業面積 243.3 萬平方米，比 2011 年增加 35.97 萬平方米；攤位數 13.52 萬個，比 2011 年增加 1.16 萬個；固定經營戶數 11.31 萬戶，比 2011 年增加 1.76 萬戶；固定從業人員 15.87 萬人，比 2011 年增加 2.38 萬人；市場交易額 258.92 億元，比 2011 年增加 61.36 億元。具體見本章末附表 8-8。

（3）城區菜市場

據統計，2012 年重慶市城區菜市場共 456 個，比 2011 年減少 26 個；其中室內市場 370 個，比 2010 年增加 77 個；營業面積 142.87 萬平方米，比 2011 年減少 9.47 萬平方米；攤位數 9.35 萬個，比 2011 年減少 0.06 萬個；固定經營戶數 7.41 萬戶，比 2010 年增加 0.22 萬戶；固定從業人員 12.82 萬人，比 2011 年減少 0.16 萬人；市場交易額 325.11 億元，比 2011 年增加 89.16 億元。具體見本章末附表 8-9。

（三）區域分佈情況

2012 年重慶市商品交易市場共 1,841 個，營業面積 1,645.83 萬平方米，固定攤位數 34.9 萬個，固定從業人員 72.09 萬人，交易總額 4,685.37 億元。從區域分佈看，一小時經濟圈市場數量 1,089 個，占全市的 59%；營業面積 1,368.59 萬平方米，占全市的 83%；攤位數 24.54 萬個，占全市的 70%；固定從業人員 57.26 萬人，占全市的 79%；交易總額 4,225.64 億元，占全市的 90%。渝東北翼市場數量 538 個，占全市的 29%；營業面積 217.57 萬平方米，占全市的 13%；攤位數 7.58 萬個，占全市的 22%；從業人員 10.67 萬人，占

全市的15%；交易總額362.9億元，占全市的8%。渝東南翼市場數量214個，占全市的12%；營業面積59.67萬平方米，占全市的4%；攤位數2.78萬個，占全市的8%；從業人員4.16萬人，占全市的6%；交易總額96.83億元，占全市的2%。具體見本章末附表8-1。

(四) 專業市場類別分析

據統計，2012年全市共有億元及萬平方米以上的各類商品交易市場319個，總營業面積1,306.46萬平方米，交易總額4,233.45億元。其中，工業消費品市場131個，占41%；經營面積642.84萬平方米，占49%；交易總額1,417.39億元，占33%。生產資料市場67個，占21%；經營面積434.39萬平方米，占33%；交易總額1,913.28億元，占45%。農產品市場121個，占38%；經營面積229.23萬平方米，占18%；交易總額902.78億元，占21%。

其中：在131個工業消費品市場中，工業消費品綜合市場36個，家具、五金及裝飾材料市場67個，電器、通信器材、電子設備市場16個，紡織、服裝、鞋帽市場4個，醫藥、醫療用品及器材市場3個，其他專業市場（酒店用品、美容美髮用品）3個，文化用品市場1個，舊貨市場1個；在67個生產資料市場中，汽車、摩托車及零配件市場20個，五金機電市場16個，鋼材市場15個，木材市場5個，機床模具市場3個，石材市場3個，皮革鞋材市場2個，玻璃市場1個，化工市場1個，農機具市場1個；在121個農產品交易市場中，農產品綜合市場24個，農產品專業市場25個，農貿市場39個，菜市場33個。具體見本章末附表8-10。

(五) 擬建和在建市場項目情況

1. 擬建市場項目情況

2012年，重慶市商品交易市場（專業、綜合市場，不含鄉鎮農貿市場和城區菜市場）規劃興建項目共計49個，總占地面積12,235畝，建築面積602萬平方米，投資規模354億元。

2. 在建市場項目情況

2012年，重慶市商品交易市場（專業、綜合市場，不含鄉鎮農貿市場和城區菜市場）在建項目共108個，總占地面積36,802畝，建築面積3,070萬平方米，投資規模1,188億元。其中，工業消費品市場29個，占地面積8,188畝，建築面積949萬平方米；生產資料市場50個，占地面積18,813畝，建築面積1,464萬平方米；農產品市場29個，占地面積9,800畝，建築面積657萬

平方米。

三、重慶商品交易市場對國民經濟發展的貢獻

近年來，在全國和重慶市多項商品交易優惠政策的推動下，重慶商品交易市場發展取得了令人矚目的成績。重慶商品交易市場在加快商品流通、促進就業、發展經濟、改善民生等方面功能進一步顯現，為重慶經濟發展做出了傑出貢獻。

（一）商品交易市場對貿易額的貢獻度分析

1. 商品交易市場交易額放緩增長

市場交易額是反應商品交易市場經濟情況最重要的指標，同時也是衡量商品交易市場對經濟社會發展的基礎核心指標。在2010年全國經濟整體緩慢發展的大前提下，重慶經濟發展也開始呈現放緩發展趨勢。2012年，全市商品交易市場實現交易額4,685億元，同比增長7%，相比2011年和2010年超過20%的高速增長確實放慢不少，但與全國GDP 7.8%的增長速度是基本匹配的，這樣的發展更加合乎國情，合乎實際（圖8.1）。

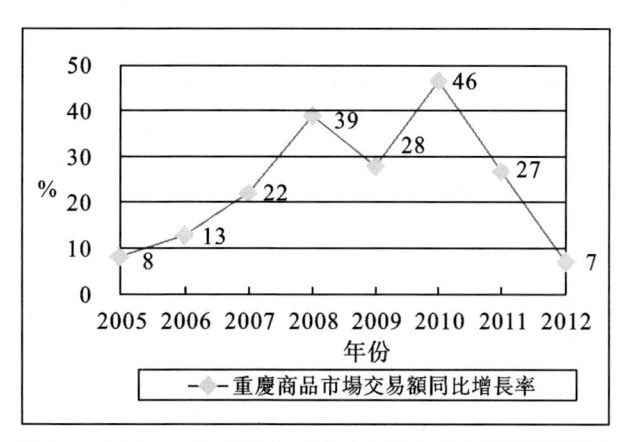

圖8.1　2005—2012年重慶市商品交易市場交易額增長速度

2. 商品交易額增速與第三產業增加值增速的比較

商品交易市場是第三產業增加值的重要組成部分，商品交易市場的發展為整個第三產業的發展做出了不可磨滅的貢獻。從圖8.2中可以看出2005—2012

年中重慶市商品交易市場交易額同比增長速度的變化幅度和第三產業增加值同比增長速度的變化呈現較為明顯的正相關關係。圖中只有 2005 年到 2006 年重慶市商品交易市場交易額的同比增速低於第三產業增加值的同比增速，而 2007—2011 年商品交易市場交易額的同比增速明顯大於第三產業增加值的同比增速，超過幅度達到 10% 以上，說明商品交易市場交易額增長與第三產業的發展關係密切，且影響程度越來越大。2012 年這種趨勢又發生了變化，商品交易市場交易額的同比增速再次低於第三產業增加值的同比增速，說明在重慶市的第三產業發展中商品交易市場發展作用有所放緩，第三產業的其他產業開始崛起（表 8.1）。

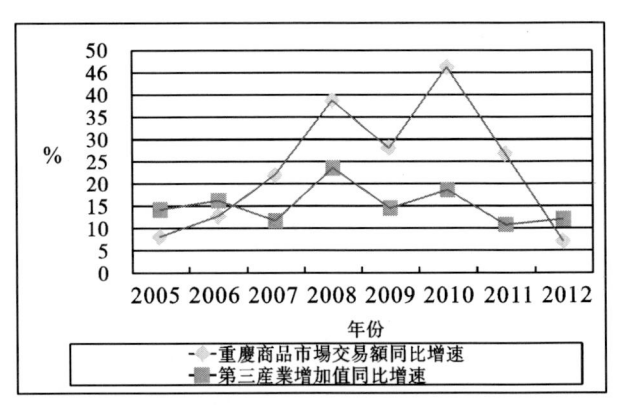

圖 8.2　2005—2012 年重慶市商品交易額增長率與第三產業增加值增長率變化

表 8.1　　2005 —2012 年重慶市商品交易市場成交額基本情況

年份	2005	2006	2007	2008	2009	2010	2011	2012
重慶商品市場成交額增長率（%）	8	13	22	39	28	46	27	7
第三產業增加值增長率（%）	14	16	12	24	15	19	11	12

數據來源：《2005—2012 年中國商品交易市場統計年鑒》、《2005—2012 年重慶統計年鑒》、《2012 年重慶國民經濟與社會發展統計公報》及重慶市商委及重慶市商品交易市場協會統計資料。

3. 億元商品交易市場交易額貢獻度分析

據課題調研數據，2012 年全市億元商品交易市場總交易額達到 4,220 億元，億元商品交易市場個數達到 268 個，比 2011 年新增加 60 個。2012 年重慶億元商品交易市場成交額占據全部商品交易市場交易額的比重達到 90.07%，充分說明重慶商品交易市場發展依然呈現出「以億元商品交易市場為主體，

其他商品交易市場為輔」的經營格局。調研結果顯示，2012年重慶市億元商品交易市場排名前十位的商品交易市場主要集中在主城區，包括朝天門市場、南坪醫藥市場、重慶巨龍鋼材市場、重慶觀音橋農產品批發市場和重慶汽博中心在內的十家億元商品交易市場的交易額達到1,765億元，占全市商品交易額的40%。由此可見大型商品交易市場對整個商品交易市場所起到的主導貢獻作用，因此重慶市政府應該著力發揮大型商品交易市場的帶頭作用，推廣它的成功商業模式和經營管理理念，輻射周邊區域商品經濟的發展，起到區域聯動發展的作用。

從不同的市場類別來看，像菜市場、農貿市場等綜合市場和專業市場對商品交易額的貢獻率也各不相同。2012年調研結果顯示重慶市商品交易專業市場對整個商品交易市場的貢獻率遠高於其他市場，其具體所占貢獻額度如圖8.3所示：

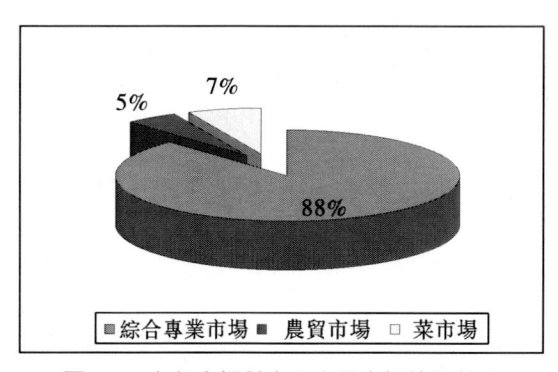

圖8.3 各類市場對商品交易市場的貢獻度

4. 區縣商品交易市場對交易額的貢獻度分析

重慶「一圈」地區的區縣與「兩翼」地區的區縣其本身在經濟發展方面就存在較大的經濟差距，因此它們自然在商品經濟的發展方面差距懸殊。一般來說「一圈」比「兩翼」的商品交易市場發展更為成熟，但是基礎好上升突破難度較大，「兩翼」地區基礎較差但能較快取得較好成績。

重慶市各區縣商品交易市場交易額基本情況如表8.2所示。

表 8.2　　　　　　重慶市各區縣商品交易市場交易額基本情況

區域		交易額（萬元）		占全市商品交易額的比重（%）	
		2011 年	2012 年	2011 年	2012 年
一小時經濟圈	渝中區	4,738,455	5,505,668	10.81	11.75
	大渡口區	3,236,348	3,422,427	7.38	7.30
	江北區	2,736,875	2,624,689	6.24	5.60
	沙坪壩區	4,866,003	4,760,815	11.10	10.16
	九龍坡區	7,543,591	7,493,941	17.20	15.99
	南岸區	3,538,062	3,768,506	8.07	8.04
	北碚區	195,969	202,413	0.45	0.43
	渝北區	711,971	816,978	1.62	1.74
	巴南區	3,869,312	3,872,110	8.82	8.26
	北部新區	1,841,188	1,920,806	4.20	4.10
	涪陵區	974,385	1,073,293	2.22	2.29
	長壽區	249,324	255,380	0.57	0.54
	江津區	429,859	497,636	0.98	1.06
	合川區	447,113	485,598	1.02	1.04
	永川區	1,331,369	1,535,809	3.04	3.28
	南川區	271,655	357,932	0.62	0.76
	綦江區	133,711	167,646	0.30	0.36
	萬盛經開區	59,400	65,000	0.14	0.14
	潼南縣	101,653	116,718	0.23	0.25
	銅梁縣	174,189	196,800	0.40	0.42
	大足區	1,488,660	1,878,238	3.39	4.01
	榮昌縣	462,400	517,900	1.05	1.10
	璧山縣	559,258	736,100	1.28	1.57
	小計	39,960,750	42,272,403	91.13	90.19

表8.2(續)

區域		交易額（萬元）		占全市商品交易額的比重（%）	
		2011年	2012年	2011年	2012年
渝東北翼	萬州區	1,824,179	2,174,925	4.16	4.64
	梁平縣	183,000	219,900	0.42	0.47
	城口縣	19,420	21,315	0.04	0.05
	豐都縣	197,000	206,400	0.45	0.44
	墊江縣	250,225	238,824	0.57	0.51
	忠縣	70,990	64,754	0.16	0.14
	開縣	294,100	281,285	0.67	0.60
	雲陽縣	91,325	101,600	0.21	0.22
	奉節縣	189,488	214,964	0.43	0.46
	巫山縣	41,675	48,060	0.10	0.10
	巫溪縣	46,730	57,000	0.11	0.12
小計		3,208,132	3,629,027	7.32	7.74
渝東南翼	黔江區	245,158	418,065	0.56	0.89
	武隆縣	41,568	79,466	0.09	0.17
	石柱縣	108,300	123,750	0.25	0.26
	秀山縣	120,241	150,511	0.27	0.32
	酉陽縣	95,300	106,500	0.22	0.23
	彭水縣	70,000	90,000	0.16	0.19
小計		680,567	968,292	1.55	2.07

註：數據來源於重慶市商委及重慶市商品交易市場協會統計資料。

　　從表8.2中各地區商品交易市場貿易額及其占全市商品交易市場交易額的份額這兩個指標中可以詳細看出，重慶市「一圈」地區的區縣商品交易總額強勢高於「渝東北翼」和「渝東南翼」區縣商品交易額的總和，從所占比重來講「兩翼地區」對商品交易市場成交額的貢獻率不到10%，不足「一圈」地區的九分之一。另外，從2012年各區縣商品交易市場交易額占全市商品交易額的比重排名來看，九龍坡區、渝中區、沙坪壩區作為商品交易市場傳統強區依然保持前三的態勢，地處渝東北翼的萬州區其商品交易市場交易額占全市

商品交易額的比重排名第八，超過很多處於「1小時經濟圈」中的區縣，渝東南翼的六個區縣基本排名仍然比較靠後，這也是經濟發展的現實表現。

從時間發展的縱向來看，重慶市「兩翼」區縣對全市商品交易市場交易額的貢獻是逐步上升的，而「一圈」區縣的貢獻率逐漸降低。2011年重慶市「渝東北翼」和「渝東南翼」區縣對全市商品交易市場交易額的貢獻率分別是7.32%、1.55%，而「1小時經濟圈」對重慶市商品交易市場交易額的貢獻率占到91.13%的絕對優勢。發展到2012年，「一小時經濟圈」對重慶市商品交易市場交易額的貢獻率下降到90.19%，相對2011年的貢獻率降低近1個百分點，「渝東北翼」對全市商品交易市場交易額的貢獻率略有上升，2011年為7.32%，2012年上升到7.74%，這是繼前幾年持續下降後逐漸開始出現反彈跡象。同樣，「渝東南翼」地區的商品交易額所占比重繼2011年小幅上漲之後繼續上升，上漲0.6個百分點。由此可以明顯看出，「一圈」區縣商品交易市場對全市商品交易市場的貢獻率開始逐步下降，「兩翼」區縣商品交易市場對全市商品交易市場的貢獻率逐步上升。

（二）商品交易市場對就業的貢獻度研究

商品交易市場的發展除了能為經濟發展做出貢獻之外，另一方面就是能在很大程度上解決社會關心的就業問題。商品交易市場作為第三產業中能大規模吸納就業人員的部門，商品交易市場對就業人數的吸納作用表現得越來越明顯，對解決就業、促進民生做出了重大貢獻。

1. 商品交易市場吸納就業規模持續擴大

2012年全市商品交易市場固定從業人員達到72.09萬人，繼續保持近幾年來的較高速度持續增長，固定經營戶數達到近30萬戶，固定交易攤位數達到35萬個，都在之前的基礎上有較大幅度的增加，所吸納的就業人數相比前幾年有大幅提升。近幾年來，重慶市商品交易市場的營業面積增長速度喜人，市場經營規模不斷擴大，這也從另一側面說明了重慶市商品交易市場潛在的巨大就業吸納能力。雖然出現了全國經濟增速放緩的局面，但目前重慶市商品交易市場的發展前景可觀，能夠容納就業人員的發展態勢良好，對全社會就業的貢獻率也會持續增長（圖8.4）。

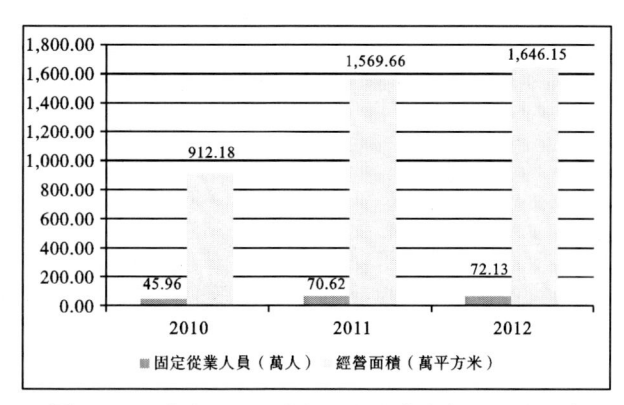

圖 8.4 重慶商品交易市場固定從業人數及經營面積

2. 億元商品交易市場對就業的貢獻

2012 年重慶市億元商品交易市場的固定經營戶數達到 12.52 萬戶，固定從業人員達到 46.72 萬人，占全市商品交易市場從業人員總數的 65%，比 2011 年提高了 4 個百分點。但是反觀其對商品交易額的貢獻，2012 年億元商品交易市場占全市商品交易額的 90.19%，而對就業的貢獻僅為 65%，這一比例相比它對貿易額的貢獻略有偏低，這說明中小型商品交易市場對就業所做出的重要貢獻比起其在總量交易額方面的貢獻要高得多。而億元商品交易市場則應大力發揮其在廣泛吸納就業人員方面具備的輻射效用，尤其大型商品交易市場的發展應該更加重視對就業人員的吸納，促使其在提供就業和改善民生上做出與總規模相應的貢獻，同時加大對中小型交易市場的扶持，增強其吸納就業的能力。

3. 區縣商品交易市場對就業的貢獻度分析

「一圈兩翼」各區縣經濟發展基礎和條件各不相同，商品交易市場發展的成熟度也大不一樣，對就業的貢獻度卻都保持著較好的發展態勢。總體來說，「一圈」比「兩翼」地區區縣的商品交易市場能提供更多的就業發展機會，也能發揮更大的就業輻射能力，從表 8.3 中可以較為清楚地看出，「一圈」地區對全市商品交易市場的就業貢獻最大。而考慮到各個區縣的具體人口數和面積大小，對於從業人員占全市交易從業人員比重的排名，需要經過加權系數的修正，修正後的排名將更加貼近現實情況。

表 8.3　重慶市各區縣商品交易市場就業人數貢獻基本情況

區域		經營戶數（戶）	從業人員（人）	占全市商品交易從業人員的比重（%）
一小時經濟圈	渝中區	24,256	83,413	11.56
	大渡口區	2,641	13,076	1.81
	江北區	10,568	37,333	5.18
	沙坪壩區	8,589	24,849	3.44
	九龍坡區	21,464	87,235	12.09
	南岸區	8,414	46,365	6.43
	北碚區	5,726	10,384	1.44
	渝北區	8,215	18,917	2.62
	巴南區	5,889	18,700	2.59
	北部新區	2,809	10,370	1.44
	涪陵區	7,014	13,377	1.85
	長壽區	3,563	6,856	0.95
	江津區	8,893	14,686	2.04
	合川區	20,777	32,304	4.48
	永川區	14,156	40,328	5.59
	南川區	7,873	10,673	1.48
	綦江區	5,207	9,176	1.27
	萬盛經開區	2,532	5,100	0.71
	潼南縣	6,011	11,599	1.61
	銅梁縣	6,588	11,362	1.58
	大足區	11,863	35,904	4.98
	榮昌縣	7,046	18,798	2.61
	璧山縣	5,022	12,232	1.70
	小計	205,116	573,037	79.44

表8.3(續)

區域		經營戶數（戶）	從業人員（人）	占全市商品交易從業人員的比重（％）
渝東北翼	萬州區	26,164	34,687	4.81
	梁平縣	2,800	4,650	0.64
	城口縣	912	990	0.14
	豐都縣	3,180	4,080	0.57
	墊江縣	7,301	12,460	1.73
	忠縣	5,644	12,437	1.72
	開縣	6,520	14,068	1.95
	雲陽縣	5,419	6,661	0.92
	奉節縣	4,894	9,788	1.36
	巫山縣	1,414	2,840	0.39
	巫溪縣	2,633	3,995	0.55
	小計	66,881	106,656	14.8
渝東南翼	黔江區	5,309	9,124	1.26
	武隆縣	4,824	5,707	0.79
	石柱縣	3,561	6,195	0.86
	秀山縣	5,264	9,956	1.38
	酉陽縣	3,601	4,642	0.64
	彭水縣	3,800	6,000	0.83
	小計	26,359	41,624	5.77

註：數據來源於重慶市商委及重慶市商品交易市場協會統計資料。

從表8.3中固定從業人員人數和其占全市商品交易市場就業總人數的比重這兩個指標中就可以看出，重慶市「一圈」區縣的固定從業人員比重明顯高於「渝東北翼」和「渝東南翼」區縣的總和，這是毋庸置疑的。從時間縱度來說，「一圈」區縣的商品交易市場對就業的貢獻略有下降，「渝東北翼」的商品交易市場對就業的貢獻則基本不變，貢獻度排名靠後的4個區縣都分佈在「渝東北翼」。值得一提的是，「渝東南翼」商品交易市場對就業的貢獻保持了較快增長，不管是對交易額還是就業方面的貢獻，「渝東北翼」都表現出較快

的上升趨勢。

四、重慶商品交易市場綜合發展指數

國際上對商品交易市場綜合指數的研究大多集中在對商品交易市場的價格指數的分析，主要有美國道・瓊斯公司編製的美國商品價格指數，在中國則主要是「中國大宗商品價格指數」（China Commodity Price Index），簡稱「CCPI」，但是 CCPI 指數主要是從行業的角度出發涵蓋能源、鋼鐵、礦產品、有色金屬、橡膠、農產品、牲畜、油料油脂、食糖 9 大類別 26 種商品的價格變動，不能單純地從商品交易市場發展的角度來綜合衡量某個地區商品交易市場的發展情況。因此，從實際出發，根據課題組的調研數據，通過研究選取與商品交易市場密切相關的 8 個指標，應用 SPSS 數據統計軟件，採用主成分分析方法選出主成分因子並自動賦權，得到最後的商品交易市場綜合發展指數。

（一）指標選取的原則

研究重慶市商品交易市場的綜合發展指數是重慶市委市政府和社會各界都十分關注的一個話題，選擇科學、合理的指數數據來全面、客觀、準確地反應重慶市商品交易市場的綜合發展能力是關注的重點所在。因此，在構建重慶市商品交易市場綜合發展指數的指標體系時應遵循以下基本原則：

1. 目標一致性原則

評價指標實際上是評價內容在某一方面的具體表現，因此選取的指標應與評價的目標保持一致，要能夠從具體的各自不同的角度充分體現商品交易市場的發展狀態，指標的選取應對評價目標起到明確的指導和積極的督促作用。

2. 整體性原則

衡量重慶市商品交易市場發展的綜合實力，不僅要從其交易額和納稅總額來看，還要更系統地考慮其占地經營面積、從事該工作的就業人員等多個因素。因此，各個評價指標之間應該做到功能互補，能最大限度地作為一個有機整體在相互配合中較為全面、客觀、準確地反應商品交易市場的性質和內涵。

3. 客觀性原則

指標體系的確定、指標的取捨等都應堅持客觀、科學的基本原則，所選取的指標要盡可能以客觀數據資料為依據，減少個人主觀判斷的過程，選取的各個指標及所構成的綜合指標體系要能真實客觀地反應商品交易市場的發展

概況。

4. 可操作性原則

為了較為全面、客觀、準確而又有效地衡量、判斷商品交易市場的發展情況，構建的商品交易市場綜合發展指標體系應當邏輯連貫、簡單明確、思路清晰，且各類數據能從各類統計資料、調研活動中直接或間接獲得並進行量化處理，具備良好的現實數據可得性和數據分析的可操作性。

(二) 構建指標體系

商品交易市場綜合發展指數是一個綜合型指標，不僅要從經營利潤方面入手，更要從就業人數、經營面積等其他方面來綜合考慮，以能較為全面、系統地反應商品交易市場的發展現狀。因此，結合課題組調研的數據，在遵循指標選取的基本原則下，參考其他相關文獻和已有研究成果，篩選出7項主要指標作為描述商品交易市場綜合發展的變量指標，由此構成商品交易市場綜合發展指數的指標體系。篩選出的指標主要包括利潤收益、就業狀態和經營規模三大類。

(1) 反應經營效益的指標：交易總額（V_1）。
(2) 反應就業狀態的指標：固定經營戶數（V_2）、固定從業人員（V_3）。
(3) 反應經營規模的指標：市場個數（V_4）、營業面積（V_5）、固定攤位數（V_6）、占地面積（V_7）。

具體指標見表8.4：

表8.4　　　　　　商品交易市場綜合發展指數指標體系

目標	準則層	指標層/權重	單位	代碼
商品交易市場綜合發展指數	利潤收益	交易總額	萬元	V_1
	就業狀態	經營戶數	戶	V_2
		從業人員	人	V_3
	經營規模	市場個數	個	V_4
		營業面積	平方米	V_5
		攤位數	個	V_6
		占地面積	平方米	V_7

(三) 研究方法及計算結果

1. 原始數據獲得

根據課題組調研統計數據，匯總數據具體如表8.5所示：

表8.5　重慶市2012年商品交易市場綜合發展原始數據

區縣	交易總額（萬元）	經營戶數（戶）	從業人員（人）	市場個數（個）	營業面積（m²）	攤位數（個）	占地面積（m²）
渝中區	5,505,668	24,256	83,413	65	1,136,242	28,920	510,378
大渡口區	3,422,427	2,641	13,076	15	488,515	4,170	340,838
江北區	2,624,689	10,568	37,333	44	701,535	12,825	522,980
沙坪壩區	4,760,815	8,589	24,849	45	847,036	9,090	915,614
九龍坡區	7,493,941	21,464	87,235	87	2,708,151	22,581	3,528,814
南岸區	3,768,506	8,414	46,365	44	590,086	11,686	365,460
北碚區	202,413	5,726	10,384	47	207,421	7,585	262,372
渝北區	816,978	8,215	18,917	65	735,230	10,399	631,226
巴南區	3,872,110	5,889	18,700	32	982,746	7,269	1,305,128
北部新區	1,920,806	2,809	10,370	15	750,292	3,293	742,415
涪陵區	1,073,293	7,014	13,377	62	492,440	11,907	502,608
長壽區	255,380	3,563	6,856	26	129,650	7,457	123,624
江津區	497,636	8,893	14,686	85	217,921	12,333	111,368
合川區	485,598	20,777	32,304	76	487,705	21,725	382,170
永川區	1,535,809	14,156	40,328	89	848,150	12,535	873,530
南川區	357,932	7,873	10,673	43	123,343	8,370	154,700
綦江區	167,646	5,207	9,176	42	154,800	6,637	109,261
萬盛經開區	65,000	2,532	5,100	17	29,309	2,667	35,368
潼南縣	116,718	6,011	11,599	34	276,942	5,978	405,365
銅梁縣	196,800	6,588	11,362	43	171,365	7,304	211,120
大足區	1,878,238	11,863	35,904	44	858,861	14,769	1,242,135
榮昌縣	517,900	7,046	18,798	30	465,855	7,570	492,060
璧山縣	736,100	5,022	12,232	40	285,544	8,717	350,013
萬州區	2,174,925	26,164	34,687	153	906,586	24,662	969,549
梁平縣	219,900	2,800	4,650	41	101,100	3,601	105,300
城口縣	21,315	912	990	19	12,557	925	12,557

表8.5(續)

區縣	交易總額 （萬元）	經營戶數 （戶）	從業人員 （人）	市場個數 （個）	營業面積 （m²）	攤位數 （個）	占地面積 （m²）
豐都縣	206,400	3,180	4,080	35	153,000	8,650	210,200
墊江縣	238,824	7,301	12,460	35	271,785	9,006	307,337
忠縣	64,754	5,644	12,437	40	166,811	6,375	135,116
開縣	281,285	6,520	14,068	70	261,816	8,668	288,471
雲陽縣	101,600	5,419	6,661	54	89,080	5,446	83,898
奉節縣	214,964	4,894	9,788	43	138,159	4,589	153,875
巫山縣	48,060	1,414	2,840	22	41,211	1,443	45,137
巫溪縣	57,000	2,633	3,995	26	33,585	2,390	33,585
黔江區	418,065	5,309	9,124	38	187,033	5,965	224,982
武隆縣	79,466	4,824	5,707	30	53,228	4,971	49,155
石柱縣	123,750	3,561	6,195	38	106,705	3,063	136,902
秀山縣	150,511	5,264	9,956	31	119,730	6,559	124,119
酉陽縣	106,500	3,601	4,642	32	67,460	3,790	73,743
彭水縣	90,000	3,800	6,000	45	62,500	3,500	73,900
合計	46,869,722	298,356	721,317	1,842	16,461,485	349,390	17,146,373

註：數據來源於重慶市商委及重慶市商品交易市場協會統計資料。

2. 指標標準化

為了使選取的各項指標數據之間具有可比性且能直接用SPSS統計軟件進行最後分析，需要將原始數據進行無量綱化。本書主要採用最大值法對原始數據進行標準化處理。

模型：$I_{ij} = a_{ij}/\text{Max}(a_j)$ （8-1）

式中，I_{ij}為第i單元第j指標標準化值，i為評價單元（各目標數據）數目，j為評價指標個數，a_{ij}為第i單元第j指標的實際值。

3. 商品交易市場綜合發展指數

將各原始數據標準化後的指標值代入統計軟件後通過KMO檢驗值為0.789，由於0.804>0.7，表明分子分析的效果比較好。通過主成分分析後從7大指標中析出兩大主成分因子，分別是經營效益因子和經營規模因子，這兩大因子的累積貢獻率達到91%，證明這兩大主成分因子能綜合反應出原始指標91%的信息，能比較理想地解釋重慶市商品交易市場的綜合發展情況。同時經過正交旋轉得到因子載荷矩陣後統計軟件能自動得到兩大主成分的權重值和得

分，最後將兩大主成分的得分相加得到表8.6中的重慶市各個區縣商品交易市場綜合得分。由於課題選取數據指標的局限性，此處在因子分析的基礎上引入修正指數對綜合得分進行修正（修正指數為各區縣商品交易市場成交額占全市商品交易成交額的比重），經過修正後得出的重慶市各區縣商品交易市場綜合發展指數將更加科學可信，且與重慶市當前商品交易市場發展的現狀較為吻合。

表8.6　　　2012年重慶市各區縣商品交易市場綜合發展指數

區域		經營效益因子得分	經營規模因子得分	綜合得分	修正後得分	綜合排名
一小時經濟圈	渝中區	1.392,1	2.085,1	1.516,8	2.081,0	2
	大渡口區	0.881,9	-1.405,8	0.470,1	0.983,0	8
	江北區	0.673,6	0.193,2	0.587,1	1.092,1	6
	沙坪壩區	1.407,0	-0.542,9	1.056,0	1.453,6	4
	九龍坡區	4.569,9	0.637,6	3.862,1	4.128,6	1
	南岸區	0.864,8	-0.017,8	0.705,9	1.204,5	5
	北碚區	-0.483,0	0.023,0	-0.391,9	0.179,5	20
	渝北區	0.061,3	0.400,7	0.122,4	0.753,1	12
	巴南區	1.655,0	-1.091,6	1.160,6	1.654,6	3
	北部新區	0.949,6	-1.446,7	0.518,3	1.003,8	7
	涪陵區	-0.178,3	0.430,5	-0.068,7	0.329,8	14
	長壽區	-0.387,7	-0.483,8	-0.405,0	0.135,7	21
	江津區	-0.944,3	1.242,3	-0.550,7	0.014,5	25
	合川區	-0.642,8	2.228,7	-0.125,9	0.310,8	15
	永川區	0.261,5	1.262,7	0.441,7	0.918,9	10
	南川區	-0.562,2	0.139,6	-0.435,9	0.001,9	26
	綦江區	-0.547,2	-0.119,6	-0.470,3	-0.059,7	29
	萬盛經開區	-0.406,4	-0.932,4	-0.501,1	-0.149,9	33
	潼南縣	-0.222,5	-0.344,0	-0.244,4	0.190,3	19
	銅梁縣	-0.494,3	-0.009,0	-0.406,9	0.114,9	22
	大足區	0.974,8	0.233,8	0.841,4	0.976,3	9
	榮昌縣	0.117,3	-0.341,3	0.034,8	0.457,8	13
	璧山縣	-0.163,9	-0.205,5	-0.171,4	0.298,7	16

表8.6(續)

區域		經營效益因子得分	經營規模因子得分	綜合得分	修正後得分	綜合排名
渝東北翼	萬州區	-0.522,1	3.777,9	0.251,9	0.789,4	11
	梁平縣	-0.544,1	-0.453,3	-0.527,8	-0.148,4	32
	城口縣	-0.469,7	-1.102,2	-0.583,6	-0.783,2	40
	豐都縣	-0.449,6	-0.309,8	-0.424,4	0.056,3	24
	墊江縣	-0.307,7	-0.061,9	-0.263,5	0.253,8	17
	忠縣	-0.507,6	-0.124,9	-0.438,7	0.001,2	27
	開縣	-0.630,9	0.559,7	-0.416,6	0.098,0	23
	雲陽縣	-0.774,5	0.094,5	-0.618,1	-0.412,8	38
	奉節縣	-0.516,4	-0.229,1	-0.464,7	-0.037,2	28
	巫山縣	-0.425,5	-1.002,6	-0.529,4	-0.278,3	35
	巫溪縣	-0.502,4	-0.774,6	-0.551,4	-0.369,2	36
渝東南翼	黔江區	-0.373,8	-0.280,5	-0.357,0	0.212,9	18
	武隆縣	-0.574,9	-0.415,2	-0.546,1	-0.238,6	34
	石柱縣	-0.501,2	-0.475,3	-0.496,5	-0.116,8	30
	秀山縣	-0.456,3	-0.323,8	-0.432,4	-0.124,5	31
	酉陽縣	-0.556,8	-0.528,9	-0.551,8	-0.384,9	37
	彭水縣	-0.662,7	-0.286,8	-0.595,1		39

註：數據來源於SPSS統計分析軟件處理結果。

重慶市商品交易市場綜合發展排名情況如表8.7所示：

表8.7　　重慶市商品交易市場區域綜合發展排序表

經營面積排名		交易額貢獻度排名		就業貢獻度排名		綜合發展指數排名	
名次	區縣	名次	區縣	名次	區縣	名次	區縣
1	九龍坡區	1	九龍坡區	1	九龍坡區	1	九龍坡區
2	渝中區	2	渝中區	2	渝中區	2	渝中區
3	巴南區	3	沙坪壩區	3	南岸區	3	巴南區
4	萬州區	4	巴南區	4	永川區	4	沙坪壩區
5	大足區	5	南岸區	5	江北區	5	南岸區
6	永川區	6	大渡口	6	大足區	6	江北區
7	沙坪壩區	7	江北區	7	萬州區	7	北部新區
8	北部新區	8	萬州區	8	合川區	8	大渡口
9	渝北區	9	北部新區	9	沙坪壩區	9	大足區

表8.7(續)

經營面積排名		交易額貢獻度排名		就業貢獻度排名		綜合發展指數排名	
名次	區縣	名次	區縣	名次	區縣	名次	區縣
10	江北區	10	大足區	10	渝北區	10	永川區
11	南岸區	11	永川區	11	榮昌縣	11	萬州區
12	涪陵區	12	涪陵區	12	巴南區	12	渝北區
13	大渡口區	13	渝北區	13	江津區	13	榮昌縣
14	合川區	14	璧山縣	14	開縣	14	涪陵區
15	榮昌縣	15	榮昌縣	15	涪陵區	15	合川區
16	璧山縣	16	江津區	16	大渡口區	16	璧山縣
17	潼南縣	17	合川區	17	墊江縣	17	墊江縣
18	墊江縣	18	黔江區	18	忠縣	18	黔江區
19	開縣	19	南川區	19	璧山縣	19	潼南縣
20	江津區	20	開縣	20	潼南縣	20	北碚區
21	北碚區	21	長壽區	21	銅梁縣	21	長壽區
22	黔江區	22	墊江縣	22	南川區	22	銅梁縣
23	銅梁縣	23	梁平縣	23	北碚區	23	開縣
24	忠縣	24	奉節縣	24	北部新區	24	豐都縣
25	綦江區	25	豐都縣	25	秀山縣	25	江津區
26	豐都縣	26	北碚區	26	奉節縣	26	南川區
27	奉節縣	27	銅梁縣	27	綦江區	27	忠縣
28	長壽區	28	綦江區	28	黔江區	28	奉節縣
29	南川區	29	秀山縣	29	長壽區	29	綦江區
30	秀山縣	30	石柱縣	30	雲陽縣	30	石柱縣
31	石柱縣	31	潼南縣	31	石柱縣	31	秀山縣
32	梁平縣	32	酉陽縣	32	彭水縣	32	梁平縣
33	雲陽縣	33	雲陽縣	33	武隆縣	33	萬盛經開區
34	酉陽縣	34	彭水縣	34	萬盛經開區	34	武隆縣
35	彭水縣	35	武隆縣	35	梁平縣	35	巫山縣

表8.7(續)

經營面積排名		交易額貢獻度排名		就業貢獻度排名		綜合發展指數排名	
名次	區縣	名次	區縣	名次	區縣	名次	區縣
36	武隆縣	36	萬盛經開區	36	酉陽縣	36	巫溪縣
37	巫山縣	37	忠縣	37	豐都縣	37	酉陽縣
38	巫溪縣	38	巫溪縣	38	巫溪縣	38	雲陽縣
39	萬盛經開區	39	巫山縣	39	巫山縣	39	彭水縣
40	城口縣	40	城口縣	40	城口縣	40	城口縣

(四) 綜合評價

2012年，重慶市商品交易市場交易額總量達到4,685億元，同比2011年增長7%，固定就業人數達到72.09萬人，商品交易市場營業面積達到1,646萬平方米。綜合各方面數據，不難發現全市商品交易市場的發展與全市經濟發展的步伐緊密相連，不再表現出每年超過20%的跳躍式發展，高速發展之後慢慢放緩越來越迴歸理性。雖然發展速度放慢，但是整體來看重慶商品交易市場依然保持較好的發展態勢，各個區縣也呈現出各自不同的發展趨勢。

1. 商品交易市場發展逐步理性

通過前面的分析不難發現重慶市各區縣的商品交易指數中為正值的區縣相較前幾年來說逐步增多，全市各個區縣的商品交易市場修正前綜合發展指數都開始逐步提升，尤其在重慶的兩翼地區這種情況更是顯著。2011年只有排名前十的區縣其商品交易指數為正值，到2012年又增加了3個區縣，而其他區縣的商品交易指數也較以前得到了不同程度的提高。

2012年重慶市商品交易市場交易額同比增長的速度也隨著大環境經濟的發展而下降，「一圈」地區的商品交易市場發展對整體商品交易市場的貢獻逐漸縮小，「兩翼」地區對整體商品交易市場發展的貢獻逐步提升，這也是全市商品交易市場經濟發展迴歸理性、穩步發展的一種表現。隨著「十二五」時期國家西部大開發戰略和重慶市多項優惠政策的推進，重慶市商品交易市場的發展將會得到更加合理、科學的發展。

2. 商品交易市場區域差距仍明顯

重慶市各個區縣之間的商品交易市場發展仍然存在一定的差距，這有歷史累積的原因，也有時代發展後續促進的原因，當然這種差距與重慶市經濟發展

的現實基本吻合。2012年重慶市商品交易市場綜合發展指數排名前十的區縣全部都集中在「1小時經濟圈」內，前兩年一直入選的「渝東北翼」的萬州區排名也被擠出了前十，商品交易綜合指數為正數的區縣當中沒有一個是「兩翼」地區的區縣，這表明全市商品交易的發展當中「兩翼」地區的發展還需進一步推動，大力發揮區域的聯動輻射作用。

從區域來說，雖然2012年重慶市「一圈」區縣的商品交易市場對全市整體商品交易市場的貢獻比去年有所下降，但是總量上仍然保持在90%以上，「渝東南翼」和「渝東北翼」區縣的商品交易市場對全市商品交易市場的貢獻率不足10%。雖然「兩翼」地區的商品交易貢獻率有所上升，發展空間和潛力還很大，但是整體來講還遠遠不夠，「一圈」拉動「兩翼」商品交易市場發展所起到的輻射效用還不足。

五、重慶商品交易市場發展面臨的問題

中國商業聯合會商品交易市場專業委員會2012年發布的《中國市場發展報告》顯示，中國民間創辦了8萬多個市場，分佈在全國各地的城鄉，僅億元以上規模的市場就達5,000多個，成為中國經濟重要的發展基礎。2002年以來，中國商品交易市場的億元市場數量、攤位數、營業面積、年成交額年均增長5.7%、4.8%、10.9%、17.1%。預計「十二五」期間，由於工業化、城鎮化、新農村建設、全面實現小康等對市場的拉動，以及中央對擴大消費的一系列政策的出抬，中國商品交易市場仍處於較快上升區間，但受GDP回落的影響，增速也會有所回落。

目前，長三角、珠三角與環渤海地區中，長三角占絕對優勢，無論市場數與成交額都超過珠三角與環渤海地區的總和，這一格局在「十二五」不會改變。但今後5~10年，中西部商品交易市場的發展速度將明顯加快，說明東部已處於商品交易市場的結構調整期，而中西部地區正處於商品交易市場的發展期。近年來，中國許多投資巨大的商品交易市場紛紛把目光瞄向了西部地區。在中國商業聯合會於2012年9月推出的中國市場「百城萬億」增長計劃的指引下，商品交易市場西進勢頭強勁。

「十二五」以來，中國商品交易市場發展的主題一直是「規模控製、結構調整、交易創新、管理升級」。2012年重慶市商品交易市場儘管取得了很大的發展，但仍面臨許多問題和挑戰。總體上看，市場以數量擴張為主的增長方式

未得到實質性轉變，傳統交易為主的市場格局仍未取得重大突破，市場結構性矛盾依舊突出，提檔升級和轉型創新之路仍然漫長，尤其是當前市場規劃建設中出現的一些突出問題，成為行業發展亟待解決的課題。

(一) 規模擴張中的資源浪費現象應該引起高度重視

重慶商品交易市場正處於一個數量不斷增多、規模迅速壯大的時期。預計到 2015 年年末，全市市場總規模將達到 4,500 萬平方米，相當於現有市場規模的 4 倍。但伴隨著規模化發展進程，出現的占用土地過多、規模擴張過度和單體體量過大傾向，給重慶商品交易市場的規模發展造成了不小的負面影響，引起業界普遍置疑。如不加以有效調控，將不可避免造成重複建設和資源浪費。

1. 市場占用土地過多

據不完全統計，目前全市在建、擬建市場項目占用土地接近 6 萬畝。其中，五金機電市場 3,200 畝，家居建材市場 6,730 畝，鋼材市場 8,400 畝，農產品市場 12,000 畝，汽車及配件市場達到 15,600 畝。如果加上城區菜市場、鄉鎮農貿市場以及一些漏統的市場項目，估計總占地將超過 8 萬畝。

從單個市場平均用地規模看，農產品市場為 289 畝，家居建材市場為 306 畝，鋼材市場 442 畝，汽車及摩托車配件市場高達 707 畝。

據有關分析預測，到 2020 年，重慶市場建設用地規模，家居建材為 6,000 畝，鋼材市場為 3,900 畝。而目前，這兩類市場用地規模分別超了 730 畝和 4,300 畝。

當前國家土地資源日趨稀有緊缺，耗費龐大的土地資源來尋求市場（不排除部分低水平傳統市場）的規模擴張，這與資源節約型增長方式和科學發展觀要求是不相符的。在建的市場項目，是否個個都需要占用大量土地？是否存在一些圈地投機行為？這值得思考。

2. 市場規模擴張過度

重慶各類商品交易市場，都不同程度存在規模過度擴張現象。其中，家居建材市場和鋼材市場尤為突出。

近兩年來，家居建材市場規模每年以兩位數的增速不斷擴容，僅 2011 年就新增面積 108 萬平方米，增幅達到 30%，使現有經營規模達到 460 萬平方米，處於相對飽和狀態。而各地興建市場的熱情依舊，在建和擬建的市場規模，分別達到 600 萬平方米和 100 萬平方米。未來 5 年內，全市家居建材市場的總規模將達 1,160 萬平方米，是現有市場的近 3 倍。

鋼材市場的情況也大致相同。全市鋼材年消費量約1,500萬噸，鋼材經銷商3,000多家，現有15個市場，規模達107萬平方米，基本能夠滿足社會對鋼材流通和消費的需求。而目前在建項目11個共計180萬平方米，已經規劃和簽約的項目8個，共計130萬平方米，總規模達到417萬平方米。

據有關研究報告分析預測，到2020年重慶市場規模需求，家居建材市場約750萬平方米，鋼材市場約210萬平方米。兩相比較，存量和增量市場規模均大大超出了這一需求目標，並將實現時間提前了5年左右。其中，家居建材市場超出400萬平方米，鋼材市場超了200萬平方米。

另據調查，目前全市已有30多家市場不同程度存在空置現象，空置面積近50萬平方米，其中僅主城家居建材市場空置面積就超過20萬平方米，幾個已建成的鋼材市場開始大面積空置，一個擁有1,500個商鋪的市場現僅入駐400家，另一個則一直處於閒置狀態。

全市商品市場特別是家居建材和鋼材市場的規模過快過度擴張，已經並將進一步加劇行業的過度競爭和重複建設，如不及時加以有效調控，將不可避免地造成社會資源浪費。

（二）結構調整中的市場集中度和規劃佈局問題值得關注

2011年，重慶出抬了商貿流通業第十二個五年規劃，其中對商品市場發展也作了相應規劃佈局。但由於這僅是一個綜合性、指導性規劃，與全市城鄉建設總體規劃和土地利用總體規劃缺乏緊密的協調銜接，其權威性打了折扣，很難發揮政府宏觀調控作用。至今重慶尚無一個統籌全市發展的商品交易市場專項規劃，各地制定的市場規劃也因缺乏總體平衡指導和區域間的協調銜接，帶有較大的局限性。規劃的導向力量往往又顯得蒼白無力，客觀上形成投資商引導市場建設的格局，對市場集中度和規劃佈局造成了全局性的影響，不利於重慶商品交易市場的結構調整。

1. 單體市場體量過大

據統計，全國年成交億元市場到2011年年底已發展到5,075個，攤位數333.5萬個，營業面積2.6億平方米，年成交額突破8萬億元，億元以上市場成交額占全國商品交易市場總額的60%左右，10億元市場成交額占億元市場總額的80%左右。預計全國商品交易市場的市場集中度將進一步提高。

2012年重慶市共有綜合專業市場、城區菜市場、鄉鎮農貿市場1,841個，占地面積1,713.95萬平方米，營業面積1,645.83萬平方米，固定攤位數34.9萬個，固定經營戶29.79萬戶，固定從業人員72.09萬人，交易總額4,685.37

億元。其中，億元商品交易市場共 268 個，營業面積 1,160.28 萬平方米，固定攤位數 13.5 萬個，固定從業人員 46.72 萬人，市場交易總額達到 4,219.87 億元。億元商品交易市場的市場交易總額占全市商品交易市場交易總額的 90%。

雖然提高市場集中度是商品交易市場發展的一個大趨勢，但是從全市億元商品交易市場交易總額占全市商品交易市場交易總額的 90% 的現狀看，市場集中度的高位運行與市場單體建設的超大規模追求之間的平衡問題應該在重慶市得到相應的關注。對 85 個在建市場項目的統計顯示，建築面積在 10 萬平方米以上的項目占了一半以上，超 100 萬平方米的有 6 個，平均單體面積達到了 27 萬平方米。其中，汽車及配件市場為 17 萬平方米，鋼材市場為 18.5 萬平方米，農產品市場為 25.5 萬平方米。五金機電市場為 38.8 萬平方米，家居建材市場為 41.3 萬平方米。

總體上，全市單體市場規模超大化現象幾乎涉及所有門類，而且愈演愈烈。儘管重慶市需要一批規模大、功能強、輻射廣的大型或超大型市場來支撐和帶動，但並非普遍都需要如此大的體量，也並非越大越好，一味強調大手筆，追求「大而全」，動輒上千畝、幾十萬平方米，這種超大化很容易演變成空殼化。目前重慶一些新開張和即將建成營業的超大市場，因配套不齊、招商不足出現市場空置的現象，應該看作是一個危險警示信號。

2. 空間佈局不盡合理

一些相鄰區縣彼此都強調對周邊地區的輻射和吸引，脫離實際追求市場功效，致使市場定位不準，業態雷同；一些地區盲目招商引資，亂批亂建市場，導致市場遍地開花和低水平重複佈局。同一或相鄰地區同質化市場佈局過多，經營業態重複雷同，如某一偏遠地區，在同一物流園內就集中佈局了 3 家同類市場；另有一地區，在現有 2 個家居建材市場規模達到 10 萬平方米的基礎上，又規劃了一個占地 50 畝的同類市場。而就在不遠處的相鄰區內，已有一家占地 600 畝、面積 30 萬平方米的大型同類市場。又如某相鄰兩區，相距不過 30 多公里，分別都規劃佈局化工市場和鋼材市場。像這種重複佈局現象，在汽車、五金機電等市場上也普遍存在。

而一些適宜集中發展的市場，在空間佈局上反而呈現出零星分散狀態。全市在建的 11 個鋼材市場，除 3 個分佈在酉陽、秀山、大足外，其餘的分佈在鐵路物流基地、公路物流基地、寸灘港、東港、西彭鋁業園以及江津的德感和雙福。8 個擬建市場，有 4 個規劃在果園港、銅罐驛、鐵路物流園和大渡口，另有 4 個規劃在萬州、長壽、涪陵和奉節。這 19 個鋼材市場，分別分佈在 10

餘個不同區域，不能充分利用和整合資源，難以發揮規模集群效應，勢必導致各大市場自成體系，推高成本，浪費資源。

3. 交易創新的任務艱鉅

由於信息化技術的推廣應用，以及連鎖經營、電子商務、物流配送等新的流通方式的全面推進和商業運行模式的不斷創新，中國商品交易市場正處於全面升級時期，經營品牌化、管理信息化、結算電子化、攤商企業化、功能多元化將成為必然趨勢。

交易創新就是需要採用先進的計算機和網絡技術，不斷地進行商品交易市場交易方式升級，不光是電子市場發展，還要發揮多種市場功能，促進市場的升級和換代。目前，重慶商品交易市場內的交易和結算方式仍主要採取一對一的談判交易和現金交易等攤位式交易方式，其統一結算、信息傳遞、價格形成以及運輸、保管、包裝、加工、配送等輔助功能欠缺。抽樣調查顯示，全市商品交易市場中應用電子訂貨系統的市場不到2%，應用電子商務購物系統的也只有6%左右，應用客戶管理系統的不到3%。億元市場的情況略顯樂觀，但是對於以簡單、初級、低檔的日用消費品、服裝類和農副產品為主的商品交易市場，市場交易方式單一，大多採取攤位式交易，沒有中間代理，也不搞統一結算，信息化水平落後，嚴重滯後於當前經濟社會科技發展水平，部分市場仍處於獨立區域內自我循環的初級階段，對外交流少，輻射範圍小。

4. 管理升級值得期待

目前，在重慶商品交易市場中，攤位制仍是大多數市場普遍採用的辦法，以物業式管理為主，服務管理相對滯後，由此導致缺乏包裝加工、儲運物流、信息服務等專業配套服務設施，市場信息能力、融資能力、輻射帶動能力弱，不具備現代化市場管理的水準，缺乏競爭力。同時，各市場為了生存，無序競爭日趨激烈。有的市場用優惠的條件爭奪同類客戶。如某中藥材市場搬遷後一分為二，難以再續輝煌；某些農產品批發市場競爭更是空前激烈，內耗嚴重。新市場到舊市場挖商戶、搶客戶成為普遍現象。正是諸如此類的無序競爭，導致市場業務不但沒有做大，反而縮小，甚至出現小的擠垮大的、近的擠垮遠的種種怪象，造成土地、資金和商業資源的極大浪費；一些投入大、上規模的商品交易市場未能在良好的競爭環境下培育和發展，給招商引資帶來負面效應。

要實現管理升級，必須充分認識到商品交易市場是一種業態，而且商品交易市場業態是多樣的，需要加強管理，改變現有的「管理就是收費」的陳舊方式，採取先進的理念、先進的技術、先進的管理方式，經營好商戶、管理好商戶、服務好商戶。對於重慶商品交易市場發展而言，管理升級的核心任務表

現在兩個方面：一是市場本身需要積極探索管委會、公司、市場服務中心、股份制、會員制、商業街區型、園區型等商品交易市場發展模式，促進重慶市商品交易市場向第三代、第四代過渡，實現商品交易市場的全面提升；二是從宏觀層面，通過佈局規劃和政策引導，促進重慶商品交易市場在一定地理空間上的集聚，形成彼此既相互獨立、又相互依存，具有特殊關係的市場集群，發揮市場聯盟和市場協會等中立性組織作為社會治理力量的作用，按照「市場—市場集群—市場聯盟—市場行業協會—現代市場體系」的邏輯和路徑，實現市場集群、市場聯盟與產業集群互動，加快重慶現代商品交易市場體系的建立進程，更好地為重慶經濟與社會發展服務。

六、重慶商品交易市場供求分析

（一）供給概述

1. 總體供給情況

近幾年重慶市商品交易市場發展較快，市場供給狀況良好。但是因為在商品交易中成交額反應的是需求，供給量主要是從市場的生產能力體現出來，因此沒有確切的供給量數據可以提供，而這一數據的統計難度非常大，因而本研究中將主要從大型商品交易市場的攤位數和市場個數兩個指標來考察全市商品交易市場的供給情況（圖8.5）。

從2005年到現在重慶市億元商品交易市場的攤位數一直呈現遞增趨勢，基本速度保持在15%左右，2012年固定攤位數更是突破13萬大關增加到13.5萬，同比增速達到32%。同時，全市商品交易市場的個數和營業面積也都基本上保持著較快的增長速度。本報告中由於商品交易市場供給數據難以取得，因此暫且把綜合攤位數和市場個數等的發展速度作為重慶商品交易市場供給的速度。

2. 區域供給分析

重慶經濟發展帶有明顯的區域發展特色，商品交易市場的發展和全市經濟發展的基本格局類似，「一圈」地區的商品交易市場發展成熟遠超過「兩翼」地區。2012年，重慶市「一小時經濟圈」所含區域的商品交易市場經營面積為1,369萬平方米，「渝東北翼」經營面積為218萬平方米，「渝東南翼」商品交易市場經營面積則在短短一年時間從46萬平方米躍升到60萬平方米，這一增長非常明顯。而從不同區域的增長速度來看，2012年重慶市「一小時經

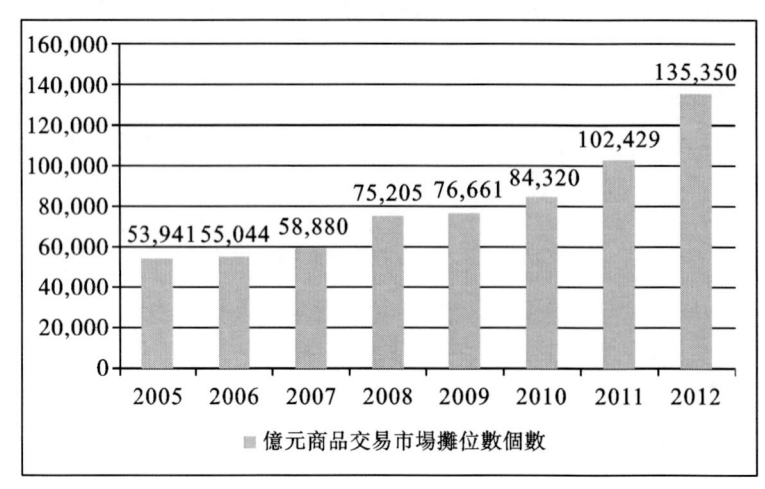

圖 8.5　近年來重慶市大型商品交易市場攤位數變化情況

濟圈」攤位數同比增長速度為 8.2%，商品交易市場個數的同比增長速度為 3.6%；2012 年重慶市「渝東北翼」的攤位數同比增長速度為 1.9%，商品交易市場個數的同比增長速度為 13.0%；「渝東南翼」的攤位數同比增長速度為 15.5%，市場個數的同比增長速度為 46.6%。2012 年數據顯示「渝東南翼」的供給增速明顯快於「一小時經濟圈」和「渝東北翼」地區，「渝東南翼」地區的商品供給能力正快速提升（圖 8.6）。

(二) 需求分析

1. 總體需求情況

隨著人們對各類商品的需求和需求水平的提升，近年來重慶市商品交易市場總體需求情況是比較好的。一般來說反應商品交易市場需求的指標可以直接用成交額來表示，因此本報告也將把商品交易市場交易額作為衡量商品交易市場需求情況的指標。總體來看，2012 年重慶市商品交易市場交易額總量為 4,685 億元，同比增長 7%，直轄以來一直保持較快增長速度，近兩年來則隨著全市經濟發展放慢而逐步放緩，但整體需求還是十分旺盛的（圖 8.7）。

2. 區域需求分析

重慶市「一圈兩翼」區域發展戰略在商品交易市場發展中也有著明顯的影響，不同區域經濟發展對應相應的區域市場需求。2012 年重慶市「一小時經濟圈」地區商品交易額達到 4,226 億元，同比增速達到 3%，「渝東北翼」地區商品交易市場交易額達到 363 億元，同比增速達到 12.7%，「渝東南翼」

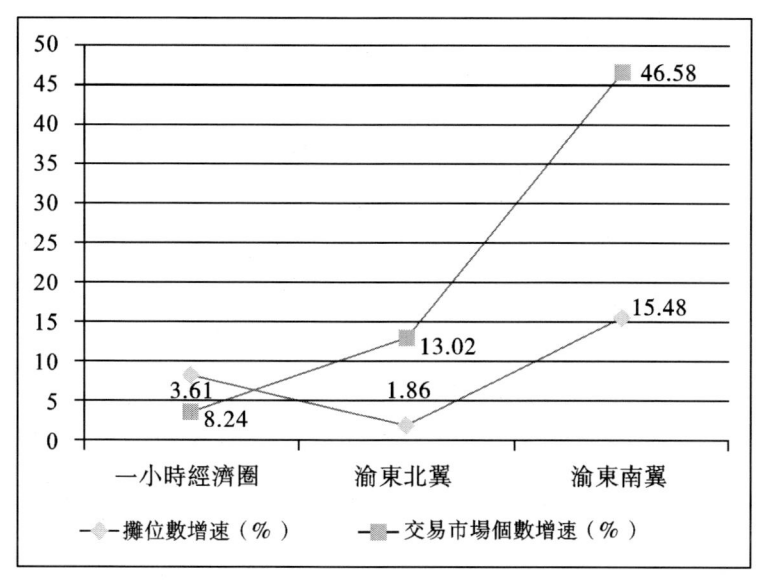

圖 8.6　2012 年重慶市不同經濟區攤位數和交易市場個數增加情況

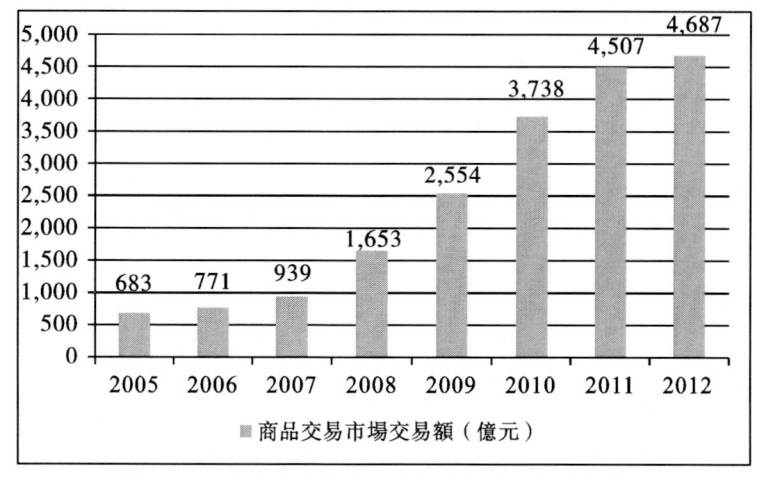

圖 8.7　近年來重慶市商品交易市場交易額變化情況

地區商品交易市場交易額達到 97 億元，同比增速達到 47.9%。因此可以非常明顯地看出，在總量上「一圈」地區的商品交易需求能力最強，其次是「渝東北翼」和「渝東南翼」；而在同比需求增量上，2012 年「渝東南翼」地區的市場需求能力表現強勁，遠超過其他兩個區域，「一圈」地區商品交易則由於基數大而所表現的市場同比需求能力相對較難提升（圖 8.8）。

第八章　重慶商品交易市場發展：基於 2012 年的分析　111

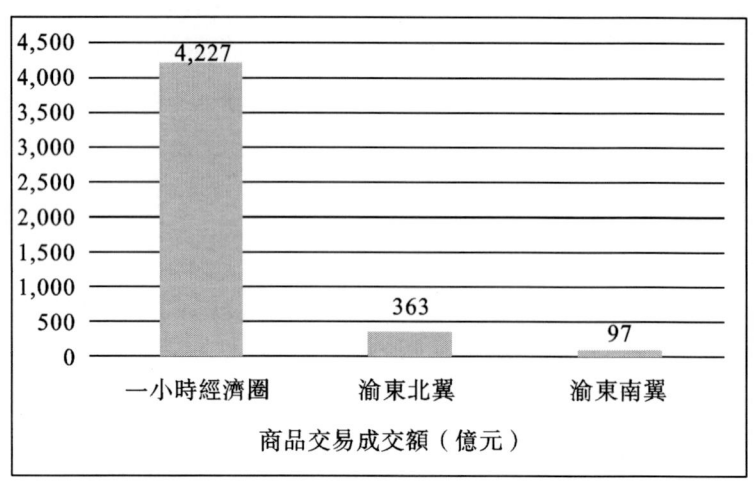

圖 8.8　2012 年重慶市三大區域商品交易成交額對比情況

(三) 均衡分析

　　從整體情況來看，市場的均衡發展還有待時日。根據調研結果數據分析可以看出，2012 年重慶市商品交易市場的供給增速飛快，超過上年 15% 的同比增速，達到 32%；而需求增速則迅速放緩，同比增長 7%，供給明顯大於需求，這與去年需求大於供給的情況剛好相反。可見在大環境經濟發展放緩的步伐下，全市商品交易的供給不僅沒有適當調整放慢反而大於需求在增長，因此表現出的就是市場上商品供給扎堆，但是人們的商品交易需求卻難以對其進行消化，也從一個側面說明商品交易的商家不能很好地把握商品交易的市場發展、跟隨市場需求來調節自己的商品供給。

　　從區域經濟發展的角度來看，重慶市「一小時經濟圈」商品交易市場的供給速度大概為 5%，而其需求增長的速度僅為 3%，供給也是明顯大於需求，商品交易市場產品過剩。「渝東北翼」地區商品交易市場的供給速度大約為 7%，其需求增長的速度為 12%，呈現出與前面相反的情形——需求大於供給，說明該地區居民的商品需求強烈，反而市場供給未能跟上需求步伐。而「渝東南翼」地區商品交易市場的供給速度較快，達到 30%，其需求增長的速度為 47%，也呈現出需求大於供給的情況。因此可以說，重慶市三大區域之中，「一圈」地區的供給大於需求，而「兩翼」地區需求大於供給，這也是與當前諸多商家擠破腦袋擠進「一圈」地區發展商品交易而忽略「兩翼」地區的商品交易市場現實相符合的。當然，綜合來講，不管是整體上還是區域上，重慶

商品交易市場的供需均衡都未能很好地實現，仍然需要商家提高市場意識，跟隨市場步伐來適度調整自我，以在激烈的商品交易市場競爭中取勝。

（四）以汽車、摩托車及零配件市場為例

長期以來汽摩產業是重慶市經濟發展的支柱產業，重慶市汽車、摩托車及零配件市場是重慶商品經濟發展的重要組成部分，汽摩配件市場擁有發展的傳統優勢和較為成熟的市場。汽車、摩托車及零配件市場發展迅速，並為重慶市商品交易市場的發展做出了重要貢獻。尤其包括重慶汽博中心、南岸區成車市場、重慶西部國際汽車城、重慶外灘摩配交易市場等在內的一些老牌的汽車、摩托車及零配件市場發展基礎紮實，發展勁頭十足，多年來穩步前進。但近年來該市場逐步發育成熟後，發展的勢頭開始有所減緩。2012年重慶市億元交易額以上的汽車、摩托車及零配件市場共有17個，成交額為560億元，攤位數共有4,140個，營業面積102萬平方米，經營戶數為4,833戶，固定從業人員達到32,155人。

1. 供給情況分析

汽車、摩托車及零配件市場一直是重慶傳統優勢交易市場，一直以來都保持較快較好發展，且日益成熟。因此從重慶市汽車、摩托車及零配件市場的供給情況來說，2012年重慶市汽車、摩托車及零配件市場供給攤位數為4,140個，固定經營戶達到4,833戶，營業面積達到102萬平方米。

2. 需求情況分析

由於自身市場發展的成熟度較高，且隨著重慶市經濟發展轉型和其他新興產業的迅速崛起，重慶市汽車、摩托車及零配件市場的後續發展速度相對變慢，這與自身市場的成熟度和政府經濟的轉型是密切相關的。2012年重慶市汽車、摩托車及零配件市場交易額為560億元，相比上年略有減少，此處數據不包含4S店的汽車、摩托車及零配件交易額，說明更多的車主已經轉移到更為專業的4S店，在汽車、摩托車及零配件市場的消費逐漸減少。

3. 增量供求分析

從增量的供給分析上來看，2012年重慶市汽車、摩托車及零配件市場供給的營業面積比上年增加1.28%，固定攤位數供給同比增長12.69%，而固定經營戶數同比增加了16.29%；同年重慶市汽車、摩托車及零配件市場的市場需求交易額雖然達到560億元，但是比2011年575億元的成交額降低了2.52%。2012年重慶市汽車、摩托車及零配件市場的供給指數三個均為正數，而需求交易額的增量指數為負數，因此從增量供求分析的角度來看可以說

2012年重慶市汽車、摩托車及零配件市場供給是大於需求的。

4. 均衡分析

從以上重慶市汽車、摩托車及零配件市場的總量供求及增量供求分析的情況來看，2012年重慶市汽車、摩托車及零配件市場的供給指數大約為7%，而需求指數為-3%，兩者之間存在一定的差距。但考慮到現在有更多人傾向於去更專業的服務更周到的汽車4S店進行交易，而我們的數據當中沒有包括這方面的數據，因此綜合考慮該因素後重慶市汽車、摩托車及零配件市場的市場需求指數應該也能達到4%左右，所以相對而言2012年重慶市汽車、摩托車及零配件市場的供求狀況達到了一個較為理想的均衡狀態。因此，重慶汽車、摩托車及零配件市場呈現的情況是供求基本均衡，汽車、摩托車及零配件市場作為重慶市的傳統優勢支柱產業其發展歷史悠久，發展基礎紮實，市場發育已經相對成熟，因此整個社會對汽車、摩托車及零配件的需求逐漸降低，社會供給也適應市場發展，基本維持在一個對市場需求比較穩定的均衡狀態。

附表：

表8-1　重慶市商品交易市場基本情況匯總表（2012）

序號	區縣	市場總數（個）	占地面積（m²）	營業面積（m²）	固定攤位數（個）	固定經營戶（戶）	固定從業人員（人）	交易總額（萬元）2011年	交易總額（萬元）2012年
1	渝中區	65	510,378	1,136,242	28,920	24,256	83,413	4,738,455	5,505,668
2	大渡口區	15	340,838	488,515	4,170	2,641	13,076	3,236,348	3,422,427
3	江北區	44	522,980	701,535	12,825	10,568	37,333	2,736,875	2,624,689
4	沙坪壩區	45	915,614	847,036	9,090	8,589	24,849	4,866,003	4,760,815
5	九龍坡區	87	3,528,814	2,708,151	22,581	21,464	87,235	7,543,591	7,493,941
6	南岸區	44	365,460	590,086	11,686	8,414	46,365	3,538,062	3,768,506
7	北碚區	47	262,372	207,421	7,585	5,726	10,384	195,969	202,413
8	渝北區	64	624,314	732,030	9,986	7,802	18,497	696,971	800,978
9	巴南區	32	1,305,128	982,746	7,269	5,889	18,700	3,869,312	3,872,110
10	北部新區	15	742,415	750,292	3,293	2,809	10,370	1,841,188	1,920,806
	主城區合計	458	9,118,313	9,144,054	117,405	98,158	350,222	33,262,774	34,372,353
11	涪陵區	62	502,608	492,440	11,907	7,014	13,377	974,385	1,073,293
12	長壽區	26	123,624	129,650	7,457	3,563	6,856	249,324	255,380
13	江津區	85	111,368	217,921	12,333	8,893	14,686	429,859	497,636
14	合川區	76	382,170	487,705	21,725	20,777	32,304	447,113	485,598
15	永川區	89	873,530	848,150	12,535	14,156	40,328	1,331,369	1,535,809
16	南川區	43	154,700	123,343	8,370	7,873	10,673	271,655	357,932
17	綦江區	42	109,261	154,800	6,637	5,207	9,176	133,711	167,646
18	萬盛經開區	17	35,368	29,309	2,667	2,532	5,100	59,400	65,000
19	潼南縣	34	405,365	276,942	5,978	6,011	11,599	101,653	116,718

表8-1(續)

序號	區縣	市場總數(個)	占地面積(m²)	營業面積(m²)	固定攤位數(個)	固定經營戶(戶)	固定從業人員(人)	交易總額(萬元) 2011年	交易總額(萬元) 2012年
20	銅梁縣	43	211,120	171,365	7,304	6,588	11,362	174,189	196,800
21	大足區	44	1,242,135	858,861	14,769	11,863	35,904	1,488,660	1,878,238
22	榮昌縣	30	492,060	465,855	7,570	7,046	18,798	462,400	517,900
23	璧山縣	40	350,013	285,544	8,717	5,022	12,232	559,258	736,100
	渝西地區合計	631	4,993,322	4,541,885	127,969	106,545	222,395	6,682,976	7,884,050
	一小時經濟圈合計	1,089	14,111,635	13,685,939	245,374	204,703	572,617	39,945,750	42,256,403
24	萬州區	153	969,549	906,586	24,662	26,164	34,687	1,824,179	2,174,925
25	梁平縣	41	105,300	101,100	3,601	2,800	4,650	183,000	219,900
26	城口縣	19	12,557	12,557	925	912	990	19,420	21,315
27	豐都縣	35	210,200	153,000	8,650	3,180	4,080	197,000	206,400
28	墊江縣	35	307,337	271,785	9,006	7,301	12,460	250,225	238,824
29	忠縣	40	135,116	166,811	6,375	5,644	12,437	70,990	64,754
30	開縣	70	288,471	261,816	8,668	6,520	14,068	294,100	281,285
31	雲陽縣	54	83,898	89,080	5,446	5,419	6,661	91,325	101,600
32	奉節縣	43	153,875	138,159	4,589	4,894	9,788	189,488	214,964
33	巫山縣	22	45,137	41,211	1,443	1,414	2,840	41,675	48,060
34	巫溪縣	26	33,585	33,585	2,390	2,633	3,995	46,730	57,000
	渝東北地區合計	538	2,345,025	2,175,690	75,755	66,881	106,656	3,208,132	3,629,027
35	黔江區	38	224,982	187,033	5,965	5,309	9,124	245,158	418,065
36	武隆縣	30	49,155	53,228	4,971	4,824	5,707	41,568	79,466
37	石柱縣	38	136,902	106,705	3,063	3,561	6,195	108,300	123,750
38	秀山縣	31	124,119	119,730	6,559	5,264	9,956	120,241	150,511
39	酉陽縣	32	73,743	67,460	3,790	3,601	4,642	95,300	106,500
40	彭水縣	45	73,900	62,500	3,500	3,800	6,000	70,000	90,000
	渝東南地區合計	214	682,801	596,656	27,848	26,359	41,624	680,567	968,292
	兩翼地區合計	752	3,027,826	2,772,346	103,603	93,240	148,280	3,888,699	4,597,319
	全市合計	1,841	17,139,461	16,458,285	348,977	297,943	720,897	43,834,449	46,853,722

說明：①本表為綜合專業市場、城區菜市場、鄉鎮農貿市場之總和；②朝天門市場群及馬家岩建材市場群分別算一個，未包含市場群下單個市場。

表8-2　　重慶市綜合、專業市場基本情況匯總表（2012）

序號	區縣	市場總數(個)	占地面積(m²)	營業面積(m²)	固定攤位數(個)	固定經營戶(戶)	固定從業人員(人)	交易總額(萬元) 2011年	交易總額(萬元) 2012年
1	渝中區	50	478,378	1,077,242	24,620	21,256	78,213	4,738,455	5,355,448
2	大渡口區	5	320,138	472,065	3,121	2,162	12,272	3,231,025	3,414,528
3	江北區	14	381,975	620,687	8,004	6,691	28,954	2,667,763	2,542,406
4	沙坪壩區	13	785,614	774,514	4,214	4,189	18,349	4,740,810	4,619,189
5	九龍坡區	46	3,430,714	2,603,222	15,721	16,025	81,796	7,431,591	7,378,066
6	南岸區	16	285,887	476,933	3,505	3,205	36,378	3,270,910	3,505,157
7	北碚區	7	132,132	80,060	2,253	2,111	3,555	45,469	41,950

第八章　重慶商品交易市場發展：基於2012年的分析

表8-2(續)

序號	區縣	市場總數(個)	占地面積(m²)	營業面積(m²)	固定攤位數(個)	固定經營戶(戶)	固定從業人員(人)	交易總額(萬元) 2011年	交易總額(萬元) 2012年
8	渝北區	11	409,320	505,562	3,369	2,942	9,506	612,291	694,150
9	巴南區	4	1,237,428	914,173	2,215	2,589	11,100	3,773,512	3,760,000
10	北部新區	7	729,000	738,000	2,343	2,109	9,520	1,822,553	1,901,283
	主城區合計	173	8,190,586	8,262,458	69,365	63,279	289,643	32,334,379	33,212,177
11	涪陵區	21	372,617	398,100	5,375	4,322	9,939	487,585	528,093
12	長壽區	2	12,500	24,850	720	446	1,385	56,701	62,000
13	江津區	6	60,319	56,235	1,311	1,102	2,327	175,230	181,835
14	合川區	5	125,170	231,050	4,548	4,561	10,413	112,113	144,058
15	永川區	11	517,646	576,300	3,917	6,122	27,922	1,082,969	1,264,969
16	南川區	5	70,200	57,100	2,063	1,908	2,963	93,630	148,532
17	綦江區	3	17,023	55,600	819	687	1,455	52,236	63,152
18	潼南縣	3	323,976	208,000	870	802	2,342	32,000	45,000
19	銅梁縣	4	77,500	59,500	859	1,721	2,978	98,508	116,264
20	大足區	10	1,118,983	747,010	8,978	6,525	25,052	1,304,155	1,660,453
21	榮昌縣	3	399,600	367,000	2,270	1,440	9,900	269,000	280,000
22	璧山縣	6	167,333	143,333	1,464	1,376	1,920	480,500	654,100
	渝西地區合計	79	3,262,867	2,924,078	33,194	31,012	98,596	4,244,627	5,148,456
	一小時經濟圈合計	252	11,453,453	11,186,536	102,559	94,291	388,239	36,579,006	38,360,633
23	萬州區	17	532,849	545,600	7,097	6,518	17,046	1,432,370	1,743,425
24	梁平縣	3	49,400	46,500	890	890	2,050	77,000	92,400
25	豐都縣	5	143,200	92,000	1,450	1,400	2,630	29,000	16,400
26	墊江縣	6	219,967	173,285	1,136	1,664	3,750	163,578	137,424
27	忠縣	3	62,413	106,904	795	463	4,540	35,000	22,204
28	開縣	4	74,583	78,616	998	983	3,698	163,800	138,985
29	雲陽縣	4	11,000	11,000	255	243	357	4,500	5,600
30	奉節縣	6	56,946	85,186	1,967	1,967	4,758	87,828	98,687
	渝東北地區合計	48	1,150,358	1,139,091	14,588	14,128	38,829	1,993,076	2,255,125
31	黔江區	8	167,678	140,280	550	489	2,200	155,158	242,415
32	石柱縣	2	63,270	40,800	180	526	1,100	35,000	40,250
33	秀山縣	3	59,970	57,680	1,032	937	2,285	48,241	69,511
34	酉陽縣	4	38,483	32,200	674	485	1,343	42,300	45,500
	渝東南地區合計	17	329,401	270,960	2,436	2,437	6,928	280,699	397,676
	兩翼地區合計	65	1,479,759	1,410,051	17,024	16,565	45,757	2,273,775	2,652,801
	全市合計	317	12,933,212	12,596,587	119,583	110,856	433,996	38,852,781	41,013,434

說明：①朝天門市場群及馬家岩建材市場群分別算一個，未包含市場群下單個市場；②此表不含城區菜市場和鄉鎮農貿市場。

表 8-3　　重慶市交易額億元以上商品交易市場排序表（2012）

序號	區縣	市場名稱	市場類型	占地面積（m²）	營業面積（m²）	其中：倉儲面積	其中：空置面積	固定攤位數（個）	固定經營戶（戶）	固定從業者（人）	交易總額（萬元）2011年	交易總額（萬元）2012年
1	渝中區	朝天門市場群	工業消費品綜合市場	70,547	495,600	35,000		16,237	12,325	50,000	2,268,503	2,652,405
2	南岸區	南坪醫藥市場	醫藥、醫療用品及器材市場	71,928	90,000	50,000		525	305	20,000	2,304,000	2,412,300
3	沙坪壩區	重慶巨龍鋼材市場	生產資料市場（鋼材）	99,900	73,260	57,000		355	355	1,775	2,401,200	2,315,630
4	江北區	重慶觀音橋農產品批發市場	農產品綜合市場	119,214	216,300			5,147	3,000	20,588	2,336,930	2,177,495
5	北部新區	重慶汽博中心	汽車、摩托車及零配件市場（新舊整車及配件）	290,000	200,000			400	400	5,000	1,690,586	1,701,083
6	大渡口區	萬噸冷藏物流交易中心	農產品專業市場（凍品）	12,000	53,560			400	364	3,800	1,300,000	1,500,000
7	巴南區	重慶西部國際汽車城	汽車、摩托車及零配件市場（新舊車）	346,320	223,420			368	912	4,500	1,011,860	1,286,000
8	九龍坡區	綠雲石都建材交易市場	生產資料市場（鋼材）	186,851	191,650	133,824		1,000	788	6,148	1,196,208	1,220,794
9	大渡口區	龍文鋼材市場	生產資料市場（鋼材）	225,211	291,105	140,000		866	459	3,672	1,122,815	1,208,732
10	九龍坡區	恒冠鋼材市場	生產資料市場（鋼材）	121,150	60,294	18,432		670	408	3,500	1,337,700	1,178,609
11	巴南區	鎧恩國際家居名都	家具、五金及裝飾材料市場（家居）	466,200	356,786			1,656	936	3,000	1,053,885	1,173,000
12	沙坪壩區	馬家岩建材市場群	家具、五金及裝飾材料市場（建材）	375,000	410,000			2,400	2,120	7,300	1,155,440	1,062,560
13	沙坪壩區	金屬材料現貨交易市場	生產資料市場（鋼材）	82,400	82,400	48,000		189	176	986	1,024,445	1,060,147
14	永川區	中國永川商貿城	工業消費品綜合市場	268,398	400,000			2,000	2,000	5,000	721,060	893,223
15	渝中區	西三街水產品市場	農產品專業市場（水產）	16,000	13,000		100	530	450	1,500	550,000	850,000
16	九龍坡區	恒勝鋼材市場	生產資料市場（鋼材）	50,000	42,000	16,000		280	225	1,130	834,685	721,217
17	巴南區	渝南汽車交易市場	汽車、摩托車及零配件市場（新舊車）	91,908	133,867	24,511			550	2,600	1,204,386	678,000
18	巴南區	重慶花木世界	農產品專業市場（花木）	333,000	200,100	42,000		191	191	1,000	503,381	623,000
19	九龍坡區	新世界建材市場	生產資料市場（石材）	110,000	71,000	50,000		560	350	3,368	520,000	620,138
20	璧山縣	西南鞋材交易市場	生產資料市場（皮革）	50,000	45,000	10,000	6,000	450	380	500	450,000	612,500

表8-3(續)

序號	區縣	市場名稱	市場類型	占地面積 (m²)	營業面積 (m²)	其中: 倉儲面積	其中: 空置面積	固定攤位數 (個)	固定經營戶 (戶)	固定從業者 (人)	交易總額 (萬元) 2011年	交易總額 (萬元) 2012年
21	大渡口區	四二六鋼材市場	生產資料市場（鋼材）	36,800	12,400			107	107	300	700,000	600,000
22	南岸區	成車市場	汽車、摩托車及零配件市場（新車）	7,992	68,920			18	18	1,233	521,887	578,850
23	九龍坡區	美每家建材家居廣場	家具、五金及裝飾材料市場（家居）	440,220	500,000			1,872	621	11,200	300,000	490,000
24	渝中區	重慶外灘摩配交易市場	汽車、摩托車及零配件市場（汽摩配件）	45,200	45,200	15,000		715	689	3,630	495,000	488,000
25	萬州區	小天鵝市場	工業消費品綜合市場	37,800	65,000	10,000		2,500	2,379	4,552	394,597	448,159
26	大足區	西部金屬交易城	生產資料市場（鋼材）	66,670	54,000	9,680		381	381	3,606	360,986	420,498
27	萬州區	萬州商貿城	工業消費品綜合市場	10,000	39,000	2,500		884	884	3,410	263,245	376,440
28	大足區	龍水五金旅遊城	生產資料市場（五金機電）	103,465	53,820	44,670		890	890	2,596	310,233	352,908
29	九龍坡區	泰興電腦城石橋鋪總店	電器、通信器材、電子設備市場	37,800	12,000	2,300		500	500	2,500	351,000	328,164
30	大足區	大足龍水五金市場	生產資料市場（五金機電）	53,360	37,860			1,992	1,992	6,084	254,062	327,540
31	九龍坡區	重慶渝州交易城	生產資料市場（五金機電）	86,000	60,000	2,000		500	1,599	5,486	300,000	320,000
32	九龍坡區	恒鑫老頂坡汽摩綜合市場	汽車、摩托車及零配件市場（汽摩配件）	70,000	140,000	10,887		1,450	1,070	8,000	358,400	315,500
33	渝北區	國際五金機電城	生產資料市場（五金機電）	120,000	180,000		6,000	700	700	3,000	275,000	305,000
34	大足區	龍水廢金屬市場	生產資料市場（鋼材）	90,080	58,000	12,000		569	569	3,420	222,698	287,509
35	渝中區	大坪新浪通信市場	電器、通信器材、電子設備市場	25,000	35,000	700	350	475	454	1,200	200,708	260,000
36	萬州區	宏遠市場	農產品綜合市場	71,260	52,000	11,000		600	561	2,450	220,931	254,087
37	九龍坡區	金冠捷來五金機電市場	生產資料市場（五金機電）	6,660	24,000	2,000		173	170	900	235,000	250,400
38	九龍坡區	福道鋼材市場	生產資料市場（鋼材）	120,060	100,000			300	168	2,000	300,000	250,000
39	九龍坡區	佰騰數碼廣場	電器、通信器材、電子設備市場	7,000	35,000	7,000		435	400	3,100	236,000	220,000
40	渝中區	菜園壩水果市場	農產品專業市場（果品）	48,000	48,000	14,381		429	2,300	8,000	136,560	201,136
41	九龍坡區	陳家坪機電市場	生產資料市場（五金機電）	5,500	65,000	4,500		700	700	3,000	251,699	189,466
42	南岸區	正揚大市場	農產品綜合市場	9,990	20,000	1,100		1,200	1,200	4,500	119,617	185,623

表8-3(續)

序號	區縣	市場名稱	市場類型	占地面積(m²)	營業面積(m²)	其中:倉儲面積	其中:空置面積	固定攤位數(個)	固定經營戶(戶)	固定從業者(人)	交易總額(萬元) 2011年	交易總額(萬元) 2012年
43	涪陵區	新大興農副產品交易中心	農產品綜合市場	65,000	89,000	25,000	2,500	800	300	1,000	160,000	178,012
44	九龍坡區	渝洲五金機電城	生產資料市場(五金機電)	47,000	60,000	2,000		800	856	3,000	180,000	170,000
45	永川區	農副產品綜合批發市場	農產品綜合市場	118,548	57,500			700	3,000	20,000	139,100	162,000
46	榮昌縣	畜牧產品交易市場	農產品專業市場(畜牧)	195,138	72,000	19,000		390	390	2,400	186,000	160,000
47	渝中區	菜園壩農副產品批發市場	農產品綜合市場	50,000	50,000	3,134	150	350	200	600	42,792	151,905
48	大足區	龍水花市街市場	生產資料市場(五金機電)	146,740	38,500			1,335	1,335	6,390	101,817	149,196
49	萬州市	銀河市場	工業消費品綜合市場	12,000	68,000	5,300		930	930	2,000	139,257	148,450
50	渝中區	中興塑料市場	工業消費品綜合市場	22,531	15,572	1,100		879	700	1,490	147,461	144,045
51	九龍坡區	高新機電批發配送中心	生產資料市場(五金機電)	12,000	25,000	8,000		216	167	2,500	165,000	142,000
52	萬州區	凱盛汽車交易市場	汽車、摩托車及零配件市場(新)	100,000	33,000				34	100	103,819	141,435
53	涪陵區	合智商業廣場	紡織、服裝、鞋帽市場	3,600	34,800	3,800		710	620	1,710	125,400	135,768
54	九龍坡區	走馬石材市場(一期)	生產資料市場(石材)	500,000	200,000	137,000		460	400	1,380	60,000	130,000
55	九龍坡區	有色金屬市場	生產資料市場(鋼材)	33,022	10,307	10,041		15	15	25	100,000	130,000
56	南岸區	紅星美凱龍(南坪店)	家具、五金及裝飾材料市場(家居)	33,300	110,000			420	420	3,500	149,744	125,957
57	渝中區	渝欣電器市場	電器、通信器材、電子設備市場	50,000	40,000	2,000	2,000	580	560	1,200	120,000	122,000
58	渝北區	萬隆小食品批發市場	食品飲料及菸酒市場	18,676	17,000	5,000		327	327	700	110,000	120,000
59	榮昌縣	匯宇家居建材市場	家具、五金及裝飾材料市場(建材)	124,542	115,000			680	450	5,500	83,000	120,000
60	渝中區	城外城燈飾市場	家具、五金及裝飾材料市場(燈飾)	11,500	58,000	20,000		185	200	397	100,000	110,000
61	萬州區	光彩大市場	家具、五金及裝飾材料市場(建材)	100,000	57,000	18,000		758	281	832	75,921	105,790
62	九龍坡區	金科九龍機電城	生產資料市場(五金機電)	150,000	150,000	45,000	15,000	612	450	2,500	160,000	100,000

表8-3(續)

序號	區縣	市場名稱	市場類型	占地面積（m²）	營業面積（m²）	其中:倉儲面積	其中:空置面積	固定攤位數（個）	固定經營戶（戶）	固定從業者（人）	交易總額（萬元）2011年	交易總額（萬元）2012年
63	南岸區	南坪舊車市場	汽車、摩托車及零配件市場（舊車）	20,979	21,000			53	72	3,000	82,376	91,255
64	大渡口區	杭渝陶瓷市場	家具、五金及裝飾材料市場（建材）	34,127	80,000			448	222	1,200	90,210	86,796
65	萬州區	三峽中藥城	醫藥、醫療用品及器材市場	11,330	14,100	10,320		28		150	78,000	84,396
66	江北區	賽博數碼廣場江北店	電器、通信器材、電子設備市場	3,330	12,000			350	281	480	60,942	83,470
67	南川區	中心市場	農產品綜合市場	10,000	8,000	1,000		1,600	1,450	1,800	68,530	80,732
68	榮昌縣	水口寺農貿市場	農貿市場	14,900	8,000	2,000		2,000	2,000	2,500	67,800	80,000
69	北部新區	西部奧特萊斯	工業消費品綜合市場	80,000	78,000			400	400	1,050	75,367	80,000
70	渝北區	龍溪中合建材市場	家具、五金及裝飾材料市場（建材）	63,669	72,000		765	675	675	800	71,710	76,310
71	黔江區	機動車交易市場	汽車、摩托車及零配件市場（新車）	37,962	20,000	6,000			17	130	54,890	74,153
72	北部新區	紅星美凱龍（江北店）	家具、五金及裝飾材料市場（家居）	60,000	100,000			398	398	300	55,000	71,200
73	江津區	楊家店花椒市場	農產品專業市場（蔬菜）	23,310	12,000	3,500		85	20	56	80,000	70,000
74	江北區	居然之家（北濱路店）	家具、五金及裝飾材料市場（家居）	19,980	60,000			314	314	1,200	68,642	69,536
75	開縣	呂氏春秋商貿城	工業消費品綜合市場	26,640	36,000			360	359	996	67,200	67,500
76	江北區	重慶書刊交易市場	文化用品市場	50,000	12,000			135	380	945	65,000	66,000
77	九龍坡區	華岩幸松陶瓷市場	家具、五金及裝飾材料市場（建材）	86,710	56,000			78	60	300	65,000	66,000
78	渝中區	學田灣農貿市場	菜市場		10,000	3,000		787	550	1,300	102,359	64,325
79	江津區	城南建材交易市場	家具、五金及裝飾材料市場（建材）	15,471	13,023	1,025		361	357	1,071	57,860	62,893
80	合川區	義烏小商品批發市場	工業消費品綜合市場	66,667	150,000	3,500		2,892	2,892	6,638	55,600	61,400
81	渝中區	永緣汽車裝飾市場	汽車、摩托車及零配件市場（用品）	13,000	18,000	2,000		124	130	2,000	57,600	60,000
82	九龍坡區	百腦匯	電器、通信器材、電子設備市場	1,878.48	17,941	570		441	433	2,000	70,000	60,000

表8-3(續)

序號	區縣	市場名稱	市場類型	占地面積 (m²)	營業面積 (m²)	其中:倉儲面積	其中:空置面積	固定攤位數 (個)	固定經營戶 (戶)	固定從業者 (人)	交易總額 (萬元) 2011年	交易總額 (萬元) 2012年
83	銅梁縣	飛龍消費品市場	工業消費品綜合市場	7,500	7,500	800		600	1,180	2,006	51,336	58,112
84	九龍坡區	灘子口玻璃門窗材料市場	生產資料市場(玻璃)	400,000	100,000			80	60	180	50,000	55,000
85	渝北區	聚信名家匯	家具、五金及裝飾材料市場(家居)	34,000	50,000			240	240	1,200	70,000	55,000
86	長壽區	協信家具城	家具、五金及裝飾材料市場(家居)	6,400	12,800	2,000		260	66	237	49,856	55,000
87	開縣	渝東大市場	工業消費品綜合市場	8,991	15,000			300	293	654	86,000	54,885
88	江津區	紅衛巷農貿市場	菜市場	9,583	8,205	495		300	300	811	40,091	54,679
89	江津區	幾江農貿市場	菜市場	17,962	16,165	162		593	593	1,279	48,638	54,022
90	梁平縣	新合農產品綜合交易市場	農產品綜合市場	15,000	14,500	3,500		180	180	400	45,000	54,000
91	秀山縣	渝東南邊貿批發市場	工業消費品綜合市場	26,640	17,880	4,000		454	454	1,359	32,556	52,936
92	渝中區	菜園壩皮革市	生產資料市場(皮革)	30,000	30,000	2,422		436	436	1,476	45,253	52,099
93	永川區	玉屏市	農產品綜合市場	4,500	4,500			310	280	1,000	50,112	51,963
94	黔江區	武陵山家居市場	家具、五金及裝飾材料市場(家居)	17,982	35,000	3,000	743	150	127	1,100	34,247	50,731
95	黔江區	宏鉆鋼材市場	生產資料市場(鋼材)	53,000	44,700	24,700	20,000		10	40	23,521	50,050
96	九龍坡區	太平洋安防市	電器、通信器材、電子設備市場	1,100	8,000	1,500		345	187	476	50,000	50,000
97	渝北區	奔力五金市場	生產資料市場(五金機電)	5,336	6,000			78	67	236	39,002	47,541
98	沙坪壩區	馬家岩二手車交易市場	汽車、摩托車及零配件市場(舊車)	26,640	26,640			100	89	220	38,479	46,922
99	渝中區	菜園壩休閒娛樂品市	工業消費品綜合市場	38,000	38,000	10,615	1,850	39	34	600	34,016	45,066
100	墊江縣	澄溪木材市場	生產資料市場(木材)	56,690	14,000			120	108	180	80,000	45,000
101	江津區	白沙綜合交易市場	農產品綜合市場	1,300	10,500			350	350	700	33,700	45,000
102	萬州區	三峽蔬菜批發市場	農產品專業市場(蔬菜)	20,000	15,000			60	60	200	43,000	45,000
103	南岸區	南坪燈飾廣場	家具、五金及裝飾材料市場(燈飾)	25,974	19,068	5,644		89	89	420	39,882	44,218

第八章 重慶商品交易市場發展:基於2012年的分析

表8-3(續)

序號	區縣	市場名稱	市場類型	占地面積（m²）	營業面積（m²）	其中：倉儲面積	其中：空置面積	固定攤位數（個）	固定經營戶（戶）	固定從業者（人）	交易總額（萬元）2011年	交易總額（萬元）2012年
104	沙坪壩區	重慶上橋糧油批發市場	農產品專業市場（糧油）	1,714	1,714			34		98	41,200	42,900
105	豐都縣	民達菜市場	菜市場	8,000	6,000	1,500		550	301	714	16,707	42,859
106	銅梁縣	巴川東門建材市場	家具、五金及裝飾材料市場（建材）	26,000	26,000	4,000		108	410	732	38,652	42,440
107	九龍坡區	楊家坪農貿市場	菜市場		13,581			307	518	1,204	37,298	42,300
108	九龍坡區	含谷機床交易中心	生產資料市場（機床）	229,448	150,000	37,000		260	200	2,000	20,000	42,000
109	九龍坡區	九龍坡蔬菜批發市場	農產品專業市場（蔬菜）	36,000	15,000	7,500		180	140	200	39,750	42,000
110	江北區	建瑪特（江北店）	家具、五金及裝飾材料市場（家居）	7,992	47,642			416	270	1,000	42,581	41,734
111	石柱縣	黃水黃連市場	農產品專業市場（藥材）	9,990	7,500	2,000	2,000	150	500	975	35,000	40,000
112	黔江區	南海城菜市場	菜市場	4,000				788	810	1,350		40,000
113	石柱縣	藏經寺菜市場	菜市場	12,654	14,574	8,306		220	245	1,050	36,600	39,800
114	開縣	開州大市場	農貿市場	11,655	15,000			235	580	1,306	39,600	39,700
115	涪陵區	鋼材市場	生產資料市場（鋼材）	62,000	35,000		20,000	130	109	530	35,126	39,159
116	大足區	福源裝飾材料市場	家具、五金及裝飾材料市場（建材）	42,160	36,800	18,600		356	356	890	31,675	38,602
117	潼南縣	八角廟農貿市場	農貿市場		35,000				708	1,421	29,486	38,330
118	武隆縣	紅豆菜市場	菜市場	11,000	11,000	1,500	800	750	610	740	32,440	37,500
119	合川區	茂田建博城一、二期	家具、五金及裝飾材料市場（建材）	46,669	70,000		2,000	984	984	1,835	12,513	37,158
120	江北區	泰興e世界	電器、通信器材、電子設備市場	5,328	11,968			128	125	1,266	33,352	36,648
121	永川區	雙川禽苗交易中心	農產品綜合市場	33,300	15,000			500	500	636	31,130	36,636
122	大足區	雙橋長三角鋼材市場	生產資料市場（鋼材）	166,750	91,400	27,400	54,840	852	131	168		36,200
123	北部新區	聚信美家居世紀城	家具、五金及裝飾材料市場（家居）	140,000	200,000		7,000	510	448	1,600	1,600	36,000
124	永川區	渝西舊機動車輛交易市場	汽車、摩托車及零配件市場（舊車）	3,000	6,100			42	42	90	27,925	35,182
125	南川區	美佳美建材市場	家具、五金及裝飾材料市場（建材）	41,000	33,000	6,000		178	178	535		35,000

表8-3(續)

序號	區縣	市場名稱	市場類型	占地面積 (m²)	營業面積 (m²)	其中: 倉儲面積	空置面積	固定攤位數 (個)	固定經營戶 (戶)	固定從業者 (人)	交易總額 (萬元) 2011年	2012年
126	長壽區	鳳城菜市場	菜市場	14,000	14,000			470	853	2,800	28,088	34,435
127	墊江縣	渝東建材市場	家具、五金及裝飾材料市場(建材)	54,027	27,160			286	326	1,150	43,000	33,500
128	綦江區	河東市場	農產品綜合市場	2,523	10,600	300		640	582	835	25,000	31,500
129	九龍坡區	盛吉汽配新城	汽車、摩托車及零配件市場(汽摩配件)	40,000	19,041	6,900		300	300	510	33,000	31,000
130	渝中區	女人廣場	工業消費品綜合市場	4,000	12,000	3,600	700	200	150	510	30,050	31,000
131	酉陽縣	鑫鑫市場	工業消費品綜合市場	2,550	5,100			150	139	225	29,800	31,000
132	長壽區	沙井菜市場	菜市場	6,700	7,600			350	350	1,350	25,050	30,480
133	渝北區	兩路農貿市場	菜市場	5,508	9,300	600		480	400	1,213	29,572	30,423
134	萬州區	鐘鼓樓綜合市場	農產品綜合市場	45,329	46,000	13,876		500	420	590	29,000	30,000
135	九龍坡區	八益建材市場	家具、五金及裝飾材料市場(建材)	10,000	40,000			400	300	3,000	17,600	30,000
136	九龍坡區	居然之家(二郎店)	家具、五金及裝飾材料市場(家居)	78,000	45,000			300	282	740		30,000
137	九龍坡區	建瑪特(楊家坪店)	家具、五金及裝飾材料市場(家居)	4,743	18,000			464	504	1,690	75,419	30,000
138	潼南縣	西南國際燈具城(2期)	家具、五金及裝飾材料市場(燈飾)	166,500	110,000	35,000		320	290	1,200	20,000	30,000
139	長壽區	葛蘭農貿綜合市場	農貿市場	10,500	10,000		2,500	724	85	180	22,300	29,830
140	大足區	城區丁家坡菜市場	菜市場	10,000	5,860		4,280	426	202	355	16,940	29,300
141	渝中區	家佳喜裝飾市場	家具、五金及裝飾材料市場(建材)	10,000	80,000	30,000	9,000	322	251	700	35,000	28,500
142	巫溪縣	寧河農貿市場	菜市場	1,057	1,057			221	160	390	21,580	27,342
143	合川區	錢塘鎮第一農貿市場	農貿市場		8,000			1,140	1,130	2,350	31,680	26,700
144	涪陵區	展宏舊車交易市場	汽車、摩托車及零配件市場(舊車)	10,000	10,000			25	15	81	22,472	26,501
145	合川區	合陽辦蟠龍路菜市場	菜市場		20,000	1,500	1,100	2,000	1,845	4,400	23,650	26,173
146	永川區	家電批發市場	電器、通信器材、電子設備市場	15,000	15,000			35	25	228	63,970	25,736
147	大足區	龍水商貿市場	農產品綜合市場	14,674	12,030			461	461	1,374	22,684	25,700

表8-3(續)

序號	區縣	市場名稱	市場類型	占地面積(m²)	營業面積(m²)	其中:倉儲面積	其中:空置面積	固定攤位數(個)	固定經營戶(戶)	固定從業者(人)	交易總額(萬元)2011年	交易總額(萬元)2012年
148	渝北區	二亞灣水產品市場	農產品專業市場(水產)	131,868	81,562		31,002	264	66	850	23,840	25,650
149	綦江區	打通鎮農貿市場	農貿市場	12,500	12,500	2,000		500	422	803	25,000	25,532
150	渝中區	鵰鵬電子市場	電器、通信器材、電子設備市場	5,500	6,800	100		120	50	110	25,000	25,500
151	長壽區	閘口市場	農貿市場		40,168				534	2,913	21,326	25,390
152	渝中區	雅蘭電子城	電器、通信器材、電子設備市場	3,500	15,000		120	420	385	760	23,885	25,036
153	合川區	南津街綜合菜市場	菜市場		16,000			768	586	960	22,898	25,034
154	萬州區	泰興萬州通信器材電腦城	電器、通信器材、電子設備市場	4,000	6,000	1,000		136	110	350	20,000	25,018
155	江北區	重慶恒康茶葉批發市場	農產品專業市場(茶葉)	100,000	28,000			206	200	1,370	22,000	25,000
156	璧山縣	向陽菜市場	菜市場	12,000	10,500			262	262	400	12,000	24,650
157	墊江縣	桂東小商品批發市場	工業消費品綜合市場	6,665	6,000			200	120	500	20,000	24,424
158	萬州區	佳信建材市場	家具、五金及裝飾材料市場(建材)	33,330	46,700	12,000	10,000		150	750	21,000	24,150
159	榮昌縣	盤龍新華農貿市場	農貿市場	12,000	8,000			250	250	265	20,000	24,000
160	榮昌縣	仁義鎮農貿市場	農貿市場	9,000	9,000			180	268	465	20,000	24,000
161	榮昌縣	吳家農貿市場	農貿市場	11,000	11,000			529	485	760	20,000	24,000
162	梁平縣	雙桂小商品市場	工業消費品綜合市場	21,000	20,000	1,000		600	600	1,200	20,000	24,000
163	墊江縣	城區菜市場	菜市場	5,500	8,100			500	480	600	21,000	24,000
164	巴南區	魚洞市場	菜市場	7,992	8,000			550	400	1,085	23,282	23,785
165	渝中區	儲奇門中藥材用品批發市場	醫藥、醫療用品及器材市場	2,500	9,700	2,500		400	230	465	20,000	23,000
166	沙坪壩區	曾家木材市場	生產資料市場(木材)	133,340	120,000	30,000	10,000	850	780	6,000	15,000	23,000
167	大足區	雙橋農貿市場	菜市場	14,674	3,670		165	395	395	668	17,045	22,972
168	萬州區	糧油批發市場	農產品專業市場(糧油)	22,000	20,000			150	150	400	22,000	22,500
169	永川區	騰龍裝飾城	家具、五金及裝飾材料市場(建材)	6,000	10,000			46	46	128	18,000	22,500
170	大足區	雙橋雙湖機電市場	生產資料市場(五金機電)	320,160	306,000	122,400	229,500	1,762	266	312		22,300

表8-3(續)

序號	區縣	市場名稱	市場類型	占地面積(m²)	營業面積(m²)	其中:倉儲面積	其中:空置面積	固定攤位數(個)	固定經營戶(戶)	固定從業者(人)	交易總額(萬元)2011年	交易總額(萬元)2012年
171	江津區	城南綜合市場	農貿市場		2,200				42	120	17,856	22,150
172	黔江區	白家灣蔬菜批發市場	農產品專業市場(蔬菜)	32,634	16,300	12,000		150	140	420	25,000	22,008
173	榮昌縣	峰高市	農貿市場	8,000	8,700			500	500	1,000	20,000	22,000
174	涪陵區	關廟市	工業消費品綜合市場	10,000	10,000			1,200	945	2,300	18,800	21,600
175	黔江區	顧邦家居購物廣場	家具、五金及裝飾材料市場(家居)	6,660	16,000	5,000		30	15	80		21,073
176	江津區	白沙中學農貿市場	農貿市場	2,000	2,000			200	150	250	10,000	21,000
177	奉節縣	汽車機電市場	汽車、摩托車及零配件市場(新車)	8,756	7,983	685	215	145	145	441	18,252	20,589
178	南岸區	四公里農貿市場	菜市場	5,115	8,768			812	560	820	31,400	20,150
179	渝北區	酒店用品採購基地一期	其他專業市場(酒店用品)	10,000	30,000	6,000		168	150	1,000		20,000
180	綦江區	東溪鎮農貿市場	農貿市場	13,000	8,000	3,000	2,000	411	245	450	15,000	20,000
181	北碚區	農產品批發配送中心	農產品綜合市場	5,800	5,800	2,500	1,000	67	45	90	15,275	20,000
182	合川區	合陽辦蟠龍路飼料市場	農產品專業市場(飼料)	3,500	2,400		159	152	159	310	19,800	20,000
183	彭水縣	河堡菜市場	菜市場	3,500	3,500	100		450	500	600	15,000	20,000
184	綦江區	萬新農貿新市場	農貿市場		11,902			1,067	985	1,697	13,102	19,912
185	南岸區	江南裝飾	家具、五金及裝飾材料市場(建材)	3,996	19,700			210	210	500	22,000	19,500
186	梁平縣	雙桂農貿市場	農貿市場	12,000	10,760	1,300	500	455	400	1,500	16,000	19,200
187	大渡口區	義烏商貿城	工業消費品綜合市場	12,000	35,000	2,400	2,800	1,300	1,010	3,300	18,000	19,000
188	奉節縣	夔州綜合交易市場	工業消費品綜合市場	19,531	37,825	3,845	1,836	521	521	1,554	16,775	18,972
189	奉節縣	白帝市	農產品綜合市場	9,623	17,213	1,847	517	593	593	1,187	16,837	18,965
190	涪陵區	金凱裝飾城	家具、五金及裝飾材料市場(建材)	3,000	10,000	240		62	62	220	18,389	18,788
191	九龍坡區	賽博數碼廣場(石橋鋪店)	電器、通信器材、電子設備市場	4,830	12,376	151		250	237	1,432	17,000	18,600
192	合川區	龍市鎮飛龍綜合農貿市場	農貿市場		3,612			318	312	2,110	11,400	18,422

表8-3(續)

序號	區縣	市場名稱	市場類型	占地面積(m²)	營業面積(m²)	其中:倉儲面積	其中:空置面積	固定攤位數(個)	固定經營戶(戶)	固定從業者(人)	交易總額(萬元)2011年	交易總額(萬元)2012年
193	永川區	朱沱濱湖綜合農貿市場	農貿市場	4,466	4,466			160	565	1,470	17,289	18,325
194	綦江區	江輝汽車交易市場	汽車、摩托車及零配件市場(新車)	8,000	20,000			50	50	120	15,000	18,000
195	開縣	中原大市場	農貿市場	3,996	2,900			93	230	523	17,900	18,000
196	南川市	東方市場	工業消費品綜合市場	12,000	11,000	2,000		190	190	438	12,000	18,000
197	江北區	東方燈飾廣場	家具、五金及裝飾材料市場(燈飾)	11,322	39,000			250	232	685	12,078	17,930
198	涪陵區	南門山地下商場	工業消費品綜合市場	30,000	30,000			382	382	645	15,000	17,800
199	奉節縣	夔府第一市	工業消費品綜合市場	6,382	11,568	1,871	398	433	433	858	15,411	17,446
200	江津區	濱西農貿市場	農貿市場	7,920	6,450	319		183	183	602	15,740	17,360
201	渝北區	龍溪建材大廈	家具、五金及裝飾材料市場(建材)	8,671	29,000			249	249	750	12,039	17,290
202	永川區	奧淵家博城	家具、五金及裝飾材料市場(家居)	37,000	23,200			60	80	300	12,422	16,983
203	大足區	城區東闕菜市場	菜市場	7,000	4,060			362	362	722	14,352	16,490
204	大足區	龍水綜合市場	農貿市場	5,604	5,842			165	165	435	13,725	16,058
205	江北區	歐亞達家居	家具、五金及裝飾材料市場(家居)	9,990	47,000		9,000	184	147	285	17,644	16,000
206	渝中區	新華家電市場	電器、通信器材、電子設備市場	1,800	3,500	15,000		50	50	120	15,000	16,000
207	秀山縣	愛源鳳翔商業城	工業消費品綜合市場	13,320	9,800	2,000		363	363	776	15,685	15,875
208	豐都縣	平都農貿市場	農貿市場		7,000			600	325	892	19,207	15,646
209	南岸區	長生橋菜市場	菜市場	4,196	9,600			349	445	510	13,000	15,230
210	大足區	萬古鎮農貿市場	農貿市場	7,337	6,200			294	294	646	12,960	15,138
211	南岸區	西部美博城	其他專業市場(美容美發用品)	23,544	20,000		4,000	120	70	200	/	15,000
212	渝北區	華友綜合市場	家具、五金及裝飾材料市場(建材)	7,000	17,000	2,100	1,000	300	100	200	10,000	15,000
213	潼南縣	朝天門金海洋潼南分市場	工業消費品綜合市場	28,638	36,000	5,800	8,000	430	400	842	12,000	15,000
214	銅梁縣	家樂匯建材市場	家具、五金及裝飾材料市場(建材)	33,000	15,000	6,000	1,000	150	130	200	8,000	14,912

表8-3(續)

序號	區縣	市場名稱	市場類型	占地面積 (m²)	營業面積 (m²)	其中: 倉儲面積	其中: 空置面積	固定攤位數 (個)	固定經營戶 (戶)	固定從業者 (人)	交易總額 (萬元) 2011年	交易總額 (萬元) 2012年
215	涪陵區	福滿堂裝飾城	家具、五金及裝飾材料市場(建材)	15,000	10,000	500	1,000	100	80	200	11,898	14,608
216	渝中區	較場口聯訊五金市場	生產資料市場(五金機電)	3,700	2,500		400	122	100	350	19,127	14,456
217	梁平縣	名豪服裝城	紡織、服裝、鞋帽市場	13,400	12,000	1,000		110	110	450	12,000	14,400
218	大足區	窟窿河市場	農貿市場	5,336	5,200			282	282	725	12,314	14,027
219	大足區	城區濃蔭渡菜市場	菜市場	3,140	13,020	8,000	4,260	125	90	282	12,880	13,940
220	合川區	二郎鎮綜合農貿市場	農貿市場		10,000	2,200	3,000	310	315	730	22,095	13,874
221	大足區	郵亭鎮農貿市場	農貿市場	6,000	5,640			276	276	680	11,970	13,860
222	合川區	肖家鎮農貿市場	農貿市場		7,040	500	4,397	262	268	700	16,598	13,800
223	巫山縣	神女市場	菜市場	9,990	10,500	1,500	70	320	290	980	12,500	13,800
224	綦江區	居瑪特建材市場	家具、五金及裝飾材料市場(建材)	6,500	25,000	500	200	129	55	500	12,236	13,652
225	北碚區	蔡家農貿市場	農貿市場	4,800	5,900	1,260	400	236	250	330	12,610	13,585
226	江津區	油溪綜合農貿市場	農貿市場	2,580	5,100	250	350	155	182	229	11,265	13,520
227	九龍坡區	西站機電市場	生產資料市場(五金機電)	16,000	10,000			400	360	882	12,200	13,398
228	江津區	珞璜綜合交易市場	農貿市場	13,320	13,000	1,000		350	645	1,300	24,000	13,000
229	萬州區	瑞池草食性者交易市場	農產品綜合市場	6,600	10,000			24	200	280	12,000	13,000
230	合川區	合陽辦水果批發市場	農產品專業市場(果品)	5,000	4,200		358	354	358	810	12,200	13,000
231	墊江縣	北門綜合市場	工業消費品綜合市場	6,130	10,125	3,000	5,552	370	250	500	11,000	13,000
232	雲陽縣	蓮花市場	菜市場	2,848	7,288			400	400	800	12,000	12,960
233	大足區	珠溪鎮農貿市場	農貿市場	6,667	4,460			258	258	510	11,400	12,840
234	九龍坡區	太慈農副產品批發市場	農產品綜合市場	22,545	15,000			600	520	850	75,000	12,780
235	涪陵區	建瑪特(涪陵店)	家具、五金及裝飾材料市場(家居)	67,717	70,000	3,969	3,593	318	227	692	10,000	12,727
236	開縣	金開大市場	農貿市場	8,893	5,500			379	380	670	12,000	12,500

表8-3(續)

序號	區縣	市場名稱	市場類型	占地面積(m²)	營業面積(m²)	其中:倉儲面積	其中:空置面積	固定攤位數(個)	固定經營戶(戶)	固定從業者(人)	交易總額(萬元) 2011年	交易總額(萬元) 2012年
237	永川區	天驕銀座裝飾城	家具、五金及裝飾材料市場(建材)	5,000	12,000			56	60	219	12,000	12,500
238	合川區	客運中心綜合批發市場	工業消費品綜合市場	3,334	4,450		168	166	168	820	12,000	12,500
239	巫山縣	平湖市	菜市場	16,650	13,000	1,200		220	220	750	10,900	12,500
240	酉陽縣	怡豪國際建材裝飾城	家具、五金及裝飾材料市場(建材)	20,600	20,600			50	46	118	10,500	12,300
241	南川區	南平農貿市場	農貿市場	9,000	8,500			540	432	950	10,264	12,010
242	榮昌縣	榮隆鎮峰梓井農貿市場	農貿市場	4,900	4,900			90	122	248	10,000	12,000
243	北部新區	龍湖MOCO家居生活館	家具、五金及裝飾材料市場(家居)	16,000	30,000				78	300		12,000
244	黔江區	金三角日雜品市場	工業消費品綜合市場	2,800	2,400	1,000		70	50	100	9,000	12,000
245	墊江縣	重慶溫州商貿城	工業消費品綜合市場	87,300	100,000				800	1,300	578	12,000
246	酉陽	鐘靈山標準化菜市場	菜市場	1,500	11,700			300	300	1,000	27,500	12,000
247	彭水縣	永勝菜市場	菜市場	4,100	2,100	300		250	350	350	10,000	12,000
248	北碚區	天生綜合批發市場	農產品綜合市場	83,204	18,000			880	880	1,760	12,803	11,900
249	江津區	東門農貿市場	農貿市場	7,000	8,200		200	180	150	300	10,800	11,880
250	渝北區	酒總酒店設備市場	其他專業市場(酒店用品)	7,600	10,000			48	48	420		11,859
251	涪陵區	興華路地下商場	工業消費品綜合市場	30,000	30,000			468	468	593	10,000	11,800
252	大足區	城區西門農貿市場	農貿市場	5,000	4,200			186	186	349	10,420	11,740
253	開縣	騰能建材城	家具、五金及裝飾材料市場(建材)	19,980	17,850			120	113	548	10,600	11,600
254	奉節縣	工家坪家具市場	家具、五金及裝飾材料市場(家居)	6,359	5,236	589	167	136	136	351	10,032	11,387
255	奉節縣	夔州裝飾建材城	工業消費品綜合市場	6,295	5,361	610	185	139	139	367	10,521	11,328
256	江津區	琅山農貿市場	農貿市場	8,000	8,000			200	160	320	12,000	11,270
257	南川區	水江農貿市場	農貿市場	11,000	10,000			780	546	1,100		11,010
258	九龍坡區	沛鑫汽摩城	汽車、摩托車及零配件市場(汽摩配件)	23,000	24,100			350	300	500	12,600	11,000

表8-3(續)

序號	區縣	市場名稱	市場類型	占地面積（m²）	營業面積（m²）	其中：倉儲面積	其中：空置面積	固定攤位數（個）	固定經營戶（戶）	固定從業者（人）	交易總額（萬元）2011年	交易總額（萬元）2012年
259	合川區	沙魚鎮綜合市場	農貿市場		6,210	845	5,025	669	665	1,600	10,850	11,000
260	萬州區	中天廣場裝飾城	家具、五金及裝飾材料市場（建材）	6,000	18,000	200		65	65	456	7,000	11,000
261	忠縣	金天門購物城	工業消費品綜合市場	53,743	67,000	7,800		300	300	4,000	25,000	10,704
262	萬州區	雙河口果蔬專業市場	農產品專業市場（蔬菜）	50,000	45,000	5,000		240	180	356	—	10,500
263	雲陽縣	恒升市場	菜市場	4,000	4,000			185	70	140	10,200	10,234
264	九龍坡區	光華五金機電城	生產資料市場（五金機電）	49,043	50,000	15,000	3,000	281	200	460	8,330	10,000
265	璧山縣	興友農副產品市場	農產品綜合市場	29,000	20,000	16,000		710	710	800		10,000
266	渝中區	中興路舊貨交易市場	舊貨市場	3,000	11,000			318	300	750	9,000	10,000
267	璧山縣	金三角家具城	家具、五金及裝飾材料市場（家居）	25,000	20,000			30	30	80	10,000	10,000
268	九龍坡區	石橋鋪電腦城	電器、通信器材、電子設備市場	4,703	5,888			260	251	1,000		10,000
		合計		11,677,740.48	11,615,263	1,690,076	508,715	134,937	125,216	467,228	39,609,088	42,198,731

說明：①2012年億元市場數比2011年208個共增加60個；②朝天門市場群及馬家岩建材市場群分別算一個，未包含群下市場數。

表8-4 重慶市營業面積萬平方米以上商品交易市場排序表（2012）

序號	區縣	市場名稱	市場類型	占地面積（m²）	營業面積（m²）	其中：倉儲面積	其中：空置面積	固定攤位數（個）	固定經營戶（戶）	固定從業者（人）	交易總額（萬元）2011年	交易總額（萬元）2012年
1	九龍坡區	美每家建材家居廣場	家具、五金及裝飾材料市場（家居）	440,220	500,000			1,872	621	11,200	300,000	490,000
2	渝中區	朝天門市場群	工業消費品綜合市場	70,547	495,600	35,000		16,237	12,325	50,000	2,268,503	2,652,405
3	沙坪壩區	馬家岩建材市場群	家具、五金及裝飾材料市場（建材）	375,000	410,000			2,400	2,120	7,300	1,155,440	1,062,560
4	永川區	中國永川商貿城	工業消費品綜合市場	268,398	400,000			2,000	2,000	5,000	721,060	893,223
5	巴南區	鎧恩國際家居名都	家具、五金及裝飾材料市場（家居）	466,200	356,786			1,656	936	3,000	1,053,885	1,173,000
6	大足區	雙橋雙湖機電市場	生產資料市場（五金機電）	320,160	306,000	122,400	229,500	1,762	266	312		22,300
7	大渡口區	龍文鋼材市場	生產資料市場（鋼材）	225,211	291,105	140,000		866	459	3,672	1,122,815	1,208,732

表8-4(續)

序號	區縣	市場名稱	市場類型	占地面積 (m²)	營業面積 (m²)	其中: 倉儲面積	其中: 空置面積	固定攤位數 (個)	固定經營戶 (戶)	固定從業者 (人)	交易總額 (萬元) 2011年	交易總額 (萬元) 2012年
8	巴南區	重慶西部國際汽車城	汽車、摩托車及零配件市場(新舊車)	346,320	223,420			368	912	4,500	1,011,860	1,286,000
9	江北區	觀音橋農產品批發市場	農產品綜合市場	119,214	216,300			5,147	3,000	20,588	2,336,930	2,177,495
10	巴南區	重慶花木世界	農產品專業市場(花木)	333,000	200,100	42,000		191	191	1,000	503,381	623,000
11	九龍坡區	走馬石材市場(一期)	生產資料市場(石材)	500,000	200,000	137,000		460	400	1,380	60,000	130,000
12	北部新區	重慶汽博中心	汽車、摩托車及零配件市場(新舊車及配件)	290,000	200,000			400	400	5,000	1,690,586	1,701,083
13	北部新區	聚信美家居世紀城	家具、五金及裝飾材料市場(家居)	140,000	200,000		7,000	510	448	1,600	1,600	36,000
14	九龍坡區	綠雲石都建材交易場	生產資料市場(鋼材)	186,851	191,650	133,824		1,000	788	6,148	1,196,208	1,220,794
15	渝北區	國際五金機電城	生產資料市場(五金機電)	120,000	180,000		6,000	700	700	3,000	275,000	305,000
16	榮昌縣	匯宇小商品市場	工業消費品綜合市場	79,920	180,000			1,200	600	2,000		
17	九龍坡區	金科九龍機電城	生產資料市場(五金機電)	150,000	150,000	45,000	15,000	612	450	2,500	160,000	100,000
18	九龍坡區	含谷機床交易中心	生產資料市場(機床)	229,448	150,000	37,000		260	200	2,000	20,000	42,000
19	合川區	義烏小商品批發市場	工業消費品綜合市場	66,667	150,000		3,500	2,892	2,892	6,638	55,600	61,400
20	九龍坡區	恒鑫老頂坡汽摩綜合市場	汽車、摩托車及零配件市場(汽摩配件)	70,000	140,000	10,887		1,450	1,070	8,000	358,400	315,500
21	巴南區	渝南汽車交易場	汽車、摩托車及零配件市場(新舊車)	91,908	133,867	24,511			550	2,600	1,204,386	678,000
22	沙坪壩區	曾家木材市場	生產資料市場(木材)	133,340	120,000	30,000	10,000	850	780	6,000	15,000	23,000
23	榮昌縣	匯宇家居建材市場	家具、五金及裝飾材料市場(建材)	124,542	115,000			680	450	5,500	83,000	120,000
24	南岸區	紅星美凱龍(南坪店)	家具、五金及裝飾材料市場(家居)	33,300	110,000			420	420	3,500	149,744	125,957
25	潼南縣	西南國際燈具城(2期)	家具、五金及裝飾材料市場(燈飾)	166,500	110,000	35,000		320	290	1,200	20,000	30,000
26	九龍坡區	福道鋼材市場	生產資料市場(鋼材)	120,060	100,000			300	168	2,000	300,000	250,000

表8-4(續)

序號	區縣	市場名稱	市場類型	占地面積 (m²)	營業面積 (m²)	倉儲面積	空置面積	固定攤位數 (個)	固定經營戶 (戶)	固定從業者 (人)	交易總額 (萬元) 2011年	交易總額 (萬元) 2012年
27	九龍坡區	灘子口玻璃門窗材料市場	生產資料市場（玻璃）	400,000	100,000			80	60	180	50,000	55,000
28	北部新區	中國西部建材市場	家具、五金及裝飾材料市場（建材）	130,000	100,000		30,000	600	350	1,200		
29	北部新區	紅星美凱龍（江北店）	家具、五金及裝飾材料市場（家居）	60,000	100,000			398	398	300	55,000	71,200
30	墊江縣	重慶溫州商貿城	工業消費品綜合市場	87,300	100,000				800	1,300	578	12,000
31	大足區	雙橋長三角鋼材市場	生產資料市場（鋼材）	166,750	91,400	27,400	54,840	852	131	168		36,200
32	南岸區	南坪醫藥市場	醫藥、醫療用品及器材市場	71,928	90,000	50,000		525	305	20,000	2,304,000	2,412,300
33	涪陵區	新大興農副產品交易中心	農產品綜合市場	65,000	89,000	25,000	2,500	800	300	1,000	160,000	178,012
34	沙坪壩區	金屬材料現貨交易市場	生產資料市場（鋼材）	82,400	82,400	48,000		189	176	986	1,024,445	1,060,147
35	渝北區	三亞灣水產品	農產品專業市場（水產）	131,868	81,562		31,002	264	66	850	23,840	25,650
36	渝中區	家佳喜裝飾市場	家具、五金及裝飾材料市場（建材）	10,000	80,000	30,000	9,000	322	251	700	35,000	28,500
37	大渡口區	杭渝陶瓷市場	家具、五金及裝飾材料市場（建材）	34,127	80,000			448	222	1,200	90,210	86,796
38	北部新區	西部奧特萊斯	工業消費品綜合市場	80,000	78,000			400	400	1,050	75,367	80,000
39	沙坪壩區	重慶巨龍鋼材市場	生產資料市場（鋼材）	99,900	73,260	57,000		355	355	1,775	2,401,000	2,315,630
40	榮昌縣	畜牧產品交易市場	農產品專業市場（畜牧）	195,138	72,000	19,000		390	390	2,400	186,000	160,000
41	渝北區	龍溪中合建材市場	家具、五金及裝飾材料市場（建材）	63,669	72,000		765	675	675	800	71,710	76,310
42	九龍坡區	新世界建材市場	生產資料市場（石材）	110,000	71,000	50,000		560	350	3,368	520,000	620,138
43	合川區	茂田建博城一、二期	家具、五金及裝飾材料市場（建材）	46,669	70,000		2,000	984	984	1,835	12,513	37,158
44	涪陵區	建瑪特（涪陵店）	家具、五金及裝飾材料市場（家居）	67,717	70,000	3,969	3,593	318	227	692	10,000	12,727
45	南岸區	成車市	汽車、摩托車及零配件市場（新車）	7,992	68,920			18	18	1,233	521,887	578,850
46	萬州區	銀河市場	工業消費品綜合市場	12,000	68,000	5,300		930	930	2,000	139,257	148,450

第八章 重慶商品交易市場發展：基於2012年的分析

表8-4(續)

序號	區縣	市場名稱	市場類型	占地面積（m²）	營業面積（m²）	其中：倉儲面積	其中：空置面積	固定攤位數（個）	固定經營戶（戶）	固定從業者（人）	交易總額（萬元）2011年	交易總額（萬元）2012年
47	忠縣	金天門購物城	工業消費品綜合市場	53,743	67,000	7,800		300	300	4,000	25,000	10,704
48	九龍坡區	陳家坪機電市場	生產資料市場（五金機電）	5,500	65,000	4,500		700	700	3,000	251,699	189,466
49	萬州區	小天鵝市場	工業消費品綜合市場	37,800	65,000	10,000		2,500	2,379	4,552	394,597	448,159
50	潼南縣	蔬菜批發市場	農產品專業市場（蔬菜）	128,838	62,000			120	112	300		
51	九龍坡區	恒冠鋼材市場	生產資料市場（鋼材）	121,150	60,294	18,432		670	408	3,500	1,337,700	1,178,609
52	九龍坡區	重慶渝州交易城	生產資料市場（五金機電）	86,000	60,000	2,000		500	1,599	5,486	300,000	320,000
53	九龍坡區	渝洲五金機電城	生產資料市場（五金機電）	47,000	60,000	2,000		800	856	3,000	180,000	170,000
54	九龍坡區	恒勝化工市場	生產資料市場（化工）	40,000	60,000		20,000	1,100	200	500		
55	江北區	居然之家（北濱路店）	家具、五金及裝飾材料市場（家居）	19,980	60,000			314	314	1,200	68,642	69,536
56	江北區	重慶齊祥燈飾批發市場	家具、五金及裝飾材料市場（燈飾）	7,992	60,000			126	126	1,000	4,925	4,925
57	大足區	中國西部模具城	生產資料市場（模具）	114,924	58,600	22,400		380	144	212		
58	大足區	龍水廟金屬市場	生產資料市場（鋼材）	90,080	58,000	12,000		569	569	3,420	222,698	287,509
59	渝中區	城外城燈飾市場	家具、五金及裝飾材料市場（燈飾）	11,500	58,000	20,000		185	200	397	100,000	110,000
60	永川區	農副產品綜合批發市場	農產品綜合市場	118,548	57,500			700	3,000	20,000	139,100	162,000
61	萬州區	光彩大市場	家具、五金及裝飾材料市場（建材）	100,000	57,000	18,000		758	281	832	75,921	105,790
62	九龍坡區	華岩幸松陶瓷市場	家具、五金及裝飾材料市場（建材）	86,710	56,000			78	60	300	65,000	66,000
63	九龍坡區	環球錦標建材交易市場	生產資料市場（石材）	230,000	55,000	30,000		400	380	750		
64	銅梁縣	渝西蛋禽市場	農產品綜合市場		55,000		20,000	30	30	80	3,000	
65	大足區	西部金屬交易城	生產資料市場（鋼材）	66,670	54,000	9,680		381	381	3,606	360,986	420,498
66	大足區	龍水五金旅遊城	生產資料市場（五金機電）	103,465	53,820	44,670		890	890	2,596	310,233	352,908
67	大渡口區	萬噸冷藏物流交易中心	農產品專業市場（凍品）	12,000	53,560			400	364	3,800	1,300,000	1,500,000
68	萬州區	宏遠市場	農產品綜合市場	71,260	52,000	11,000		600	561	2,450	220,931	254,087

表8-4(續)

序號	區縣	市場名稱	市場類型	占地面積 (m²)	營業面積 (m²)	其中:倉儲面積	其中:空置面積	固定攤位數 (個)	固定經營戶 (戶)	固定從業者 (人)	交易總額(萬元) 2011年	交易總額(萬元) 2012年
69	九龍坡區	光華.五金機電城	生產資料市場(五金機電)	49,043	50,000	15,000	3,000	281	200	460	8,330	10,000
70	渝中區	菜園壩農副產品批發市場	農產品綜合市場	50,000	50,000	3,134	150	350	200	600	42,792	151,905
71	渝北區	聚信名家匯	家具、五金及裝飾材料市場(家居)	34,000	50,000			240	240	1,200	70,000	55,000
72	渝中區	菜園壩水果市場	農產品專業市場(果品)	48,000	48,000	14,381		429	2,300	8,000	136,560	201,136
73	江北區	建瑪特(江北店)	家具、五金及裝飾材料市場(家居)	7,992	47,642			416	270	1,000	42,581	41,734
74	江北區	歐亞達家居	家具、五金及裝飾材料市場(家居)	9,990	47,000		9,000	184	147	285	17,644	16,000
75	萬州區	佳信建材市場	家具、五金及裝飾材料市場(建材)	33,330	46,700	12,000	10,000		150	750	21,000	24,150
76	萬州區	鐘鼓樓綜合市場	農產品綜合市場	45,329	46,000	13,876		500	420	590	29,000	30,000
77	渝中區	重慶外灘摩配交易市場	汽車、摩托車及零配件市場(汽摩配件)	45,200	45,200	15,000		715	689	3,630	495,000	488,000
78	璧山縣	西南鞋材交易市場	生產資料市場(皮革)	50,000	45,000	10,000	6,000	450	380	500	450,000	612,500
79	萬州區	雙河口果蔬專業市場	農產品專業市場(蔬菜)	50,000	45,000	5,000		240	180	356		10,500
80	九龍坡區	居然之家(二郎店)	家具、五金及裝飾材料市場(家居)	78,000	45,000			300	282	740		30,000
81	黔江區	宏鉆鋼材市場	生產資料市場(鋼材)	53,000	44,700	24,700	20,000		10	40	23,521	50,050
82	九龍坡區	恒勝鋼材市場	生產資料市場(鋼材)	50,000	42,000	16,000		280	225	1,130	834,685	721,217
83	江北區	燈巢家居	家具、五金及裝飾材料市場(家居)	9,990	40,377			45	45	135	3,669	3,669
84	長壽區	關口市場	農貿市場		40,168				534	2,913	21,326	25,390
85	豐都縣	(恒都)肉牛交易中心	農產品專業市場(畜牧)	100,000	40,000			500	500	830		3,000
86	九龍坡區	八益建材市場	家具、五金及裝飾材料市場(建材)	10,000	40,000			400	300	3,000	17,600	30,000
87	南岸區	好百年家居廣場	家具、五金及裝飾材料市場(家居)	20,000	40,000	2,000		50	50	300	1,000	1,100
88	渝中區	渝欣電器市場	電器、通信器材、電子設備市場	50,000	40,000	2,000	2,000	580	560	1,200	120,000	122,000

表8-4(續)

序號	區縣	市場名稱	市場類型	占地面積（m²）	營業面積（m²）	其中:倉儲面積	其中:空置面積	固定攤位數（個）	固定經營戶（戶）	固定從業者（人）	交易總額（萬元）2011年	交易總額（萬元）2012年
89	江北區	東方燈飾廣場	家具、五金及裝飾材料市場（燈飾）	11,322	39,000			250	232	685	12,078	17,930
90	萬州區	萬州商貿城	工業消費品綜合市場	10,000	39,000	2,500		884	884	3,410	263,245	376,440
91	大足區	龍水花市街市場	生產資料市場（五金機電）	146,740	38,500			1,335	1,335	6,390	101,817	149,196
92	渝中區	菜園壩休閒娛樂品市場	工業消費品綜合市場	38,000	38,000	10,615	1,850	39	34	600	34,016	45,066
93	大足區	大足龍水五金市場	生產資料市場（五金機電）	53,360	37,860			1,992	1,992	6,084	254,062	327,540
94	奉節縣	夔州綜合交易市場	工業消費品綜合市場	19,531	37,825	3,845	1,836	521	521	1,554	16,775	18,972
95	大足區	福源裝飾材料市場	家具、五金及裝飾材料市場（建材）	42,160	36,800	18,600		356	356	890	31,675	38,602
96	潼南縣	朝天門金海洋潼南分市場	工業消費品綜合市場	28,638	36,000	5,800	8,000	430	400	842	12,000	15,000
97	開縣	呂氏春秋商貿城	工業消費品綜合市場	26,640	36,000			360	359	996	67,200	67,500
98	涪陵區	鋼材市場	生產資料市場（鋼材）	62,000	35,000		20,000	130	109	530	35,126	39,159
99	潼南縣	八角廟農貿市場	農貿市場		35,000				708	1,421	29,486	38,330
100	黔江區	武陵山家居市場	家具、五金及裝飾材料市場（家居）	17,982	35,000	3,000	743	150	127	1,100	34,247	50,731
101	大渡口區	義烏商貿城	工業消費品綜合市場	12,000	35,000	2,400	2,800	1,300	1,010	3,300	18,000	19,000
102	渝中區	大坪新浪通信市場	電器、通信器材、電子設備市場	25,000	35,000	700	350	475	454	1,200	200,708	260,000
103	九龍坡區	佰騰數碼廣場	電器、通信器材、電子設備市場	7,000	35,000	7,000		435	400	3,100	236,000	220,000
104	涪陵區	合智商業廣場	紡織、服裝、鞋帽市場	3,600	34,800	3,800		710	620	1,710	125,400	135,768
105	璧山縣	蒲元木材市場	生產資料市場（木材）	33,333	33,333			204	186	370	4,500	5,400
106	石柱縣	富林木材交易市場	生產資料市場（木材）	53,280	33,300	13,320	6,660	30	26	125		250
107	萬州區	凱盛汽車交易市場	汽車、摩托車及零配件市場（新車）	100,000	33,000				34	100	103,819	141,435
108	南川區	美佳美建材市場	家具、五金及裝飾材料市場（建材）	41,000	33,000	6,000		178	178	535		35,000
109	秀山縣	武陵副食品批發市場	食品飲料及菸酒市場	20,010	30,000			215	120	150		700

表8-4(續)

序號	區縣	市場名稱	市場類型	占地面積 (m²)	營業面積 (m²)	倉儲面積	空置面積	固定攤位數 (個)	固定經營戶 (戶)	固定從業者 (人)	交易總額 (萬元) 2011年	2012年
110	渝中區	菜園壩皮革市場	生產資料市場(皮革)	30,000	30,000	2,422		436	436	1,476	45,253	52,099
111	九龍坡區	藍谷黑駿汽摩城	汽車、摩托車及零配件市場(汽摩配件)	30,000	30,000			200	200	400		
112	渝北區	酒店用品採購基地一期	其他專業市場(酒店用品)	10,000	30,000	6,000		168	150	1,000		20,000
113	北部新區	龍湖MOCO家居生活館	家具、五金及裝飾材料市場(家居)	16,000	30,000				78	300		12,000
114	北部新區	禧納都家居廣場	家具、五金及裝飾材料市場(家居)	13,000	30,000			35	35	70		1,000
115	涪陵區	南門山地下商場	工業消費品綜合市場	30,000	30,000			382	382	645	15,000	17,800
116	涪陵區	興華路地下商場	工業消費品綜合市場	30,000	30,000			468	468	593	10,000	11,800
117	豐都縣	宏聲商業廣場	紡織、服裝、鞋帽市場	17,000	30,000			500	500	800	18,000	2,000
118	渝北區	龍溪建材大廈	家具、五金及裝飾材料市場(建材)	8,671	29,000			249	249	750	12,039	17,290
119	江北區	重慶茶葉批發市場	農產品專業市場(茶葉)	100,000	28,000			206	200	1,370	22,000	25,000
120	墊江縣	渝東建材市場	家具、五金及裝飾材料市場(建材)	54,027	27,160			286	326	1,150	43,000	33,500
121	忠縣	中博世界城	工業消費品綜合市場	4,670	27,104		16,000	450	120	360	4,000	4,500
122	沙坪壩區	馬家岩二手車交易市場	汽車、摩托車及零配件市場(舊車)	26,640	26,640			100	89	220	38,479	46,922
123	銅梁縣	巴川東門建材市場	家具、五金及裝飾材料市場(建材)	26,000	26,000	4,000		108	410	732	38,652	42,440
124	九龍坡區	高新機電批發配送中心	生產資料市場(五金機電)	12,000	25,000	8,000		216	167	2,500	165,000	142,000
125	綦江區	居瑪特建材市場	家具、五金及裝飾材料市場(建材)	6,500	25,000	500	200	129	55	500	12,236	13,652
126	九龍坡區	沛鑫汽摩城	汽車、摩托車及零配件市場(汽摩配件)	23,000	24,100			350	300	500	12,600	11,000
127	九龍坡區	金冠捷來五金機電市場	生產資料市場(五金機電)	6,660	24,000	2,000		173	170	900	235,000	250,400
128	永川區	奧渝家博城	家具、五金及裝飾材料市場(家居)	37,000	23,200			60	80	300	12,422	16,983

表8-4(續)

序號	區縣	市場名稱	市場類型	占地面積（m²）	營業面積（m²）	其中：倉儲面積	其中：空置面積	固定攤位數（個）	固定經營戶（戶）	固定從業者（人）	交易總額（萬元）2011年	交易總額（萬元）2012年
129	九龍坡區	港灣鋼材市場	生產資料市場（鋼材）	42,000	21,000			200	200	600		
130	南岸區	南坪舊車市場	汽車、摩托車及零配件市場（舊車）	20,979	21,000			53	72	3,000	82,376	91,255
131	江北區	望海花市	農產品專業市場（花木）	19,980	21,000			330	1,150			
132	西陽縣	怡豪國際建材裝飾城	家具、五金及裝飾材料市場（建材）	20,600	20,600			50	46	118	10,500	12,300
133	江北區	銀鑫市場	農產品綜合市場	9,857	20,400			293	341			
134	黔江區	機動車交易市場	汽車、摩托車及零配件市場（新車）	37,962	20,000	6,000		17		130	54,890	74,153
135	綦江區	江輝汽車交易市場	汽車、摩托車及零配件市場（新車）	8,000	20,000			50	50	120	15,000	18,000
136	南岸區	西部美博城	其他專業市場（美容美髮用品）	23,544	20,000		4,000	120	70	200		15,000
137	南岸區	正揚大市場	農產品綜合市場	9,990	20,000	1,100		1,200	1,200	4,500	119,617	185,623
138	璧山縣	興友農副產品市場	農產品綜合市場	29,000	20,000	16,000		710	710	800		10,000
139	萬州區	糧油批發市場	農產品專業市場（糧油）	22,000	20,000			150	150	400	22,000	22,500
140	九龍坡區	石生國際茶城	農產品專業市場（茶葉）	10,000	20,000	4,000		350	155	465		
141	沙坪壩區	欣陽裝飾城	家具、五金及裝飾材料市場（建材）	21,600	20,000			160		120	4,150	5,100
142	沙坪壩區	沙龍家具廣場	家具、五金及裝飾材料市場（家居）	19,520	20,000			80	100		7,630	6,490
143	璧山縣	金三角家具市場	家具、五金及裝飾材料市場（家居）	25,000	20,000			30	30	80	10,000	10,000
144	梁平縣	雙桂小商品市場	工業消費品綜合市場	21,000	20,000	1,000		600	600	1,200	20,000	24,000
145	合川區	合陽辦蟠龍路市場	菜市場		20,000	1,500	1,100	2,000	1,845	4,400	23,650	26,173
146	南岸區	江南裝飾	家具、五金及裝飾材料市場（建材）	3,996	19,700			210	210	500	22,000	19,500
147	南岸區	南坪燈飾廣場	家具、五金及裝飾材料市場（燈飾）	25,974	19,068	5,644		89	89	420	39,882	44,218
148	九龍坡區	盛吉汽配新城	汽車、摩托車及零配件市場（汽摩配件）	40,000	19,041	6,900		300	300	510	33,000	31,000

表8-4(續)

序號	區縣	市場名稱	市場類型	占地面積 (m²)	營業面積 (m²)	倉儲面積	空置面積	固定攤位數 (個)	固定經營戶 (戶)	固定從業者 (人)	交易總額(萬元) 2011年	2012年
149	璧山縣	丁家辣椒市場	農產品專業市場(蔬菜)	22,000	19,000	10,000		39	39	80	8,000	8,200
150	南岸區	楓天裝飾	家具、五金及裝飾材料市場(建材)	24,975	19,000	1,800		125	125	800	420	486
151	北碚區	雄風義烏商貿城	工業消費品綜合市場	5,867	19,000			650	600	600	1,050	1,100
152	九龍坡區	金尊機電市場	生產資料市場(五金機電)	20,000	18,000			800	800	1,600		
153	渝中區	永緣汽車裝飾市場	汽車、摩托車及零配件市場(用品)	13,000	18,000	2,000		124	130	2,000	57,600	60,000
154	北碚區	天生綜合批發市場	農產品綜合市場	83,204	18,000			880	880	1,760	12,803	11,900
155	萬州區	中天廣場裝飾城	家具、五金及裝飾材料市場(建材)	6,000	18,000	200		65	65	456	7,000	11,000
156	九龍坡區	建瑪特(楊家坪店)	家具、五金及裝飾材料市場(家居)	4,743	18,000			464	504	1,690	75,419	30,000
157	九龍坡區	百腦匯	電器、通信器材、電子設備市場	1,878.48	17,941	570		441	433	2,000	70,000	60,000
158	秀山縣	渝東南迎賀批發市場	工業消費品綜合市場	26,640	17,880	4,000		454	454	1,359	32,556	52,936
159	開縣	騰龍建材城	家具、五金及裝飾材料市場(建材)	19,980	17,850			120	113	548	10,600	11,600
160	奉節縣	白帝市場	農產品綜合市場	9,623	17,213	1,847	517	593	593	1,187	16,837	18,965
161	渝北區	萬降小商品批發市場	食品飲料及菸酒市場	18,676	17,000	5,000		327	327	700	110,000	120,000
162	永川區	農機市場	生產資料市場(農機)	18,900	17,000			53	53	81	2,650	3,100
163	渝北區	華友綜合市場	家具、五金及裝飾材料市場(建材)	7,000	17,000	2,100	1,000	300	100	200	10,000	15,000
164	黔江區	白家灣蔬菜批發市場	農產品專業市場(蔬菜)	32,634	16,300	12,000		150	140	420	25,000	22,008
165	南岸區	渝能汽配	汽車、摩托車及零配件市場(汽摩配件)	17,968	16,185	1,000	715	340	340	1,000	1,000	1,250
166	江津區	幾江農貿市場	菜市場	17,962	16,165	162		593	593	1,279	48,638	54,022
167	九龍坡區	石龍木材市場	生產資料市場(木材)	30,000	16,025			40	36	260		
168	永川區	東科家具城	家具、五金及裝飾材料市場(家居)	8,000	16,000			115	36	240	4,600	5,146
169	黔江區	顧邦家居購物廣場	家具、五金及裝飾材料市場(家居)	6,660	16,000	5,000		30	15	80		21,073

第八章 重慶商品交易市場發展：基於2012年的分析

表8-4(續)

序號	區縣	市場名稱	市場類型	占地面積 (m²)	營業面積 (m²)	其中:倉儲面積	其中:空置面積	固定攤位數 (個)	固定經營戶 (戶)	固定從業者 (人)	交易總額 (萬元) 2011年	交易總額 (萬元) 2012年
170	墊江縣	墊江南門精品建材城	家具、五金及裝飾材料市場(家居)	9,155	16,000	3,000	300	160	60	120	9,000	9,500
171	合川區	南津街綜合菜市場	菜市場		16,000			768	586	960	22,898	25,034
172	渝中區	中興塑料市場	工業消費品綜合市場	22,531	15,572	1,100		879	700	1,490	147,461	144,045
173	開縣	開州大市場	農貿市場	11,655	15,000			235	580	1,306	39,600	39,700
174	永川區	雙川禽苗交易中心	農產品綜合市場	33,300	15,000			500	500	636	31,130	36,636
175	九龍坡區	太慈農副產品批發市場	農產品綜合市場	22,545	15,000			600	520	850	75,000	12,780
176	萬州區	三峽蔬菜批發市場	農產品專業市場(蔬菜)	20,000	15,000			60	60	200	43,000	45,000
177	九龍坡區	九龍坡蔬菜批發市場	農產品專業市場(蔬菜)	36,000	15,000	7,500		180	140	200	39,750	42,000
178	銅梁縣	家樂匯建材市場	家具、五金及裝飾材料市場(建材)	33,000	15,000	6,000	1,000	150	130	200	8,000	14,912
179	南岸區	建瑪特(南坪店)	家具、五金及裝飾材料市場(家居)	16,789	15,000	2,000		154	154	510	6,000	5,017
180	開縣	渝東大市場	工業消費品綜合市場	8,991	15,000			300	293	654	86,000	54,885
181	渝中區	雅蘭電子城	電器、通信器材、電子設備市場	3,500	15,000		120	420	385	760	23,885	25,036
182	永川區	家電批發市場	電器、通信器材、電子設備市場	15,000	15,000			35	25	228	63,970	25,736
183	石柱縣	藏經寺菜市場	菜市場	12,654	14,574	8,306		220	245	1,050	36,600	39,800
184	梁平縣	新合農產品綜合交易市場	農產品綜合市場	15,000	14,500	3,500		180	180	400	45,000	54,000
185	萬州區	三峽中藥城	醫藥、醫療用品及器材市場	11,330	14,100	10,320		28		150	78,000	84,396
186	墊江縣	澄溪木材市場	生產資料市場(木材)	56,690	14,000			120	108	180	80,000	45,000
187	長壽區	鳳城菜市場	菜市場	14,000	14,000			470	853	2,800	28,088	34,435
188	九龍坡區	楊家坪農貿市場	菜市場		13,581			307	518	1,204	37,298	42,300
189	北碚區	維風建材城	家具、五金及裝飾材料市場(建材)	13,261	13,260			70	20	20	10	250
190	江津區	城南建材交易市場	家具、五金及裝飾材料市場(建材)	15,471	13,023	1,025		361	357	1,071	57,860	62,893
191	大足區	城區瀼渡菜市場	菜市場	3,140	13,020	8,000	4,260	125	90	282	12,880	13,940

表8-4(續)

序號	區縣	市場名稱	市場類型	占地面積 (m²)	營業面積 (m²)	倉儲面積	空置面積	固定攤位數 (個)	固定經營戶 (戶)	固定從業者 (人)	交易總額 (萬元) 2011年	交易總額 (萬元) 2012年
192	江津區	珞璜綜合交易市場	農貿市場	13,320	13,000	1,000		350	645	1,300	24,000	13,000
193	渝中區	西三街水產品市場	農產品專業市場（水產）	16,000	13,000		100	530	450	1,500	550,000	850,000
194	渝北區	渝航商場	紡織、服裝、鞋帽市場	2,500	13,000			320	320	350	700	500
195	巫山縣	平湖市場	菜市場	16,650	13,000	1,200		220	220	750	10,900	12,500
196	忠縣	巨龍偉業	家具、五金及裝飾材料市場（建材）	4,000	12,800	700		45	43	180	6,000	7,000
197	長壽區	協信家具城	家具、五金及裝飾材料市場（家居）	6,400	12,800	2,000		260	66	237	49,856	55,000
198	綦江區	打通鎮農貿市場	農貿市場	12,500	12,500	2,000		422	422	803	25,000	25,532
199	涪陵區	楓雲居家具城	家具、五金及裝飾材料市場（家居）	12,500	12,500			52	36	62	2,000	2,500
200	大渡口區	四三六鋼材市場	生產資料市場（鋼材）	36,800	12,400			107	107	300	700,000	600,000
201	九龍坡區	賽博數碼廣場（石橋鋪店）	電器、通信器材、電子設備市場	4,830	12,376	151		250	237	1,432	17,000	18,600
202	長壽區	石堰市場（服裝為主）	工業消費品綜合市場	6,100	12,050	2,500	0	460	380	1,148	6,845	7,000
203	大足區	龍水商貿市場	農產品綜合市場	14,674	12,030			461	461	1,374	22,684	25,700
204	江北區	重慶書刊交易市場	文化用品市場	50,000	12,000			135	380	945	65,000	66,000
205	九龍坡區	吉星閒置設備物流市場	生產資料市場（機床）	13,000	12,000	3,000		226	20	100		
206	江津區	楊家店花椒市場	農產品專業市場（蔬菜）	23,310	12,000	3,500		85	20	56	80,000	70,000
207	永川區	天驕銀座裝飾城	家具、五金及裝飾材料市場（建材）	5,000	12,000			56	60	219	12,000	12,500
208	涪陵區	中天裝飾廣場	家具、五金及裝飾材料市場（建材）	12,000	12,000			115	74	120	8,000	9,500
209	渝中區	女人廣場	工業消費品綜合市場	4,000	12,000	3,600	700	200	150	510	30,050	31,000
210	梁平縣	名豪服裝城	紡織、服裝、鞋帽市場	13,400	12,000	1,000		110	110	450	12,000	14,400
211	九龍坡區	泰興電腦城石橋鋪總店	電器、通信器材、電子設備市場	37,800	12,000	2,300		500	500	2,500	351,000	328,164

第八章 重慶商品交易市場發展：基於2012年的分析 | 139

表8-4(續)

序號	區縣	市場名稱	市場類型	占地面積 (m²)	營業面積 (m²)	其中: 倉儲面積	其中: 空置面積	固定攤位數 (個)	固定經營戶 (戶)	固定從業者 (人)	交易總額 (萬元) 2011年	交易總額 (萬元) 2012年
212	江北區	賽博數碼廣場江北店	電器、通信器材、電子設備市場	3,330	12,000			350	281	480	60,942	83,470
213	江北區	泰興世界	電器、通信器材、電子設備市場	5,328	11,968			128	125	1,266	33,352	36,648
214	綦江縣	萬新農貿市場	農貿市場		11,902			1,067	985	1,697	13,102	19,912
215	酉陽縣	鐘靈山標準化菜市場	菜市場	1,500	11,700			300	300	1,000	27,500	12,000
216	奉節縣	夔府第一市	工業消費品綜合市場	6,382	11,568	1,871	398	433	433	858	15,411	17,446
217	南岸區	山河汽配	汽車、摩托車及零配件市場（汽摩配件）	4,542	11,000		3,500	100	70	150	5,415	6,872
218	榮昌縣	吳家農貿市場	農貿市場	11,000	11,000			529	485	760	20,000	24,000
219	渝中區	中興路舊貨交易市場	舊貨市場	3,000	11,000			318	300	750	9,000	10,000
220	銅梁縣	龍城鎧恩家具城	家具、五金及裝飾材料市場（家居）	11,000	11,000	1,200		1	1	40	520	800
221	南川區	東方市場	工業消費品綜合市場	12,000	11,000	2,000		190	190	438	12,000	18,000
222	武隆縣	紅豆菜市場	菜市場	11,000	11,000	1,500	800	750	610	740	32,440	37,500
223	梁平縣	雙桂農貿市場	農貿市場	12,000	10,760	1,300	500	455	400	1,500	16,000	19,200
224	綦江區	河東市場	農產品綜合市場	2,523	10,600	300		640	582	835	25,000	31,500
225	南岸區	天生菜市場	菜市場	2,997	10,576	3,700	2,000	345	130	280	5,000	6,200
226	江津區	白沙綜合交易市場	農產品綜合市場	1,300	10,500			350	350	700	33,700	45,000
227	沙坪壩區	賽博數碼廣場	電器、通信器材、電子設備市場	10,500	10,500				135	850	6,966	5,440
228	巫山縣	神女市場	菜市場	9,990	10,500	1,500	70	320	290	980	12,500	13,800
229	璧山縣	向陽菜市場	菜市場	12,000	10,500			262	262	400	12,000	24,650
230	九龍坡區	有色金屬市場	生產資料市場（鋼材）	33,022	10,307	10,041		15	15	25	100,000	130,000
231	南岸區	衛國路菜市場	菜市場	2,997	10,168			350	300	378	4,200	6,320
232	大渡口區	九宮廟農貿市場	菜市場		10,149		1,000	500	250	360		
233	墊江縣	北門綜合市場	工業消費品綜合市場	6,130	10,125	3,000	5,552	370	250	500	11,000	13,000
234	豐都縣	朝華公園批發於酒市場	食品飲料及菸酒市場	12,000	10,000			200	200	500	2,000	2,200
235	九龍坡區	西站機電市場	生產資料市場（五金機電）	16,000	10,000			400	360	882	12,200	13,398
236	涪陵區	展宏舊車交易市場	汽車、摩托車及零配件市場（舊車）	10,000	10,000			25	15	81	22,472	26,501

表8-4(續)

序號	區縣	市場名稱	市場類型	占地面積 (m²)	營業面積 (m²)	其中：倉儲面積	空置面積	固定攤位數 (個)	固定經營戶 (戶)	固定從業者 (人)	交易總額 (萬元) 2011年	2012年
237	渝北區	酒總酒店設備市場	其他專業市場(酒店用品)	7,600	10,000			48	48	420		11,859
238	南川區	水江農貿市場	農貿市場	11,000	10,000			780	546	1,100		11,010
239	合川區	二郎鎮綜合農貿市場	農貿市場		10,000	2,200	3,000	310	315	730	22,095	13,874
240	長壽區	葛蘭農貿綜合市場	農貿市場	10,500	10,000		2,500	724	85	180	22,300	29,830
241	萬州區	瑞池草食性畜交易市場	農產品綜合市場	6,600	10,000			24	200	280	12,000	13,000
242	江津區	小宮山商品交易市場	農產品綜合市場	10,000	10,000	7,000		435	300	320	1,050	1,180
243	璧山縣	農貿批發市場	農產品綜合市場		10,000			360		50		
244	永川區	騰龍裝飾城	家具、五金及裝飾材料市場(建材)	6,000	10,000			46	46	128	18,000	22,500
245	涪陵區	金凱裝飾城	家具、五金及裝飾材料市場(建材)	3,000	10,000	240		62	62	220	18,389	18,788
246	涪陵區	福滿堂裝飾城	家具、五金及裝飾材料市場(建材)	15,000	10,000	500	1,000	100	80	200	11,898	14,608
247	豐都縣	名山路家居裝飾材料市場	家具、五金及裝飾材料市場(建材)	12,000	10,000			100		200	8,000	8,100
248	涪陵區	囤廟市場	工業消費品綜合市場	10,000	10,000			1,200	945	2,300	18,800	21,600
249	渝中區	學田灣農貿市場	菜市場		10,000	3,000		787	550	1,300	102,359	64,325
		合計		12,655,830	1,725,843	616,821	124,642	112,540	440,461	38,334,324	40,666,284

說明：①萬平方米市場2012年總數249個，比2011年218個增加31個；②朝天門市場群及馬家岩建材市場群分別算一個，未包含群下市場數。

表8-5 重慶市交易額億元及萬平方米以上工業消費品交易市場排序表（2012）

序號	區縣	市場名稱	占地面積 (m²)	營業面積 (m²)	其中：倉儲面積	空置面積	固定攤位數 (個)	固定經營戶 (戶)	固定從業者 (人)	交易總額 (萬元) 2011年	2012年
1	渝中區	朝天門市場群	70,547	495,600	35,000		16,237	12,325	50,000	2,268,503	2,652,405
2	南岸區	南坪醫藥市場	71,928	90,000	50,000		525	305	20,000	2,304,000	2,412,300
3	巴南區	鎧恩國際家居名都	466,200	356,786			1,656	936	3,000	1,053,885	1,173,000
4	沙坪壩區	馬家岩建材市場群	375,000	410,000			2,400	2,120	7,300	1,155,440	1,062,560
5	永川區	中國永川商貿城	268,398	400,000			2,000	2,000	5,000	721,060	893,223
6	九龍坡區	美每家建材家居廣場	440,220	500,000			1,872	621	11,200	300,000	490,000
7	萬州區	小天鵝市場	37,800	65,000	10,000		2,500	2,379	4,552	394,597	448,159

第八章 重慶商品交易市場發展：基於2012年的分析

表8-5(續)

序號	區縣	市場名稱	占地面積 (m²)	營業面積 (m²)	其中：倉儲面積	其中：空置面積	固定攤位數 (個)	固定經營戶 (戶)	固定從業者 (人)	交易總額(萬元) 2011年	交易總額(萬元) 2012年
8	萬州區	萬州商貿城	10,000	39,000	2,500		884	884	3,410	263,245	376,440
9	九龍坡區	泰興電腦城石橋鋪總店	37,800	12,000	2,300		500	500	2,500	351,000	328,164
10	渝中區	大坪新浪通信市場	25,000	35,000	700	350	475	454	1,200	200,708	260,000
11	九龍坡區	佰騰數碼廣場	7,000	35,000	7,000		435	400	3,100	236,000	220,000
12	萬州區	銀河市場	12,000	68,000	5,300		930	930	2,000	139,257	148,450
13	渝中區	中興塑料市場	22,531	15,572	1,100		879	700	1,490	147,461	144,045
14	涪陵區	合智商業廣場	3,600	34,800	3,800		710	620	1,710	125,400	135,768
15	南岸區	紅星美凱龍(南坪店)	33,300	110,000			420	420	3,500	149,744	125,957
16	渝中區	渝欣電器市場	50,000	40,000	2,000	2,000	580	560	1,200	120,000	122,000
17	榮昌縣	匯宇家居建材市場	124,542	115,000			680	450	5,500	83,000	120,000
18	渝中區	城外城燈飾市場	11,500	58,000	20,000		185	200	397	100,000	110,000
19	萬州區	光彩大市場	100,000	57,000	18,000		758	281	832	75,921	105,790
20	大渡口區	杭渝陶瓷市場	34,127	80,000			448	222	1,200	90,210	86,796
21	萬州區	三峽中藥城	11,330	14,100	10,320		28		150	78,000	84,396
22	江北區	賽博數碼廣場(江北店)	3,330	12,000			350	281	480	60,942	83,470
23	北部新區	西部奧特萊斯	80,000	78,000			400	400	1,050	75,367	80,000
24	渝北區	龍溪中合建材市場	63,669	72,000		765	675	675	800	71,710	76,310
25	北部新區	紅星美凱龍(江北店)	60,000	100,000			398	398	300	55,000	71,200
26	江北區	居然之家(北濱路店)	19,980	60,000			314	314	1,200	68,642	69,536
27	開縣	呂氏春秋商貿城	26,640	36,000			360	359	996	67,200	67,500
28	江北區	重慶書刊交易市場	50,000	12,000			135	380	945	65,000	66,000
29	九龍坡區	華岩幸松陶瓷市場	86,710	56,000			78	60	300	65,000	66,000
30	江津區	城南建材交易市場	15,471	13,023	1,025		361	357	1,071	57,860	62,893
31	合川區	義烏小商品批發市場	66,667	150,000		3,500	2,892	2,892	6,638	55,600	61,400
32	九龍坡區	百腦匯	1,878.48	17,941	570		441	433	2,000	70,000	60,000
33	銅梁縣	飛龍消費品市場	7,500	7,500	800		600	1,180	2,006	51,336	58,112
34	渝北區	聚信名家匯	34,000	50,000			240	240	1,200	70,000	55,000
35	長壽區	協信家具城	6,400	12,800	2,000		260	66	237	49,856	55,000
36	開縣	渝東大市場	8,991	15,000			300	293	654	86,000	54,885
37	秀山縣	渝東南邊貿批發市場	26,640	17,880	4,000		454	454	1,359	32,556	52,936
38	黔江區	武陵山家居市場	17,982	35,000	3,000	743	150	127	1,100	34,247	50,731
39	九龍坡區	太平洋安防市場	1,100	8,000	1,500		345	187	476	50,000	50,000

表8-5(續)

序號	區縣	市場名稱	占地面積 (m²)	營業面積 (m²)	其中：倉儲面積	空置面積	固定攤位數 (個)	固定經營戶 (戶)	固定從業者 (人)	交易總額 (萬元) 2011年	2012年
40	渝中區	菜園壩休閒娛樂品市場	38,000	38,000	10,615	1,850	39	34	600	34,016	45,066
41	南岸區	南坪燈飾廣場	25,974	19,068	5,644		89	89	420	39,882	44,218
42	銅梁縣	巴川東門建材市場	26,000		4,000		108	410	732	38,652	42,440
43	江北區	建瑪特（江北店）	7,992	47,642			416	270	1,000	42,581	41,734
44	大足區	福源裝飾材料市場	42,160	36,800	18,600		356	356	890	31,675	38,602
45	合川區	茂田建博城一、二期	46,669	70,000		2,000	984	984	1,835	12,513	37,158
46	江北區	泰興e世界	5,328	11,968			128	125	1,266	33,352	36,648
47	北部新區	聚信美家居世紀城	140,000	200,000		7,000	510	448	1,600	1,600	36,000
48	南川區	美佳美建材市場	41,000	33,000	6,000		178	178	535		35,000
49	墊江縣	渝東建材市場	54,027	27,160			286	326	1,150	43,000	33,500
50	渝中區	女人廣場	4,000	12,000	3,600	700	200	150	510	30,050	31,000
51	酉陽縣	鑫鑫市場	2,550	5,100			150	139	225	29,800	31,000
52	九龍坡區	八益建材市場	10,000	40,000			400	300	3,000	17,600	30,000
53	九龍坡區	居然之家（二郎店）	78,000	45,000			300	282	740		30,000
54	九龍坡區	建瑪特（楊家坪店）	4,743	18,000			464	504	1,690	75,419	30,000
55	潼南縣	西南國際燈具城（2期）	166,500	110,000	35,000		320	290	1,200	30,000	30,000
56	渝中區	家佳喜裝飾市場	10,000	80,000	30,000	9,000	322	251	700	35,000	28,500
57	永川區	家電批發市場	15,000	15,000			35	25	228	63,970	25,736
58	渝中區	鷗鵬電子市場	5,500	6,800	100		120	50	110	25,000	25,500
59	渝中區	雅蘭電子城	3,500	15,000		120	420	385	760	23,885	25,036
60	萬州區	泰興萬州通信電腦城	4,000	6,000	1,000		136	110	350	20,000	25,018
61	墊江縣	桂東小商品批發市場	6,665	6,000			200	120	500	20,000	24,424
62	萬州區	佳信建材市場	33,330	46,700	12,000	10,000		150	750	21,000	24,150
63	梁平縣	雙桂小商品市場	21,000	20,000	1,000		600	600	1,200	20,000	24,000
64	渝中區	儲奇門中藥材批發市場	2,500	9,700	2,500		400	230	465	20,000	23,000
65	永川區	騰龍裝飾城	6,000	10,000			46	46	128	18,000	22,500
66	涪陵區	關廟市場	10,000	10,000			1,200	945	2,300	18,800	21,600
67	黔江區	顧邦家居購物廣場	6,660	16,000	5,000		30	15	80		21,073
68	渝北區	酒店用品採購基地一期	10,000	30,000	6,000		168	150	1,000		20,000
69	南岸區	江南裝飾	3,996	19,700			210	210	500	22,000	19,500
70	大渡口區	義烏商貿城	12,000	35,000	2,400	2,800	1,300	1,010	3,300	18,000	19,000
71	奉節縣	夔州綜合交易市場	19,531	37,825	3,845	1,836	521	521	1,554	16,775	18,972
72	涪陵區	金凱裝飾城	3,000	10,000	240		62	62	220	18,389	18,788
73	九龍坡區	賽博數碼廣場（石橋鋪店）	4,830	12,376	151		250	237	1,432	17,000	18,600

第八章　重慶商品交易市場發展：基於2012年的分析　143

表8-5(續)

序號	區縣	市場名稱	占地面積 (m²)	營業面積 (m²)	其中：倉儲面積	其中：空置面積	固定攤位數 (個)	固定經營戶 (戶)	固定從業者 (人)	交易總額 (萬元) 2011年	交易總額 (萬元) 2012年
74	南川區	東方市場	12,000	11,000	2,000		190	190	438	12,000	18,000
75	江北區	東方燈飾廣場	11,322	39,000			250	232	685	12,078	17,930
76	涪陵區	南門山地下商場	30,000	30,000			382	382	645	15,000	17,800
77	奉節縣	夔府第一市	6,382	11,568	1,871	398	433	433	858	15,411	17,446
78	渝北區	龍溪建材大廈	8,671	29,000			249	249	750	12,039	17,290
79	永川區	奧韻家博城	37,000	23,200			60	80	300	12,422	16,983
80	江北區	歐亞達家居	9,990	47,000		9,000	184	147	285	17,644	16,000
81	渝中區	新華家電市場	1,800	3,500	15,000		50	50	120	15,000	16,000
82	秀山縣	愛源鳳翔商業城	13,320	9,800	2,000		363	363	776	15,685	15,875
83	南岸區	西部美博城	23,544	20,000		4,000	120	70	200	/	15,000
84	渝北區	華友綜合市場	7,000	17,000	2,100	1,000	300	100	200	10,000	15,000
85	潼南縣	朝天門金海洋潼南分市場	28,638	36,000	5,800	8,000	430	400	842	12,000	15,000
86	銅梁縣	家樂匯建材市場	33,000	15,000	6,000	1,000	150	130	200	8,000	14,912
87	涪陵區	福滿堂裝飾城	15,000	10,000	500	1,000	100	80	200	11,898	14,608
88	梁平縣	名豪服裝城	13,400	12,000	1,000		110	110	450	12,000	14,400
89	綦江區	居瑪特建材市場	6,500	25,000	500	200	129	55	500	12,236	13,652
90	墊江縣	北門綜合市場	6,130	10,125	3,000	5,552	370	250	500	11,000	13,000
91	涪陵區	建瑪特(涪陵店)	67,717	70,000	3,969	3,593	318	227	692	10,000	12,727
92	永川區	天驕銀座裝飾城	5,000	12,000			56	60	219	12,000	12,500
93	合川區	客運中心綜合批發市場	3,334	4,450		168	166	168	820	12,000	12,500
94	酉陽縣	怡豪國際建材裝飾城	20,600	20,600			50	46	118	10,500	12,300
95	北部新區	龍湖MOCO家居生活館	16,000	30,000				78	300		12,000
96	黔江區	金三角日雜品市場	2,800	2,400	1,000		70	50	100	9,000	12,000
97	墊江縣	重慶溫州商貿城	87,300	100,000			800	1,300	578	12,000	12,000
98	渝北區	酒總酒店設備市場	7,600	10,000			48	48	420		11,859
99	涪陵區	興華路地下商場	30,000	30,000			468	468	593	10,000	11,800
100	開縣	騰龍建材城	19,980	17,850			120	113	548	10,600	11,600
101	奉節縣	王家坪家具市場	6,359	5,236	589	167	136	136	351	10,032	11,387
102	奉節縣	夔州裝飾建材城	6,295	5,361	610	185	139	139	367	10,521	11,328
103	萬州區	中天廣場裝飾城	6,000	18,000	200		65	65	456	7,000	11,000
104	忠縣	金天門購物城	53,743	67,000	7,800		300	300	4,000	25,000	10,704
105	渝中區	中興路舊貨交易場	3,000	11,000			318	300	750	9,000	10,000
106	璧山縣	金三角家具市場	25,000	20,000			30	30	80	10,000	10,000
107	九龍坡區	石橋鋪電腦城	4,703	5,888			260	251	1,000		10,000

144 商品交易市場發展論

表8-5(續)

序號	區縣	市場名稱	占地面積（m²）	營業面積（m²）	其中：倉儲面積	其中：空置面積	固定攤位數（個）	固定經營戶（戶）	固定從業者（人）	交易總額（萬元）2011年	交易總額（萬元）2012年
108	涪陵區	中天裝飾廣場	12,000	12,000			115	74	120	8,000	9,500
109	墊江縣	墊江南門精品建材城	9,155	16,000	3,000	300	160	60	120	9,000	9,500
110	豐都縣	名山路家居裝飾材料市場	12,000	10,000			100	100	200	8,000	8,100
111	忠縣	巨龍偉業	4,000	12,800	700		45	43	180	6,000	7,000
112	長壽區	石堰市場(服裝為主)	6,100	12,050	2,500	0	460	380	1,148	6,845	7,000
113	沙坪壩區	沙龍家具廣場	19,520	20,000				80	100	7,630	6,490
114	沙坪壩區	賽博數碼廣場(沙坪壩店)	10,500	10,500				135	850	6,966	5,440
115	永川區	東科家具城	8,000	16,000			115	36	240	4,600	5,146
116	沙坪壩區	欣陽裝飾城	21,600					160	120	4,150	5,100
117	南岸區	建瑪特(南坪店)	16,789	15,000	2,000		154	154	510	6,000	5,017
118	江北區	重慶齊祥燈飾批發市場	7,992	60,000			126	126	1,000	4,925	4,925
119	忠縣	中博世界城	4,670	27,104		16,000	450	120	360	4,000	4,500
120	江北區	燈巢家居	9,990	40,377			45	45	135	3,669	3,669
121	涪陵區	楓雲居家具城	12,500	12,500			52	36	62	2,000	2,500
122	豐都縣	宏聲商業廣場	17,000	30,000			500	500	800	18,000	2,000
123	南岸區	好百年家居廣場	20,000	40,000	2,000		50	50	300	1,000	1,100
124	北碚區	雄風義烏商貿城	5,867	19,000			650	600	600	1,050	1,100
125	北部新區	禮納都家居廣場	13,000	30,000			35	35	70		1,000
126	銅梁縣	龍城鎧恩家具城	11,000	11,000	1,200		1	1	40	520	800
127	渝北區	渝航商場	2,500	13,000			320	320	350	700	500
128	南岸區	福天裝飾	24,975	19,000	1,800		125	125	800	420	486
129	北碚區	雄風建材城	13,261	13,260			70	20	20	10	250
130	北部新區	中國西部建材市場	130,000	100,000		30,000	600	350	1,200		
131	榮昌縣	匯宇小商品市場	79,920	180,000			1,200	600	2,000		
	合計		4,761,703.48	6,428,410	395,749	123,227	66,562	57,183	216,411	12,725,835	14,173,913

說明：朝天門市場群及馬家岩建材市場群分別算一個，未包含群下市場數。

表8-6 重慶市交易額億元及萬平方米以上生產資料交易市場排序表（2012）

序號	區縣	市場名稱	占地面積（m²）	營業面積（m²）	其中：倉儲面積	其中：空置面積	固定攤位數（個）	固定經營戶（戶）	固定從業者（人）	交易總額（萬元）2011年	交易總額（萬元）2012年
1	沙坪壩區	重慶巨龍鋼材市場	99,900	73,260	57,000		355	355	1,775	2,401,200	2,315,630
2	北部新區	重慶汽博中心	290,000	200,000			400	400	5,000	1,690,586	1,701,083
3	巴南區	重慶西部國際汽車城	346,320	223,420			368	912	4,500	1,011,860	1,286,000
4	九龍坡區	綠雲石都建材交易市場	186,851	191,650	133,824		1,000	788	6,148	1,196,208	1,220,794

第八章　重慶商品交易市場發展：基於2012年的分析　145

表8-6(續)

序號	區縣	市場名稱	占地面積 (m²)	營業面積 (m²)	其中:倉儲面積	其中:空置面積	固定攤位數 (個)	固定經營戶 (戶)	固定從業者 (人)	交易總額 (萬元) 2011年	交易總額 (萬元) 2012年
5	大渡口區	龍文鋼材市場	225,211	291,105	140,000		866	459	3,672	1,122,815	1,208,732
6	九龍坡區	恒冠鋼材市場	121,150	60,294	18,432		670	408	3,500	1,337,700	1,178,609
7	沙坪壩區	金屬材料現貨交易市場	82,400	82,400	48,000		189	176	986	1,024,445	1,060,147
8	九龍坡區	恒勝鋼材市場	50,000	42,000	16,000		280	225	1,130	834,685	721,217
9	巴南區	渝南汽車交易市場	91,908	133,867	24,511			550	2,600	1,204,386	678,000
10	九龍坡區	新世界建材市場	110,000	71,000	50,000		560	350	3,368	520,000	620,138
11	璧山縣	西南鞋材交易市場	50,000	45,000	10,000	6,000	450	380	500	450,000	612,500
12	大渡口區	四三六鋼材市場	36,800	12,400			107	107	300	700,000	600,000
13	南岸區	成車市場	7,992	68,920			18	18	1,233	521,887	578,850
14	渝中區	重慶外灘摩配交易市場	45,200	45,200	15,000		715	689	3,630	495,000	488,000
15	大足區	西部金屬交易城	66,670	54,000	9,680		381	381	3,606	360,986	420,498
16	大足區	龍水五金旅遊城	103,465	53,820	44,670		890	890	2,596	310,233	352,908
17	大足區	大足龍水五金市場	53,360	37,860			1,992	1,992	6,084	254,062	327,540
18	九龍坡區	重慶渝州交易城	86,000	60,000	2,000		500	1,599	5,486	300,000	320,000
19	九龍坡區	恒鑫老頂坡汽摩綜合市場	70,000	140,000	10,887		1,450	1,070	8,000	358,400	315,500
20	渝北區	國際五金機電城	120,000	180,000		6,000	700	700	3,000	275,000	305,000
21	大足區	龍水廢金屬市場	90,080	58,000	12,000		569	569	3,420	222,698	287,509
22	九龍坡區	金冠捷來五金機電市場	6,660	24,000	2,000		173	170	900	235,000	250,400
23	九龍坡區	福道鋼材市場	120,060	100,000			300	168	2,000	300,000	250,000
24	九龍坡區	陳家坪機電市場	5,500	65,000	4,500		700	700	3,000	251,699	189,466
25	九龍坡區	渝洲五金機電城	47,000	60,000	2,000		800	856	3,000	180,000	170,000
26	大足區	龍水花市街市場	146,740	38,500			1,335	1,335	6,390	101,817	149,196
27	九龍坡區	高新機電批發配送中心	12,000	25,000	8,000		216	167	2,500	165,000	142,000
28	萬州區	凱盛汽車交易市場	100,000	33,000			34	100		103,819	141,435
29	九龍坡區	走馬石材市場(一期)	500,000	200,000	137,000		460	400	1,380	60,000	130,000
30	九龍坡區	有色金屬市場	33,022	10,307	10,041		15	15	25	100,000	130,000
31	九龍坡區	金科九龍機電城	150,000	150,000	45,000	15,000	612	450	2,500	160,000	100,000
32	南岸區	南坪舊車市場	20,979	21,000			53	72	3,000	82,376	91,255
33	黔江區	機動車交易市場	37,962	20,000	6,000		17		130	54,890	74,153

表8-6(續)

序號	區縣	市場名稱	占地面積（m²）	營業面積（m²）	其中：倉儲面積	空置面積	固定攤位數（個）	固定經營戶（戶）	固定從業者（人）	交易總額（萬元）2011年	2012年
34	渝中區	永緣汽車裝飾市場	13,000	18,000	2,000		124	130	2,000	57,600	60,000
35	九龍坡區	灘子口玻璃門窗材料市場	400,000	100,000			80	60	180	50,000	55,000
36	渝中區	菜園壩皮革市場	30,000	30,000	2,422		436	436	1,476	45,253	52,099
37	黔江區	宏喆鋼材市場	53,000	44,700	24,700	20,000		10	40	23,521	50,050
38	渝北區	奔力五金市場	5,336	6,000			78	67	236	39,002	47,541
39	沙坪壩區	馬家岩二手車交易市場	26,640	26,640			100	89	220	38,479	46,922
40	墊江縣	澄溪木材市場	56,690	14,000			120	108	180	80,000	45,000
41	九龍坡區	含谷機床交易中心	229,448	150,000	37,000		260	200	2,000	20,000	42,000
42	涪陵區	鋼材市場	62,000	35,000		20,000	130	109	530	35,126	39,159
43	大足區	雙橋長三角鋼材市場	166,750	91,400	27,400	54,840	852	131	168		36,200
44	永川區	渝西舊機動車輛交易市場	3,000	6,100			42	42	90	27,925	35,182
45	九龍坡區	盛吉汽配新城	40,000	19,041	6,900		300	300	510	33,000	31,000
46	涪陵區	展宏舊車交易市場	10,000	10,000			25	15	81	22,472	26,501
47	沙坪壩區	曾家木材市場	133,340	120,000	30,000	10,000	850	780	6,000	15,000	23,000
48	大足區	雙橋雙湖機電市場	320,160	306,000	122,400	229,500	1,762	266	312		22,300
49	奉節縣	汽車機電市場	8,756	7,983	685	215	145	145	441	18,252	20,589
50	綦江區	江輝汽車交易市場	8,000	20,000			50	50	120	15,000	18,000
51	渝中區	較場口聯訊五金市場	3,700	2,500		400	122	100	350	19,127	14,456
52	九龍坡區	西站機電市場	16,000	10,000			400	360	882	12,200	13,398
53	九龍坡區	沛鑫汽摩城	23,000	24,100			350	300	500	12,600	11,000
54	九龍坡區	光華五金機電城	49,043	50,000	15,000	3,000	281	200	460	8,330	10,000
55	南岸區	山河汽配	4,542	11,000		3,500	100	70	150	5,415	6,872
56	璧山縣	蒲元木材市場	33,333	33,333			204	186	370	4,500	5,400
57	永川區	農機市場	18,900	17,000			53	53	81	2,650	3,100
58	南岸區	渝能汽配	17,968	16,185	1,000	715	340	340	1,000	1,000	1,250
59	石柱縣	富林木材交易市場	53,280	33,300	13,320	6,660	30	26	125		250
60	九龍坡區	金尊機電市場	20,000	18,000			800	800	1,600		
61	九龍坡區	環球錦標建材交易市場	230,000	55,000	30,000		400	380	750		
62	九龍坡區	石龍木材市場	30,000	16,025			40	36	260		
63	大足區	中國西部模具城	114,924	58,600		22,400	380	144	212		
64	九龍坡區	吉星閒置設備物流市場	13,000	12,000		3,000	226	20	100		
65	九龍坡區	恒勝化工市場	40,000	60,000		20,000	1,100	200	500		

第八章 重慶商品交易市場發展：基於2012年的分析

表8-6(續)

序號	區縣	市場名稱	占地面積 (m²)	營業面積 (m²)	其中：倉儲面積	空置面積	固定攤位數 (個)	固定經營戶 (戶)	固定從業者 (人)	交易總額 (萬元) 2011年	2012年
66	九龍坡區	港灣鋼材市場	42,000	21,000			200	200	600		
67	九龍坡區	藍谷黑駿汽摩城	30,000	30,000			200	200	400		
		合計	5,819,040	4,343,910	1,119,372	421,230	27,704	23,955	118,383	18,973,204	19,132,829

說明：朝天門市場群及馬家岩建材市場群分別算一個，未包含群下市場數。

表8-7 重慶市交易額億元及萬平方米以上農產品交易市場排序表（2012）

序號	區縣	市場名稱	占地面積 (m²)	營業面積 (m²)	其中：倉儲面積	空置面積	固定攤位數 (個)	固定經營戶 (戶)	固定從業者 (人)	交易總額 (萬元) 2011年	2012年
1	江北區	重慶觀音橋農產品批發市場	119,214	216,300			5,147	3,000	20,588	2,336,930	2,177,495
2	大渡口區	萬噸冷藏物流交易中心	12,000	53,560			400	364	3,800	1,300,000	1,500,000
3	渝中區	西三街水產品市場	16,000	13,000		100	530	450	1,500	550,000	850,000
4	巴南區	重慶花木世界	333,000	200,100	42,000		191	191	1,000	503,381	623,000
5	萬州區	宏遠市場	71,260	52,000	11,000		600	561	2,450	220,931	254,087
6	渝中區	菜園壩水果市場	48,000	48,000	14,381		429	2,300	8,000	136,560	201,136
7	南岸區	正揚大市場	9,990	20,000	1,100		1,200	1,200	4,500	119,617	185,623
8	涪陵區	新大興農副產品交易中心	65,000	89,000	25,000	2,500	800	300	1,000	160,000	178,012
9	永川區	農副產品綜合批發市場	118,548	57,500			700	3,000	20,000	139,100	162,000
10	榮昌縣	畜牧產品交易市場	195,138	72,000	19,000		390	390	2,400	186,000	160,000
11	渝中區	菜園壩農副產品批發市場	50,000	50,000	3,134	150	350	200	600	42,792	151,905
12	渝北區	萬隆小食品批發市場	18,676	17,000	5,000		327	327	700	110,000	120,000
13	南川區	中心市場	10,000	8,000	1,000		1,600	1,450	1,800	68,530	80,732
14	榮昌縣	水口寺農貿市場	14,900	8,000	2,000		2,000	2,000	2,500	67,800	80,000
15	江津區	楊家店花椒市場	23,310	12,000	3,500		85	20	56	80,000	70,000
16	渝中區	學田灣農貿市場		10,000	3,000		787	550	1,300	102,359	64,325
17	江津區	紅衛巷農貿市場	9,583	8,205	495		300	300	811	40,091	54,679
18	江津區	幾江農貿市場	17,962	16,165	162		593	593	1,279	48,638	54,022
19	梁平縣	新合農產品綜合交易市場	15,000	14,500	3,500		180	180	400	45,000	54,000
20	永川區	玉屏市場	4,500	4,500			310	280	1,000	50,112	51,963
21	江津區	白沙綜合交易市場	1,300	10,500			350	350	700	33,700	45,000
22	萬州區	三峽蔬菜批發市場	20,000	15,000			60	60	200	43,000	45,000
23	沙坪壩區	重慶上橋糧油批發市場	1,714	1,714				34	98	41,200	42,900
24	豐都縣	民達菜市場	8,000	6,000	1,500		550	301	714	16,707	42,859

148 商品交易市場發展論

表8-7(續)

序號	區縣	市場名稱	占地面積 (m²)	營業面積 (m²)	其中：倉儲面積	其中：空置面積	固定攤位數 (個)	固定經營戶 (戶)	固定從業者 (人)	交易總額 (萬元) 2011年	2012年
25	九龍坡區	楊家坪農貿市場		13,581			307	518	1,204	37,298	42,300
26	九龍坡區	九龍坡蔬菜批發市場	36,000	15,000	7,500		180	140	200	39,750	42,000
27	石柱縣	黃水黃連市場	9,990	7,500	2,000	2,000	150	500	975	35,000	40,000
28	黔江區	南海城菜市場	4,000				788	810	1,350		40,000
29	石柱縣	藏經寺菜市場	12,654	14,574	8,306		220	245	1,050	36,600	39,800
30	開縣	開州大市場	11,655	15,000			235	580	1,306	39,600	39,700
31	潼南縣	八角廟農貿市場		35,000				708	1,421	29,486	38,330
32	武隆縣	紅豆菜市場	11,000	11,000	1,500	800	750	610	740	32,440	37,500
33	永川區	雙川禽苗交易中心	33,300	15,000			500	500	636	31,130	36,636
34	長壽區	鳳城菜市場	14,000	14,000			470	853	2,800	28,088	34,435
35	綦江區	河東市場	2,523	10,600	300		640	582	835	25,000	31,550
36	長壽區	沙井菜市場	6,700	7,600			350	350	1,350	25,050	30,480
37	渝北區	兩路農貿市場	5,508	9,300	600		480	400	1,213	29,572	30,423
38	萬州區	鐘鼓樓市場	45,329	46,000	13,876		500	420	590	29,000	30,000
39	長壽區	葛蘭農貿綜合市場	10,500	10,000		2,500	724	85	180	22,300	29,830
40	大足區	城區丁家坡菜市場	10,000	5,860		4,280	426	202	355	16,940	29,300
41	巫溪縣	寧河農貿市場	1,057	1,057			221	160	390	21,580	27,342
42	合川區	錢塘鎮第一農貿市場		8,000			1,140	1,130	2,350	31,680	26,700
43	合川區	合陽辦蟠龍路市場		20,000	1,500	1,100	2,000	1,845	4,400	23,650	26,173
44	大足區	龍水商貿市場	14,674	12,030			461	461	1,374	22,684	25,700
45	渝北區	三亞灣水產品市場	131,868	81,562		31,002	264	66	850	23,840	25,650
46	綦江區	打通鎮農貿市場	12,500	12,500	2,000		500	422	803	25,000	25,532
47	長壽區	關口市場		40,168				534	2,913	21,326	25,390
48	合川區	南津街綜合菜市場		16,000			768	586	960	22,898	25,034
49	江北區	重慶恒康茶葉批發市場	100,000	28,000			206	200	1,370	22,000	25,000
50	璧山縣	向陽菜市場	12,000	10,500			262	262	400	12,000	24,650
51	榮昌縣	吳家農貿市場	11,000	11,000			529	485	760	20,000	24,000
52	榮昌縣	仁義鎮農貿市場	9,000	9,000			180	268	465	20,000	24,000
53	榮昌縣	盤龍新華農貿市場	12,000	8,000			250	250	265	20,000	24,000
54	墊江縣	城區菜市場	5,500	8,100			500	480	600	21,000	24,000
55	巴南區	魚洞市場	7,992	8,000			550	400	1,085	23,282	23,785
56	大足區	雙橋農貿市場	14,674	3,670		165	395	395	668	17,045	22,972
57	萬州區	糧油批發市場	22,000	20,000			150	150	400	22,000	22,500
58	江津區	城南綜合市場		2,200				42	120	17,856	22,150
59	黔江區	白家灣蔬菜批發市場	32,634	16,300	12,000		150	140	420	25,000	22,008
60	榮昌縣	峰高市場	8,000	8,700			500	500	1,000	20,000	22,000
61	江津區	白沙中學農貿市場	2,000	2,000			200	150	250	10,000	21,000

表8-7(續)

序號	區縣	市場名稱	占地面積 (m²)	營業面積 (m²)	其中：倉儲面積	其中：空置面積	固定攤位數 (個)	固定經營戶 (戶)	固定從業者 (人)	交易總額 (萬元) 2011年	交易總額 (萬元) 2012年
62	南岸區	四公里農貿市場	5,115	8,768			812	560	820	31,400	20,150
63	綦江區	東溪鎮農貿市場	13,000	8,000	3,000	2,000	411	245	450	15,000	20,000
64	北碚區	農產品批發配送中心	5,800	5,800	2,500	1,000	67	45	90	15,275	20,000
65	合川區	合陽辦蟠龍路飼料市場	3,500	2,400		159	152	159	310	19,800	20,000
66	彭水縣	河堡菜市場	3,500	3,500	100		450	500	600	15,000	20,000
67	綦江區	萬新農貿市場		11,902			1,067	985	1,697	13,102	19,912
68	梁平縣	雙桂農貿市場	12,000	10,760	1,300	500	455	400	1,500	16,000	19,200
69	奉節縣	白帝市場	9,623	17,213	1,847	517	593	593	1,187	16,837	18,965
70	合川區	龍市鎮飛龍綜合農貿市場		3,612			318	312	2,110	11,400	18,422
71	永川區	朱沱濱湖綜合農貿市場	4,466	4,466			160	565	1,470	17,289	18,325
72	開縣	中原大市場	3,996	2,900			93	230	523	17,900	18,000
73	江津區	濱西農貿市場	7,920	6,450	319		183	183	602	15,740	17,360
74	大足區	城區東關菜市場	7,000	4,060			362	362	722	14,352	16,490
75	大足區	龍水綜合市場	5,604	5,842			165	165	435	13,725	16,058
76	豐都縣	平都農貿市場		7,000			600	325	892	19,207	15,646
77	南岸區	長生橋菜市場	4,196	9,600			349	445	510	13,000	15,230
78	大足區	萬古鎮農貿市場	7,337	6,200			294	294	646	12,960	15,138
79	大足區	窟窿河市場	5,336	5,200			282	282	725	12,314	14,027
80	大足區	城區濃蔭渡菜市場	3,140	13,020	8,000	4,260	125	90	282	12,880	13,940
81	合川區	二郎鎮綜合農貿市場		10,000	2,200	3,000	310	315	730	22,095	13,874
82	大足區	郵亭鎮農貿市場	6,000	5,640			276	276	680	11,970	13,860
83	合川區	肖家鎮農貿市場		7,040	500	4,397	262	268	700	16,598	13,800
84	巫山縣	神女市場	9,990	10,500	1,500	70	320	290	980	12,500	13,800
85	北碚區	蔡家農貿市場	4,800	5,900	1,260	400	236	250	330	12,610	13,585
86	江津區	油溪綜合農貿市場	2,580	5,100	250	350	155	182	229	11,265	13,520
87	江津區	珞璜綜合交易市場	13,320	13,000	1,000		350	645	1,300	24,000	13,000
88	萬州區	瑞池草食牲畜交易市場	6,600	10,000			24	200	280	12,000	13,000
89	合川區	合陽辦水果批發市場	5,000	4,200		358	354	358	810	12,000	13,000
90	雲陽縣	蓮花市場	2,848	7,288			400	400	800	12,000	12,960
91	大足區	珠溪鎮農貿市場	6,667	4,460			258	258	510	11,400	12,840
92	九龍坡區	太慈農副產品批發市場	22,545	15,000			600	520	850	75,000	12,780
93	開縣	金開大市場	8,893	5,500			379	380	670	12,000	12,500
94	巫山縣	平湖市場	16,650	13,000	1,200		220	220	750	10,900	12,500
95	南川區	南平農貿市場	9,000	8,500			540	432	950	10,264	12,010
96	榮昌縣	榮隆鎮蜂梓井農貿市場	4,900	4,900			90	122	248	10,000	12,000

表8-7(續)

序號	區縣	市場名稱	占地面積 (m²)	營業面積 (m²)	其中:倉儲面積	其中:空置面積	固定攤位數 (個)	固定經營戶 (戶)	固定從業者 (人)	交易總額 (萬元) 2011年	交易總額 (萬元) 2012年
97	酉陽縣	鎮鑾山標準化菜市場	1,500	11,700			300	300	1,000	27,500	12,000
98	彭水縣	永勝菜市場	4,100	2,100	300		250	350	350	10,000	12,000
99	北碚區	天生綜合批發市場	83,204	18,000			880	880	1,760	12,803	11,900
100	江津區	東門農貿市場	7,000	8,200		200	180	150	300	10,800	11,880
101	大足區	城區西門農貿市場	5,000	4,200			186	186	349	10,420	11,740
102	江津區	琅山農貿市場	8,000	8,000			200	160	320	12,000	11,270
103	南川區	水江農貿市場	11,000	10,000			780	546	1,100		11,010
104	合川區	沙魚鎮綜合市場		6,210	845	5,025	669	665	1,600	10,850	11,000
105	萬州區	雙河口果蔬專業市場	50,000	45,000	5,000		240	180	356	—	10,500
106	雲陽縣	恒升市場	4,000	4,000			185	70	140	10,200	10,234
107	璧山縣	興友農副產品市場	29,000	20,000	16,000		710	710	800		10,000
108	璧山縣	丁家辣椒市場	22,000	19,000	10,000		39	39	80	8,000	8,200
109	南岸區	衛國路菜市場	2,997	10,168			350	300	378	4,200	6,320
110	南岸區	天生菜市場	2,997	10,576	3,700	2,000	345	130	280	5,000	6,200
111	豐都縣	(恒都)肉牛交易中心	100,000	40,000			500	500	830		3,000
112	豐都縣	朝華公園批發市場	12,000	10,000			200	200	500	2,000	2,200
113	江津區	小官山商品交易市場	10,000	10,000	7,000		435	300	320	1,050	1,180
114	秀山縣	武陵副食品批發市場	20,010	30,000			215	120	150		700
115	銅梁縣	渝西蛋禽市場		55,000		20,000	30	30	80	3,000	
116	江北區	銀鑫市場	9,857	20,400			293	341			
117	璧山縣	農貿批發市場		10,000			360		50		
118	潼南縣	蔬菜批發市場	128,838	62,000			120	112	300		
119	江北區	望海花市	19,980	21,000			330	1,150			
120	九龍坡區	石生國際茶城	10,000	20,000	4,000		350	155	465		
121	大渡口區	九宮廟農貿市場		10,149		1,000	500	250	360		
	合計		2,555,962	2,292,270	253,175	93,833	54,184	54,510	153,700	8,050,349	9,027,784

表8-8　　重慶市鄉鎮農貿市場基本情況匯總表(2012)

序號	區縣	市場總數 (個)	其中:室內	其中:大棚	其中:露天	占地面積 (m²)	營業面積 (m²)	固定攤位數 (個)	固定經營戶 (戶)	固定從業人員 (人)	年交易量 (噸)	交易總額 (萬元) 2011年	交易總額 (萬元) 2012年
1	大渡口區	3	1	2		8,300	3,900	176	160	300	10,560	4,010	5,280
2	江北區	3	3			12,454	8,280	452	357	348	6,890	3,112	4,053
3	沙坪壩區	4	3	1		15,000	11,000	450	400	800	9,800	22,624	24,126
4	九龍坡區	12	6	6		51,500	51,500	2,179	1,953	1,953	65,480	31,000	32,740
5	南岸區	5	1	4		10,389	6,874	261	120	100	3,250	2,774	3,900
6	北碚區	30	17	7	6	77,482	74,787	3,266	2,583	3,683	56,191	52,918	62,153
7	渝北區	30	6	19	5	181,660	168,158	2,189	2,302	4,520	158,032	39,362	45,392

第八章　重慶商品交易市場發展:基於2012年的分析　　151

表8-8(續)

序號	區縣	市場總數(個)	其中:室內	大棚	露天	占地面積(m²)	營業面積(m²)	固定攤位數(個)	固定經營戶(戶)	固定從業人員(人)	年交易量(噸)	交易總額(萬元) 2011年	2012年
8	巴南區	13	5	8		32,100	28,048	2,654	1,250	4,000	5,694	4,600	9,110
	主城區合計	100	42	47	11	388,885	352,547	11,627	9,125	15,704	315,897	160,400	186,754
9	涪陵區	18	3	15		73,593	48,836	3,079	870	1,300	210,000	42,000	56,000
10	長壽區	14	3	11		65,000	61,000	3,918	580	1,160	110,000	80,500	80,800
11	江津區	71	11	34	26	16,049	139,186	9,664	6,624	10,025	609,500	185,629	243,801
12	合川區	50	1	49		167,000	165,000	12,959	12,216	12,471	390,000	163,000	167,040
13	永川區	58	6	52		279,294	195,260	3,824	3,472	5,563	408,400	140,600	142,940
14	南川區	33	1	31	1	73,100	56,643	4,927	4,585	5,010	97,500	141,025	165,000
15	綦江區	33	7	26		72,958	79,920	4,014	3,505	5,725	183,250	54,419	73,301
16	萬盛經開區	10	2	8		17,848	12,860	1,137	1,190	2,040	11,000	10,400	12,000
17	潼南縣	23	3	20		61,350	49,970	2,783	4,115	6,674	82,162	48,958	50,632
18	銅梁縣	31	2	29		108,774	87,019	4,916	4,337	7,324	69,772	34,886	34,886
19	大足區	27	2	25		99,502	86,291	4,297	4,240	8,476	93,500	118,513	136,863
20	榮昌縣	23	20	3		68,900	73,355	2,880	3,176	5,158	79,560	97,600	126,900
21	璧山縣	22	4	16	2	46,800	42,216	3,980	1,350	1,800	89,560	40,334	42,000
	渝西地區合計	413	65	319	29	1,150,168	1,097,556	62,378	50,260	72,726	2,434,204	1,157,864	1,332,163
	一圈合計	513	107	366	40	1,539,053	1,450,103	74,005	59,385	88,430	2,750,101	1,318,264	1,518,917
22	萬州區	102	14	39	49	366,700	270,000	11,660	14,000	10,000	490,342	210,000	231,000
23	梁平縣	34	8	26		46,586	45,300	2,280	1,650	1,850	70,000	100,000	120,000
24	城口縣	15	1	14		7,907	7,907	632	619	680	5,688	2,520	3,915
25	豐都縣	24	23	1		40,000	35,000	4,800	550	550	240,000	110,000	120,000
26	墊江縣	24	15	9		73,370	71,000	6,270	4,337	7,210	150,000	58,647	70,400
27	忠縣	28	28			56,028	44,680	4,219	3,881	6,310	115,000	23,990	24,550
28	開縣	54	37	17		142,000	127,100	5,275	3,125	6,890	89,450	60,000	71,500
29	雲陽縣	40	28	12		47,752	48,030	3,496	3,760	4,422	17,000	47,925	51,000
30	奉節縣	29	21	8		73,037	37,193	1,759	2,064	2,373	50,750	61,839	72,365
31	巫山縣	17	14	3		33,149	26,211	843	814	1,980	23,350	35,875	41,860
32	巫溪縣	23	5	18		29,008	29,008	1,908	2,293	3,075	80,000	16,150	19,204
	渝東北地區合計	390	194	147	49	915,451	741,429	43,082	37,093	45,340	1,331,580	726,946	825,794
33	黔江區	22	2	20		41,754	35,703	3,160	2,765	4,828	160,000	20,000	80,000
34	武隆縣	25	6	19		31,655	32,290	3,564	3,564	4,317	55,500	30,568	32,466
35	石柱縣	31	7	24		51,282	43,535	1,677	1,830	2,970	16,500	15,000	21,000
36	秀山縣	24	2	22		50,829	50,831	4,784	3,584	6,550	120,000	60,000	60,000
37	酉陽縣	25	12	13		29,101	29,101	2,618	2,618	2,768	2,130	18,000	21,000
38	彭水縣	38	15	23		56,000	50,000	2,300	2,300	3,500	35,000	20,000	30,000
	渝東南地區合計	165	44	121	0	260,621	241,460	18,103	16,661	24,933	389,130	163,568	244,466
	兩翼地區合計	555	238	268	49	1,176,072	982,889	61,185	53,754	70,273	1,720,710	890,514	1,070,260
	全市合計	1,068	345	634	89	2,715,125	2,432,992	135,190	113,759	158,703	4,470,811	2,208,778	2,589,177

表8-9　　重慶市城區菜市場基本情況匯總表（2012）

序號	區縣	市場總數(個)	其中:室內	大棚	露天	占地面積(m²)	營業面積(m²)	固定攤位數(個)	固定經營戶(戶)	固定從業人員(人)	年交易量(噸)	交易總額(萬元) 2011年	2012年
1	渝中區	15	15			32,000	59,000	4,300	3,000	5,200	150,220	150,000	150,220

表8-9(續)

序號	區縣	市場總數(個)	其中:室內	其中:大棚	其中:露天	占地面積(m²)	營業面積(m²)	固定攤位數(個)	固定經營戶(戶)	固定從業人員(人)	年交易量(噸)	交易總額(萬元) 2011年	交易總額(萬元) 2012年
2	大渡口區	7	7			12,400	12,550	873	319	504	7,533	1,313	2,619
3	江北區	27	27			128,551	72,568	4,369	3,520	8,031	76,250	66,000	78,230
4	沙坪壩區	28	25	3		115,000	61,522	4,426	4,000	5,700	65,500	102,569	117,500
5	九龍坡區	29	29			46,600	53,429	4,681	3,486	3,486	103,919	81,000	83,135
6	南岸區	23	23			69,184	106,279	7,920	5,089	9,887	561,148	264,378	259,449
7	北碚區	10	10			52,758	52,574	2,066	1,032	3,146	135,500	97,582	98,310
8	渝北區	23	20	3		33,334	58,310	4,428	2,558	4,471	432,000	45,318	61,436
9	巴南區	15	15			35,600	40,525	2,400	2,050	3,600	105,000	91,200	103,000
10	北部新區	8	5	3		13,415	12,292	950	700	850	31,845	18,635	19,523
	主城區合計	185	176	9	0	538,842	529,049	36,413	25,754	44,875	1,668,915	917,995	973,422
11	涪陵區	23	22	1		56,398	45,504	3,453	1,822	2,138	450,000	444,800	489,200
12	長壽區	10	8	2		46,124	43,800	2,819	2,537	4,311	213,670	112,123	112,580
13	江津區	8	8			35,000	22,500	1,358	1,167	2,334	120,000	69,000	72,000
14	合川區	21	1	18	2	90,000	91,655	4,218	4,000	9,420	350,000	172,500	174,500
15	永川區	20	11	9		76,590	76,590	4,794	4,562	6,843	365,600	107,458	127,900
16	南川區	5	4	1		11,400	15,000	1,380	1,380	2,700	22,500	37,000	44,400
17	綦江區	6	6			19,280	19,280	1,804	1,015	1,996	144,805	27,056	31,193
18	萬盛經開區	7	3	4		17,520	16,449	1,530	1,342	3,060	47,000	49,000	53,000
19	潼南縣	8	8	0		20,039	18,972	2,325	1,094	2,583	32,570	20,695	21,086
20	銅梁縣	8	7	1		24,846	24,846	1,529	530	1,060	41,850	40,795	45,650
21	大足區	7	3	4		23,650	25,560	1,494	1,098	2,376	55,400	65,992	80,922
22	榮昌縣	4	4			23,560	25,500	2,420	2,430	3,740	72,260	95,800	111,000
23	璧山縣	12	11	1		135,880	99,995	3,273	2,296	8,512	128,900	38,424	40,000
	渝西地區合計	139	96	41	2	580,287	520,251	32,397	25,273	51,073	2,044,555	1,280,485	1,403,431
	一圈合計	324	272	50	2	1,119,129	1,049,300	68,810	51,027	95,948	3,713,470	2,198,480	2,376,853
24	萬州區	34	18	7	9	70,000	90,986	5,965	5,646	7,641	385,924	181,809	200,500
25	梁平縣	4	2	2		9,400	9,300	431	260	750	20,000	6,000	7,500
26	城口縣	4		4		4,650	4,650	293	293	310	10,550	16,900	17,400
27	豐都縣	6	4	2		27,000	26,000	2,400	1,230	900	140,000	58,000	70,000
28	墊江縣	5	4	1		14,000	27,500	1,600	1,300	1,500	120,000	28,000	31,000
29	忠縣	9	9			16,675	15,227	1,361	1,300	1,587	45,000	12,000	18,000
30	開縣	12	12			71,888	56,100	2,395	2,412	3,480	94,500	70,300	70,800
31	雲陽縣	10	9	1		25,146	30,050	1,695	1,416	1,882	15,000	38,900	45,000
32	奉節縣	8	8			23,892	15,780	863	863	2,657	28,415	39,821	43,912
33	巫山縣	5	4	1		11,988	15,000	600	600	860	12,400	5,800	6,200
34	巫溪縣	3	3	0		4,577	4,577	482	340	920	157,480	30,580	37,796
	渝東北地區合計	100	73	18	9	279,216	295,170	18,085	15,660	22,487	1,029,269	488,110	548,108
35	黔江區	8	3	5		15,550	11,050	1,581	2,255	2,096	110,000	70,000	95,650
36	武隆縣	5	5			17,500	20,938	1,407	1,260	1,390	98,000	11,000	47,000
37	石柱縣	5	4	1		22,350	22,370	1,206	1,205	2,125	180,000	58,300	62,500
38	秀山縣	4	4			13,320	11,219	743	743	1,121	40,000	12,000	21,000
39	酉陽縣	3	2	1		6,159	6,159	498	498	531	40,000	35,000	40,000
40	彭水縣	7	7			17,900	12,500	1,200	1,500	2,500	100,000	50,000	60,000
	渝東南地區合計	32	25	7	0	92,779	84,236	6,635	7,461	9,763	568,000	236,300	326,150
	兩翼地區合計	132	98	25	9	371,995	379,406	24,720	23,121	32,250	1,597,269	724,410	874,258
	全市合計	456	370	75	11	1,491,124	1,428,706	93,530	74,148	128,198	5,310,739	2,922,890	3,251,111

表 8-10　重慶市億元及萬平方米以上商品交易市場分類表（2012）

序號	市場類型	市場總數	其中 億元市場個數	其中 萬平方米市場個數
	一、生產資料市場	67	54	63
1	汽車、摩托車及零配件市場	20	17	18
	其中：新、舊整車市場	12	12	10
	配件、用品市場	8	5	8
2	鋼材市場	15	14	15
3	玻璃市場	1	1	1
4	化工市場	1	0	1
5	機床模具市場	3	1	3
6	木材市場	5	2	5
7	石材市場	3	2	3
8	皮革鞋材市場	2	2	2
9	五金機電市場	16	15	14
10	農機具市場	1	0	1
	二、工業消費品市場	131	107	117
1	工業消費品綜合市場	36	32	29
2	紡織、服裝、鞋帽市場	4	2	4
4	醫藥、醫療用品及器材市場	3	3	2
5	家具、五金及裝飾材料市場	67	50	66
	其中：建材市場	34	27	34
	家居市場	27	19	27
	燈飾市場	6	4	5
6	電器、通信器材、電子設備市場	16	15	11
7	文化用品市場	1	1	1
8	其他專業市場	3	3	3
	其中：其他專業市場（美容美髮用品）	1	1	1
	其他專業市場（酒店用品）	2	2	2

表8-10(續)

序號	市場類型	市場總數	其中 億元市場個數	其中 萬平方米市場個數
9	舊貨市場	1	1	1
	三、農副產品市場	121	107	69
1	農產品綜合市場	24	20	21
2	農產品專業市場	25	18	21
	其中：農產品專業市場（茶葉）	2	1	2
	農產品專業市場（藥材）	1	1	0
	農產品專業市場（畜牧）	2	1	2
	農產品專業市場（飼料）	1	1	0
	農產品專業市場（水產）	2	2	2
	農產品專業市場（蔬菜）	7	5	7
	農產品專業市場（糧油）	2	2	1
	農產品專業市場（果品）	2	2	1
	農產品專業市場（凍品）	1	1	0
	農產品專業市場（花木）	2	1	2
	農產品專業市場（食品飲料及菸酒市場）	3	1	3
3	農貿市場	39	39	11
4	菜市場	33	30	16
	合計	319	268	249

第九章　重慶商品交易市場發展模式

一、重慶商品交易市場發展模式概述

改革開放以前，重慶沒有真正意義的商品交易市場。自 1978 年，重慶市政府和工商行政管理部門從實際出發，因地制宜地培育和建設市場，各級各類市場建設有了較大的發展。重慶商品交易市場發展主要可以分為兩大階段，相應發展模式也發生了變化。

第一階段為 1978—1997 年，是重慶商品交易市場發展的起步階段。這一時期重慶商品交易市場的典型模式為「工貿模式」。20 世紀 80 年代，重慶商品交易市場進行了里程碑式的改革，由重慶市第一商業局所屬的百貨、紡織、針織、五金、交電、化工、儲運七個專業公司（站）聯合發起，組建了一種嶄新的商品流通組織形式——工業品貿易中心。重慶工業品貿易中心的建立，為國營批發商業的改革提供了一條發展思路，揭開了中國商業體制改革的新篇章，是中國批發商業體制改革的重大突破。1984 年以後，大城市的貿易中心一般均仿效重慶貿易中心的做法。

第二階段為 1997 年至今，是重慶商品交易市場發展的升級換代階段。重慶直轄以來，重慶商品交易市場進入了大發展時期，整合、改造、升級、重組和功能創新，成為商品交易市場升級換代的主流，商品交易市場的數量、規模、結構與效益協調發展。商品交易市場在升級換代過程中逐漸形成了集聚化、公司化、品牌化、網絡化、信息化等新模式。

二、重慶市商品交易市場發展典型模式

(一) 農副產品交易市場發展典型模式

重慶觀音橋農產品批發市場，是西南最大的綜合農產品批發市場。該市場於 1987 年 5 月建成投用，經過 20 多年的發展，從最初單一的農副產品批發市場成長為集多種農副產品批發為一體的產業集群。市場麾下有盤溪蔬菜、副食、糧油、水果四大專業市場，聯動水產、茶葉、肉類和冷凍製品等專業市場，形成兩大板塊、八大專業批發市場為一體的大型農副產品綜合批發市場群。

「觀農貿」模式，可以歸結為「集群化」發展模式。商品交易市場通過集群化發展，將相關市場、服務組織、支撐機構等高密度聚集在一起，形成競爭優勢。

1. 市場簡介

重慶觀音橋農產品批發市場，是重慶市人民政府實施「菜籃子工程」的重點項目，由渝惠食品集團控股子公司重慶觀音橋市場有限公司經營。市場占地 619 畝，經營面積 21.63 萬平方米，場內客商 6,000 餘戶，經營各類農產品 621 類 10,000 餘種。農產品銷售範圍覆蓋全國及東南亞，全國各省市農產品產區均在市場設有辦事處或銷售點。市場承擔並調節重慶及其周邊地區 85%的農產品供應，特別是辣椒、花椒銷量占國內市場交易份額的三分之一。2011 年市場總交易額達 214 億元，總交易量 365 萬噸。

重慶觀音橋農產品批發市場，先後榮獲農業部「定點市場」、商務部「全國競爭力百強市場」、國家級「綠色市場」等榮譽稱號。2006 年被商務部納入農產品現代化流通體系，確定為「雙百市場工程」重點扶持的大型農產品批發市場之一；2008 年被農業部、發改委、財政部、商務部等八部委聯合審定為「農業產業化國家重點龍頭企業」；2005—2011 年連續被商務部、農業部評為「全國農產品綜合批發交易十強市場」；2011 年被評為「重慶市商品交易市場 20 強」、「重慶市農業產業化 30 強第一名」。

2. 「觀農貿」模式成功經驗

(1) 農副產品批發市場群

重慶觀音橋農產品批發市場，以打造「西部第一、全國領先」的大型農產品物流中心為目標。2007 年，在原有市場基礎上，增加 1,041 畝市場用地，

新建肉類蛋禽批發市場、凍製品批發市場兩個市場，完善行政區、商務區和配套區三個區域，拓展蔬菜、水產和水果批發三大市場，組建中國三峽名優特產展銷中心，開發食品加工園區，初步形成農副產品綜合批發市場群。

(2) 封閉式經營管理

觀音橋農產品批發市場在進場處設有 50 噸數碼式進口汽車電子衡、電腦登記處和客商詢問處，場內設有招待所、郵局、銀行、餐飲、庫房和客商住宅等配套設施，公平秤室、市治安室、管理辦公室、工商所、城管公安治安二隊 24 小時晝夜值班，形成樓、壩、庫相連接，吃、住、行相配套，管理方式先進、經營環境寬鬆、經營設施齊全、交易安全有序的整體格局。

(3) 實行「蔬菜准入制」

率先在全市批發市場中實行「蔬菜准入制」。市場與工商、防疫、環保、技監、農業等行政主管部門配合，形成了蔬菜有害殘留物超標退出市場機制，建立了經銷者的無公害蔬菜檢測檔案和原產地無公害蔬菜產品質量檔案，全天候發布蔬菜檢測情況等一套科學的管理規章。建有 30 平方米的「無公害蔬菜檢測中心」，配有殘留農藥測定儀、電腦、冰箱等設備，蔬菜農藥殘留物的檢測測試速度快，準確率高，被重慶市農業局確定為「無公害蔬菜定點檢測市場」。工商、衛生、農業等部門在市場建立了質量安全檢測點和「無公害蔬菜檢測中心」，制定並實施了《無公害蔬菜准入制的暫行規定》。

3. 未來發展方向

重慶觀音橋農產品批發市場，將圍繞「夯實中心、合縱兩翼、連橫西部、領先全國」的發展戰略，依託重慶市的區位優勢和「觀農貿」的品牌優勢，搭建國內外農產品市場合作與進出口交易平臺；利用已經形成的龐大物流資源，實現各類農副產品的生產、檢測、加工、保鮮與冷藏、配送、銷售等增值服務；運用現代信息技術完善觀農貿網站、農產品質量可追溯系統、信息中心、結算中心等，提升信息化管理水平。同時，積極探索交易方式、結算方式以及信息發布等管理模式的改革，不斷完善市場綜合功能，提升市場競爭力。

(二) 工業消費品交易市場發展典型模式

重慶朝天門綜合交易市場，是長江上游最大的日用工業品批發市場。該市場始建於 1988 年，經過 20 餘年的發展，已成為涵蓋 20 大類數萬種商品的獨具特色的大型專業批發市場，是西南地區重要的商品、物資集散地。

「朝天門」模式，可以歸結為「政府搭臺、經營者唱戲」的創新管理模式以及「品類齊全，價格低廉，輻射面廣」的經營特色。

1. 市場簡介

重慶朝天門綜合交易市場位於重慶渝中區東南端長江和嘉陵江交匯處，交通運輸便利，歷來是商賈雲集和西南地區重要的商品集散地。

1988 年，渝中區政府和市商業局財政貼息貸款 150 萬元，嘗試利用舊倉庫改建市場，並提出了「人不分公私，貨不分南北」均可進駐交易的舉措，很短時間內就聚集了江浙等外地和本市 500 多戶客商，市場初具雛形。1991 年，重慶朝天門綜合交易批發市場規劃方案確立。市場正式開業時建成面積達 37 萬平方米，內設 26 個交易區，118 個交易廳，15,000 多個攤位，萬餘經營戶，其中數千家經營者是來自內地其他省市的商家，匯聚全國各地 4,000 多個知名品牌，此後朝天門市場經營面積迅速擴大並成長為長江上游最大的日用工業品批發市場。

目前，市場擁有業主單位 25 家，經營面積近 50 萬平方米，商鋪 15,000 餘個，經營戶 1.3 萬餘戶，直接從業人員近 3 萬人，間接帶動就業 50 餘萬人。全國各地 6,000 多個知名品牌和知名企業入駐，日均客流量達 30 萬人次。商品輻射國內 200 多個市、縣，形成了服裝、紡織面料、小商品、鞋帽、日化、文體用品、皮革製品、塑料製品、床上用品、小食品等 20 大類數萬種商品的獨具特色的大型專業批發市場。

市場建立以來，多次被國家各部委授予「全國 50 強工業品市場」「100 家商品交易市場」「全國十大工業品交易市場」「中國紡織服裝十大品牌市場」「全國十強文明市場」「公眾信賴百佳著名市場」等殊榮。

2. 「朝天門」模式成功經驗

(1)「政府搭臺、經營者唱戲」的管理模式

一是實現了多元化辦場。朝天門綜合交易市場在建立過程中，大量吸收社會資金，多元化、多渠道投資建設市場，辦場單位也由商儲公司一家發展到國有、集體、私營、外商等 26 家，總投資規模達 10 億餘元。

二是形成了優勝劣汰的競爭格局。通過實施末位淘汰制，調動了新老商家公平競爭的積極性。

三是投資環境不斷改善。由渝中區政府帶頭綜合整治市場周邊的市政設施，使市場形成了上下三條街、東西七條巷、二十多個交易區相互連接和呼應的市場群體。

四是進一步完善管理體制。為提高辦事效率，節省稅收繳納成本，1998 年起，朝天門市場在全國率先推出稅費徵管中心「一站式」服務，將稅務、工商和銀行和署辦公，極大地方便廣大經營者，真正做到公開化、公平化、公

正化。

　　五是培育了「重慶造」產品。為鼓勵地方產業發展，採取「前店後廠」政策，對進入朝天門市場「產銷一條龍」的經營戶免徵生產環節稅費。

　　六是誠信經營理念日益加強。一方面將12315投訴點深入到朝天門市場區廳，重點加強對商標侵權、不正當競爭、假冒偽劣商品、詐欺消費者行為等方面的綜合整頓。同時通過推行「先行賠付」「三包服務」等措施，倡導誠信經營、承諾服務。

　　七是強化對外辦場。摒棄地方保護主義，提出「人不分公私，貨不分南北」均可進駐交易的舉措，為朝天門市場引來了大量的資金、商品、管理人才，這些寶貴的社會資源也促成了朝天門綜合交易市場的發展壯大。

　　(2)「品類齊全，價格低廉、輻射面廣」的經營特色

　　朝天門綜合交易市場商品種類齊全，有服裝、紡織面料、服飾輔料、鞋帽、日化、鐘表、箱包、針織品、小商品、塑膠製品、床上用品、文康用品、辦公用品、兒童玩具、皮革製品、二手消費品等20餘個商品大類數萬種商品。經營商品以中低檔為主，價格優勢明顯。由於市場商品品種豐富、價格低廉，每天吸引不少消費者到此挑選商品。商品可輻射重慶三峽庫區，以及與重慶相鄰的雲南、貴州、四川、陝西、西藏等地200多個市縣。據市場管委會統計，朝天門市場每天的客流量在20萬人次以上，成交額巨大，年交易額近200億元，在重慶商貿發展中具有無可替代的作用。

　　3. 未來發展方向

　　近年來，朝天門市場順勢而為，投入資金實施更新換代，不斷提升市場品質，從做市場到做品牌，實現質的飛躍。為了打造品牌市場，占領市場份額，提出了「建設品牌市場、引進品牌商家、銷售品牌商品、提供品牌服務、滿足品牌消費」的戰略思想，並實施「走出去」戰略，在市場現有體量上，對外進行擴張，向周邊省市區拓展。在發展瀘州分市場的過程中，摸索出了成立專門的市場管理公司對二級市場進行「商品輸出、品牌輸出、管理輸出及物流跟進」的系統操作，改變以前只是商品輸出的模式，真正實現母體市場與分市場的聯絡與運作，成效顯著。同時，為了提高市場經營的商品檔次，管理單位有意引導商戶經營一些檔次較高的商品，同時希望市場經營方式由批零兼營，逐步轉變為以批發為主。通過定位調整，預計到2020年，朝天門市場將轉型為商流、信息流和資金流集中的長江上游最大的標誌性港口以及國內國際貿易和展示平臺，朝天門市場將最終成為老百姓的購物中心、全國商業的「大櫥窗」、全球的「萬博會」。

（三）生產資料交易市場發展典型模式

重慶大足龍水五金市場，是西部地區規模最大、最具地方特色的五金產品專業市場。該市場始建於1984年，培育了「西部金屬交易城」「龍水五金旅遊城」「龍水老五金市場」「龍水廢舊金屬交易市場」「花市街市場」等一批極具特色的五金專業市場，成為西部地區規模最大、輻射能力最強的五金專業市場群。

「龍水」模式，可以歸結為「發揮產業優勢，形成聯動效應，通過集群化發展打造地方特色市場」。

1. 市場簡介

重慶大足龍水五金市場，現有經營面積25.22萬平方米，擁有12,000餘戶五金生產企業和個體產業群，從業人員10萬餘人。近年來，龍水五金已由傳統的刀、剪、農用工具，發展到日用五金、工具五金、建築五金、農用機械、船用五金、鐵路配件、汽摩配件、礦山機械、醫療器械、電力機具、有色金屬、民族鐵器12大門類400多個品種近10,000樣花色的產品體系，產品輻射全國各地及世界20多個國家和地區。市場日進場交易客商上萬餘人次，日貨流量5,000餘噸。

重慶大足龍水五金市場歷史悠久，一直名列全國同類專業市場前茅，是中國五金製品協會五金專業市場委員會副會長單位，曾連續四屆被評為「中國文明市場」，連續三屆被評為「市級文明市場」，連續兩屆被評為「重慶市商品交易市場20強」，並被評為「重慶市星級文明市場」「重慶市商貿流通企業100強」。

2. 「龍水」模式成功經驗

（1）依託特色產業

大足五金歷史悠久，歷經1,200多年發展，現形成了以龍水鎮為中心，輻射西部的一個大五金產業群體，素有「北有王麻子剪刀，南有張小泉小刀，西南有龍水小五金」之說。大足五金工業從原來單純的小五金不斷向多門類多品種多花色的五金產業發展壯大，形成了五金生產、原材料交易、產品銷售綜合配套的規模型、區域帶動型大市場，已成為重慶市一大特色產業。

（2）完善基礎設施

成渝高速復線、成渝高鐵、武瀘高速路均通過龍水，便捷的交通對市場群的發展具有強大的支撐作用，使大足龍水五金市場群的輻射聚集能力不斷提升。

（3）發揮產業效應

大足是馳名中外的「石刻之鄉」「五金之鄉」，旅遊資源豐富，擁有世界級、國家級眾多旅遊品牌。特別是世界文化遺產——大足石刻，使大足成為重慶市的「窗口」和「門戶」。大足龍水五金市場與世界文化遺產大足石刻相伴而生，走五金與旅遊相結合之路，發揮品牌優勢，提高大足龍水五金市場群的知名度和影響力。

3. 未來發展方向

走集群化發展道路，在擴大市場規模的同時，不斷完善市場功能，將其打造成以五金專業市場為核心的大型多功能市場群。在原有市場基礎上，建設會展中心、生態公園、再生資源市場、汽摩配件市場、農機配件市場、綜合批發市場、物流配送中心和配套公建服務區，完善交易、倉儲、物流配送、電子商務、五金博覽、會展、旅遊觀光、教育培訓、商務服務、生活居住、綜合服務等功能，使其成為中國西部功能最全的五金市場群。

三、重慶市商品交易市場發展模式創新

（一）農副產品交易市場發展模式創新

「菜園壩」模式，將傳統有形商品交易市場與現代化電子商務平臺相結合，通過交易模式創新，提升市場競爭力，推動市場發展。

1. 市場簡介

重慶菜園壩水果市場，位於重慶市交通樞紐——菜園壩，地理位置優越，水陸交通客運方便，鐵路公路物流快捷，歷來是商貿雲集之地、物流聚散場所。該市場於 1996 年 11 月開市，目前經營面積達 7.5 萬平方米，設有水果交易區、干果交易區、凍庫倉儲區、物流配送中心、果品質量檢測室、信息檢驗檢測系統等商貿配套設備，電信、銀行、賓館、餐廳、招待所等服務配套設施，實行 24 小時全天候交易。市場內匯集來自福建、廣東、河北、甘肅、陝西、貴州以及新疆等全國各地的時令鮮果，還有美國、泰國及東盟各國的各類國外高檔水果，經營品種 200 餘種，年交易量達 40 萬噸，交易範圍覆蓋重慶、輻射西南，素有重慶市民「過日子的果盤子」美譽。

重慶菜園壩水果市場在取得經濟效益的同時，也取得了良好的社會效益，榮獲了「全國果品批發二十強市場」「重慶市市級龍頭企業」「重慶市文明單位」「重慶市商品交易二十強企業」「重慶市守合同重信用單位」等殊榮。

2.「菜園壩模式」特色

在做大做強傳統有形市場的基礎上，開發新型電子商務平臺，轉變交易方式，實行傳統交易方式與現代化交易方式相結合的交易模式。

（1）打造「中國西部果品貿易平臺」

①優質低價放心果。重慶菜園壩水果市場自開業以來，長期堅持政府政策優惠、部門稅費優惠、市場租金優惠的「三惠」舉措，有效降低了經營成本，擴張了經營效益空間，增強了市場集聚力和輻射力，南北水果、東西客商紛紛湧入重慶菜園壩水果市場，市場果品豐富，流通量大，水果價低平穩，廣受重慶市民的喜愛，特別是市場強化果品質量管理，大力推行水果品質檢測，有效地提升了上市水果質量，市場供應的綠色放心果，倍受廣大市民的好評。

②地產果外銷平臺。重慶菜園壩水果市場抓住「山峽旅遊節」「展銷會」等契機打造地產果外銷平臺，積極推介奉節臍橙、萬縣紅橘等，推動地產水果升檔次、樹品牌，走出重慶、銷往全國，有力地帶動了地產果熱銷。

③外地果交易窗口。重慶菜園壩水果市場以「三惠」舉措吸引客商，以誠信經營取信客商，以周到服務留住客商，市場交易興隆，購銷兩旺，成為外地水果在重慶交易的重要窗口。

（2）建成「西部農產品電子商務平臺」

依託菜園壩水果市場、菜園壩農副產品配送中心強大的農產品集聚能力及配送服務能力，重慶香滿園農產品有限公司成功開通了「香滿園西部農產品電子商務平臺」（www.xbncp365.com）。該平臺集水果、干副調味品、糧油蔬菜、水產品、凍品、休閒食品、肉類、禮盒套餐八大類，涵蓋近千種不同品類的優質農副產品，並可在 24 小時內享受送貨上門的服務。

香滿園供貨渠道實現了由一級代理商與產地直採相結合的供貨優勢，一方面通過減少中間環節降低流通費用確保價格優勢，另一方面通過加快商品流轉速度確保農產品鮮活度，保證農產品品質優勢，確保消費者能夠以低於超市的價格買到更加優質的農產品，享受更加便捷的配送服務。

「西部農產品電子商務平臺」，以電子化的營銷手段、宅配到府的定點配送方式、質優價廉的農副產品、強大的在線交易及物流配送功能滿足了大眾對優質農產品的日常生活需求，成為農副產品市場電子商務發展的新標杆。

（二）工業消費品交易市場發展模式創新

「大川模式」可以歸結為大定位、大業態、大規模、大物流的全產業鏈式商業集群。

1. 市場簡介

大川國際建材城，位於重慶西部新城的西永組團 I、J 分區西部現代物流園內，總投資 78 億元，占地面積 3,000 畝，總建築面積 300 萬平方米，是由重慶大川集團投資有限公司精心打造的建材家居全產業鏈採購特區，也是第一個回應重慶市政府「市場外遷」要求而率先佈局動工的建材物流市場。

大川國際建材城是根據國家戰略「為重慶發展大市場、促進大流通」而定位規劃和統籌佈局的西部最大家居建材市場集群，包括專業市場、主題商城及展銷、物流配送中心，以家具建材批發、營銷、倉儲、展示功能為主，兼有建材信息、電子交易、二次加工、物流配送等功能，面向重慶並全面輻射周邊省市，中轉歐亞、東南亞，西部一流的現代化超大規模綜合建材物流中心及全球採購基地。

大川國際建材城還獲得了「中國建材家居示範市場」、「2,011 家居建材市場十大最具影響力品牌」、「2012 年全國重點示範市場」、全國經貿流通專業市場領域「十大營運開發商單位」等榮譽稱號，並一躍成為全國家居建材流通行業的代表性項目之一。

2.「大川模式」特色

(1) 大定位——立足重慶，輻射西部，放眼全球

大川國際建材城定位為「立足重慶，輻射西部，放眼全球」。重慶建材市場整合已成為發展的必然趨勢，隨著重慶愈加重要的西部經濟中心地位的顯現，大川國際建材城建設成重慶面向整個西部的建材總部基地，直接輻射西部眾多省市乃至全國其他區域的市場定位十分準確。大川國際建材城，打造建材家居全產業鏈採購特區，成為西部一流的現代化超大規模綜合建材物流中心及全球採購基地，是未來重慶乃至國內最大，品類最齊、配套最完善、服務標準最高的建材家居核心商業群。

(2) 大業態——全產業集群

大川國際建材城建成後，擁有裝飾基材市場、石材交易市場、陶瓷倉儲市場、玻璃批發市場四大交易市場，陶瓷潔具城、櫥櫃城、地板城、門業城、五金燈飾城、布藝飾品城六大主題商城，國際建材展銷中心、國際家具展銷中心、物流配送中心、客商服務中心等五大中心。

大川國際建材城結合西部現代物流園總體功能佈局和交通規劃，以街區化、模塊化的規劃手法，形成國際化、專業化、檔次化的規劃格局，擁有裝飾基材交易市場、國際石材交易市場、陶瓷總部基地市場、玻璃型材市場四大專業市場，陶瓷潔具城、櫥櫃城、地板城、門業城、五金燈飾城、布藝飾品城六

大主題商城、電子商務交易中心、國際建材家居展銷中心、國際家具展銷中心、物流配送中心、客商服務中心五大中心整合上下游市場千億市場財富。全面豐富海量的全產業集群，真正實現行業批發和消費者零售的雙向一站式無縫交易，為現代化、信息化、專業化、國際化水平大型商品交易市場的發展提供了示範。

（3）大規模——300萬平方米家居建材全球營銷平臺

大川國際建材城占地3,000畝，總建築面積300萬平方米。一期占地約700畝，建築面積約50萬平方米，分為國際石材交易市場及裝飾基材批發市場一期；二期市場占地約2,200畝，建築面積約240萬平方米，主要功能為裝飾基材批發市場二期、陶瓷總部基地市場、玻璃型材市場六大主題商城和五大中心。大川國際建材城，不僅是商家的總部基地，也是面對國際更大市場展示形象、進行交易的一個大平臺。

（4）大物流——無時差快速物流

重慶建材市場的發展受制於物流與交通條件的滯後，嚴重影響了產業做大做強。大川國際建材城的建設，是借助於國家對重慶全新戰略定位、政府打造西部物流園的戰略規劃，共享重慶作為國際物流中心功能的大型現代化市場。依託國家鐵路第三大編組站和西部最大集裝箱中心站，擁有得天獨厚的區位優勢和綜合物流交通資源。同時，項目所處地沙坪壩區，位於內環快速線與外環高速路之間的中環樞紐，是重慶市政府實施公、鐵、水、空多式聯運的核心載體和實施「內客外貨」「市場外遷」的承接基地，距機場30分鐘左右，距江北寸灘20分鐘左右車程，真正實現無時差快速物流。

（三）生產資料交易市場發展模式創新

「汽博模式」，即在空間上集聚形成市場園區，實現商品集散、會展貿易、綜合服務、信息發布、價格形成、文化休閒等多功能於一體的市場園區化管理模式。

1. 市場簡介

重慶汽博中心位於重慶市北部新區，總占地620畝，營運面積44萬平方米，總投資30億元，是全國十大汽車交易市場、重慶市重點建設項目、重慶市十大專業批發市場群、重慶市商品交易市場二十強、星級文明市場和北部新區「十里汽車城」標誌性項目。

重慶汽博中心以其超大的規模、先進的規劃、完備的配套設施、全面的服務功能和高集合度的品牌4S店等特點，得到了業內人士和廣大消費者的認同。

目前，汽博中心已建成標準4S店、名車廣場、二手車交易市場、汽車用品和配件市場、車管所、汽車檢測站、汽車駕校、汽車電影院、一站式服務中心等十大功能區。擁有國內外汽車品牌80餘個，車型400餘種，是西南地區最具規模，品牌最集中，銷售量最大，服務體系最完善的專業汽車市場。

2.「園區模式」特色

(1) 先進的經營理念

重慶汽博中心按照「國際接軌、國內一流、西部第一」的標準建設，秉持「以汽車為主題、以文化為紐帶」的經營理念，集汽車博覽、汽車銷售、汽車服務、汽車物流、汽車文化等多功能於一體，全力營建消費者的購車樂園和愛車人的休閒樂園。

(2) 完善的市場功能

重慶汽博中心由4S名車大道、名車廣場、二手車交易市場、汽車配件市場、汽博大廈、汽車檢測站、客戶服務中心構成，市場功能完善。

4S名車大道總占地200餘畝，目前已擁有奔馳、寶馬等4S店30餘個；名車廣場總建築面積1.3萬平方米，被稱為「永不落幕的車展」，能容納50餘個品牌130多款車型，並設有商務中心等配套設施，是重慶首家大型多功能、現代化、休閒式品牌汽車超市；二手車交易市場總占地13.3萬平方米，目前已有50餘家二手車經銷企業及經紀公司入駐，展停車輛400餘臺，是重慶首家功能齊備、設施完善的大型二手車交易市場；汽車配件市場總占地4.6萬平方米，營運面積10萬平方米，是重慶乃至全國首家大型微車配件專業市場，集交易、維修、倉儲、配送、信息、商務等多功能於一體；汽博大廈總建築面積5萬平方米，集商務、居住、金融、餐飲、娛樂、休閒等多功能於一體，是重慶北部新區首座地標性商務建築；汽車檢測站擁有1,000平方米的檢測車間，月檢車量1,000餘臺，是重慶首個「全車型、全功能」汽車檢測站；汽車電影院占地6,700平方米，可容納200多臺車，一站式娛樂於一體，平均每場次接待車輛30餘臺，高峰時座無虛席，已成為重慶有車一族的休閒樂園；客戶服務中心總建築面積1萬平方米，設有工商、稅務、車管、聯交所、綜合治安、銀行、保險等服務窗口及餐廳、便利店、車友俱樂部、移動代理店等服務設施，為消費者提供新車上牌、二手車過戶、汽車按揭、車輛保險、車輛年審、餐飲、娛樂、休閒、購物等全方位服務，是重慶首個汽車有形市場綜合性服務中心。

(3) 超前的服務理念

重慶汽博中心擁有完備的售後服務和汽車周邊服務。中心推出的

「96996」客戶呼叫中心，在彌補各 4S 店維修接待能力不足的同時更是對各 4S 店服務的監督和接受投訴，將使售後服務更加細微、周到和及時。中心內的汽車電影院、汽車檢測站等周邊服務為汽車消費者帶來娛樂的同時，更讓用車者足不出汽博中心就能輕鬆搞定。

重慶汽博中心填補了重慶汽車有形市場的多項空白，推動了西部汽車流通現代化的發展，成為重慶北部新區的經濟標杆，其先進的經營理念、完善的市場功能和超前的服務理念，提升了重慶在全國汽車流通領域的形象與地位，逐漸成為重慶車市的風向標和廣大車商的經營樂土，並真正成為中國西部最具魅力的大型汽車流通及文化中心。

第十章　重慶龍頭專業市場培育

一、龍頭專業市場及其特點

　　商品交易市場是指經有關部門和組織批准設立，有固定場所、設施，有經營管理部門和監管人員，若干市場經營者入內，常年或者實際開業三個月以上，集中、公開、獨立地進行現貨商品交易以及提供相關服務的交易場所。根據商品交易市場的不同形態，商品交易市場可分為專業市場和綜合交易市場。

　　專業市場是由市場所有者提供的，眾多銷售者集中在一起，以現貨批發為主，集中交易某一類商品或若干類具有較強互補性和互替性商品的場所，是一種大規模集中交易的坐商式的市場制度安排。其特點是：①經營的商品以單一商品為主，兼營其他商品；②專業市場上有多個相互競爭的經營者；③主要以批發交易為主，少量的零售交易；④以現貨交易為主，遠期合同為輔。

　　龍頭專業市場指在某個行業中，其在資產收益、市場管理、生產技術等方面處於領先地位，有較強的綜合競爭能力，肩負有開拓市場、創新科技、促進區域經濟發展的重任，能夠帶動地區經濟結構調整，對同行業的其他企業具有很深的影響、號召力和一定的示範、引導作用，並對該地區、該行業或者國家做出突出貢獻，對同類市場起著引領作用的專業市場。

　　龍頭專業市場具備如下的特點：

　　（1）規模較大。據相關規定：固定資產規模東部地區在5,000萬元以上，中部地區在3,000萬元以上，西部地區在2,000萬元以上；近3年年銷售額東部地區在2億元以上，中部地區在1億元以上，西部地區在5,000萬元以上；產地批發市場年交易額在5萬元以上。

　　（2）有很好的經濟效益。具有很高的利潤率，年經濟收益居於同類型行業之首，企業資產負債率小於60%。

（3）能發揮引領作用。能獲得較先進的行業信息，引領該行業進行技術創新、產業結構調整，掌握產品的定價權等。

（4）產品具有市場競爭優勢。產品具有優質的品質保證，具有較大的知名度，認知度高，在同行業中占據了較大的市場份額。

二、重慶龍頭專業市場現狀分析

1. 重慶專業市場在西部地區佔有重要地位

據《中國商品交易市場統計年鑑2011》，重慶有商品交易市場119個，總攤位數89,250個，年末出租攤位數80,570個，營業面積5,860,050平方米，成交額24,579,490萬元。其中，專業市場82個，成交額17,558,504萬元，營業面積3,798,539平方米，攤位總數36,937個，年末出租攤位數34,320個；綜合市場37個，攤位總數52,313個，年末出租攤位數46,250個，營業面積2,061,511平方米，成交額7,020,986萬元。可以看出，專業市場的數量遠遠多於綜合市場，而成交額也遠遠大於綜合市場。無論是數量還是成交額，專業市場都處於上風。

西部地區有專業市場478個，重慶占17.2%；成交額59,086,467萬元，重慶占29.7%。由此可見，重慶專業市場的發展水平高於西部平均水平。

2. 重慶已形成一批在全國知名的龍頭專業市場

重慶已形成一批在全國知名的專業市場，如朝天門市場、觀農貿市場、菜園壩摩配市場、鎧恩國際、龍水五金等。在全國前100家專業市場中，重慶有4家。這四家分別是：重慶巨龍鋼材市場（第45位）、恒冠鋼材市場（第71位）、綠雲石都建材交易城（第87位）、重慶龍文實業（集團）有限公司（第94位）。

3. 重慶已形成成交額最大的三類專業市場群

成交額最大的三類專業市場分別是：生產資料市場、家具五金及裝飾材料市場、農產品市場。

（1）生產資料市場：8,785,707萬元，占成交額的50.04%，主要包括建材市場、木材市場、農用生產資料市場、化工材料及製品市場、金屬材料市場、機械電子設備市場。

（2）家具、五金及裝飾材料市場：7,338,344萬元，占成交額的41.79%，主要包括家具市場、燈具市場、裝飾材料市場、廚具設備市場、五金材料

市場。

（3）農產品市場：2,711,509 萬元，占成交額的 15.44%，主要包括糧油市場、肉禽類市場、水產品市場、蔬菜市場、干鮮果品市場、菸葉市場。

三、重慶龍頭專業市場存在的問題

1. 缺乏統一完整的規劃，缺乏理論指導

重慶市至今沒有一個市級層面的市場發展規劃，當然就談不上龍頭市場發展規劃。龍頭專業市場發展規劃的缺失，使重慶市龍頭市場發展處於一種以投資者為主導的狀態。投資者對市場的建設，都是根據自身對市場考察之後，進行地理位置的選擇、規模大小的投入。但是，這對於重慶市市場發展而言，會導致重複建設，或者投資無效。

目前，國內外對於專業市場的研究逐漸增多，慢慢地有了對專業市場概念的統一界定、對其發展歷程的研究等工作，但是對如何建立專業市場、如何培育對市場起引領作用的龍頭專業市場的研究仍十分缺乏。

2. 定位不明確，雷同趨勢嚴重

許多市場是先建設好之後再進行定位或者是沒有準確地進行市場定位，什麼好賣就賣什麼。還有許多經營者存在這樣的觀點：沒有定位就是最好的定位，沒有特色就是最大的特色。這樣往往造成了許多市場的重複建設，各自也缺乏自身的特色。

3. 不注重品牌建設，缺乏品牌效應

品牌是質量的集中，能帶給消費者以信任感，是某產品上檔次的標誌。同時，品牌發展戰略能提高企業的核心競爭力，而核心競爭力是企業面對激烈競爭時制勝的法寶，是企業生存和發展的關鍵點。樹立起獨特的品牌之後，能讓自身產品區別於其他同類產品，在中國市場乃至國際市場中獨樹一幟，形成自身的特色。但是重慶專業市場在建設過程中，往往不注重品牌的建立。據調查，在重慶的眾多專業市場中，僅有朝天門市場、鎧恩國際、外灘摩配市場等老品牌在國內比較有知名度，其他很多專業市場並不為其他地區所熟知。

4. 不注重網上交易，交易手段單一

網上交易主要是指以互聯網為平臺進行商品購銷，以網上銀行、支付寶等現代支付手段進行的交易。這種新興的交易方式與傳統的現金、現貨、現場交易不同，它依託現代先進的物流、網上支付，不受時間和地域的限制，有效促

進國內各區域之間的交易，也正在影響著全球經濟一體化，能有效地促進國際之間的貿易。

儘管網上交易如此重要，但是許多專業市場還未建立起自己的網站，沒有通過網站發布產品信息、展示商品、業務諮詢、網上下訂單。要實現網上交易的一體化仍需要一個漫長的發展過程，實現信息發布、信息查詢、網上洽談、網上簽約、網上支付、第三方物流配送相結合的一體化電子商務過程。

5. 與重慶主導產業發展不符合，有非常大的發展空間

重慶的五大支柱產業為汽車摩托車、裝備製造、石油天然氣化工、材料、電子信息。但是重慶的專業市場主要集中在服裝、小商品、農產品、家具、鋼材、建材方面。例如，重慶鎧恩國際家具城、重慶巨龍鋼材市場等。在2010年的商貿流通交易中，西部汽車城的交易總額為950,000萬元、渝南汽車市場788,657萬元，外灘摩配交易市場為636,900萬元，而觀音橋農貿市場2,104,421萬元，朝天門市場2,100,424萬元。汽車摩托車等專業市場帶來的營業額遠不及農產品、綜合商品專業市場。可見，現行的專業市場與重慶的主導產業不符合。這說明，重慶還未完全發揮其主導行業的優勢，仍然有非常大的發展空間。

6. 專業市場細分不完善，專業化程度不高

現代經濟社會的一大特點是分工越來越精細，原本完整的業務流程被若干個職能部門分割，這就是市場細分。而專業市場就是市場細分的結果。在市場發展初期，多數是無論什麼商品都賣，比較綜合。隨著經濟的發展，人民的消費檔次越來越高，專業市場從綜合市場中分離出來，專注於某類商品的開發和銷售。毫無疑問，專業市場意味著更加專業，例如，顧客在選購茶葉時，往往更傾向於到專門的茶葉市場去選購，而不是綜合超市。但是，重慶的專業市場細分還不完善，專業化程度還不高。目前，重慶的專業市場在整個商品交易市場中的比重為57.9%。細分市場之後，才能更好地分離目標客戶，有針對性地進行產品營銷。未來中國商品交易市場的發展趨勢必然是朝著專業市場的方向發展。重慶作為西部最大的城市，更應該及早地準確定位，為未來經濟的發展打下基礎。

四、培育龍頭專業市場的思路

目前，重慶市發展龍頭專業市場面臨難得的機遇和有利條件，加快重慶龍

頭專業市場發展，應以科學發展觀為指導，以轉變經濟發展方式為根本，進一步深刻認識發展龍頭專業市場在重慶經濟發展中的重要地位和作用，從重慶實際情況出發，充分發揮比較優勢，積極做好協調、規劃、環境改善、服務和管理等各項工作，加大支持力度，加強引導，創造條件，加快發展。在實際工作中，應緊緊圍繞「整合、升級、創新」開展工作。「整合」，就是對重慶現有資源進行結構調整和整合，從重慶整體發展戰略佈局的層面，對龍頭專業市場的發展，作出統一規劃並制定相應的措施，擴大龍頭專業市場發展的空間。「升級」，就是以現代化的手段，對現有的龍頭專業市場進行更新、改造、升級，擴大規模，提高檔次，擴大影響力和輻射力。「創新」，就是遵循市場發展的內在要求，從重慶實際出發，發揮比較優勢，發展新的龍頭專業市場。

1. 高度重視，加大引導和促進的力度

政府高度重視，發揮政府的引導和促進作用，對加快龍頭專業市場的發展具有重要的意義。儘管在市場經濟條件下，專業市場的發展主要依賴市場機制自發調節形成，但是，在專業市場發展較為薄弱或是剛起步的地區，政府的積極引導和促進作用也是不可忽視的。聞名的義烏國際小商品城，在一個不起眼的小縣，既沒有十分優越的區位和交通條件，也沒有任何的產業支撐，發展成為今天這樣一個在世界上都有影響力的小商品城（小商品專業市場群），政府的引導和促進起到關鍵的作用。加大引導和促進力度表現在以下方面：

一是高度重視，把專業市場擺到重要的位置加以發展，如重新制定和完善重慶產業用地規劃的同時，應充分考慮重慶專業市場發展的佈局和需要。

二是進行深入的調查研究，明確重慶發展龍頭專業市場的有關優勢，找準切入口，在此基礎上編製有關龍頭專業市場發展規劃或發展方案，提高引導和促進的有效性。

三是明確專業市場的發展方向，尤其是各區縣應從實際出發，確定發展方向，比如是發展生產資料類的專業市場還是發展生活資料類的專業市場？不能一哄而上，大而全，小而全。在制定重慶專業市場發展規劃的時候，還要做好市內各部門、單位的協調工作，形成共識，共謀發展。

四是制定相應的扶持政策措施，鼓勵和扶持投資商和經營商戶的進入和經營發展。

五是積極改善環境，包括硬環境和軟環境。既要解決好服務、依法管理、加大引導和支持力度的問題，又要整合現有資源，解決好發展空間、交通和基礎設施、環境污染治理等方面的問題，營造有利於專業市場發展的氛圍和環境。

六是加大對龍頭品牌專業市場的宣傳，擴大其知名度、美譽度。

2. 建立和完善物流配送中心，打造服務於龍頭專業市場的仲介物流

專業市場最基本的功能是商品集散功能，實質上就是物流功能。物流功能實現的好壞，是影響批發市場這種商業產業集群以及與其共生的製造業產業集群競爭力的重要因素。傳統專業市場是商流、物流、資金流、信息流的統一，其中物流是傳統專業市場降低成本的源泉，專業市場的發展必須以滿足客戶需求、為客戶創造價值為目標，這與現代物流的理念不謀而合。在殘酷的市場競爭中，專業市場生存和發展的關鍵是與現代物流進行有效整合。

發展現代物流，建立和完善物流配送中心。現代物流是指按照系統理論的要求，利用先進的信息技術和物流裝備，採用現代組織和管理方式，將傳統的原材料、半成品、成品等的運輸、倉儲、裝卸、搬運、流通加工、配送、信息處理等物流環節進行整合，實現系統化、一體化、信息化、高效化運作的組織方式。現在的網上交易中，大多數採取第三方物流。第三方物流是指專門的物流公司，例如德邦物流、中通快遞等。現代物流是伴隨著網上交易的發展而發展的，能為顧客提供快捷的查詢服務，比如說，從顧客下訂單開始就可以跟蹤商品的物流配送情況。

重慶具有明顯的物流業發展的綜合優勢。不但區位優勢突出，又處於西部大開發發展戰略的重要部位；交通運輸基礎設施發達。市內現已形成以航空、鐵路、公路、水運和管道組成的發達立體運輸網絡；物流資源豐富，物流產業較為發達。而商流和物流又是商貿流通不可分割的兩大組成部分，因此，重慶市應充分利用商流和物流不可分割的內在機理，發揮區位、交通和物流業發達的綜合優勢，發展依託相關物流業的專業或綜合的商品物流配送中心和展貿物流配送中心，形成商流和物流相互輝映、相互促進，共同發展的商品集散基地。

3. 發揮優勢產業帶動作用，發展龍頭專業市場群

重慶汽車摩托車、裝備製造、石油天然氣化工、材料、電子信息等支柱產業發展優勢明顯。這些產業規模大，產業鏈長，不但在重慶市具有重要的地位，而且在全國都具有較大的知名度和影響力。重慶市應積極利用這些產業的品牌效應和產業基礎雄厚的優勢，沿產業鏈的延伸，在供銷兩個方面找準切入點，發展依託這些產業的供或銷的商品專業市場，或專業市場群。根據國內專業市場發展的成功經驗，依託生產基地或產業群發展成功的專業市場，往往是生產資料類的市場，因此，發展方向可重點放在生產資料類專業市場方面。另外，可緊密結合發揮物流業發達的優勢，廣泛採用現代商貿流通方式，積極打

造汽車摩托車、裝備製造、石化、材料、電子等生產資料類商品採購物流配送中心。

4. 改造提升現有龍頭專業市場，實現做大做強

加快重慶市龍頭專業市場發展的另一方面策略，是對現有專業市場進行改造提升，實現做大做強。

一是引導市場沿商品的上下游拓展商品經營範圍，並形成專業市場群。如朝天門服裝市場發展較好，已較有基礎，可以考慮在周邊發展一些相關聯的原材、半成品、成品類專業市場，也可以發展服裝類生產設備專業市場，以形成相互配套、相互促進的專業市場集群。

二是引導市場進行功能創新，增強輻射影響力。根據重慶龍頭專業市場的實際情況，重點加強專業市場的展示展貿、物流配送、信息服務、中心結算等功能的構造和創新，從而提升現代流通服務的能力和水平。

三是積極引入現代交易方式，改進傳統的現貨對手交易方式。如引導市場積極摸索引入電子商務、拍賣、期貨等現代交易方式，以提高交易的規模、效率和降低交易成本。例如，中國義烏小商品市場，開通了網上購物服務，實現了有形市場和無形市場的結合。對於商家而言，拓寬了銷售渠道，可以更好地通過互聯網進行交易。對於消費者而言，可以足不出戶，輕輕鬆鬆地購物。據調查，京東商城、淘寶商城、蘇寧易購等大型的知名網上購物商場每年營業額都非常之高，對有形的店面式的購物商場既是威脅也是挑戰。傳統的專業市場只有引入現代商業元素，才能更好地參與市場競爭，在激烈的商場徵戰中，占得一席之地。

四是提高進場商戶的企業組織化程度。現代專業市場不應是小型個體商戶的集合，而應該是大中型批發企業的集合、公司的集合。因此，應引導市場積極引進大型、公司組織形式的商戶進場。另外積極扶持市場內龍頭商戶迅速成長壯大，幫助他們不斷提高經營管理水平，向外界和客商大力宣傳和推廣龍頭企業，以龍頭商戶帶動場內商戶組織化程度的提高。此外，在條件成熟的情況下，可以考慮對專業市場進行股份制改造，解決好投資者、管理者與經營者之間的關係，吸納經營者入股，把租賃形式逐步轉變為參股形式，建立以股份制為核心的現代企業制度，使投資者、管理者、經營者利益融為一體，合力拓展市場。

5. 規範龍頭專業市場秩序，形成良性競爭格局

採取有力措施杜絕無序競爭、過度競爭，要堅決打擊欺行霸市、假冒偽劣等經營行為，培育公平、公正、誠信經營。營造良好的市場環境是專業市場健

康發展的根本保證，也是政府管理職能的一個重要內容。因此，要嚴格規範市場交易行為、淨化環境、維護良好的市場秩序。通過工商、衛生防疫、稅務、技術監督以及環保等執法主體和行業協會等仲介組織，對專業市場進行全方位、深入的監督管理；對市場開發商和經營商建立備案、不良記錄通報制度和責任連帶制度；要採取有力措施杜絕無序競爭，防止過度競爭；堅決打擊專業市場中經營假冒偽劣商品、欺行霸市、低價傾銷、價格詐欺等不正當競爭行為，形成重慶專業市場無假冒偽劣商品的品牌聲譽。

6. 注意處理好兩個方面的關係

一是注意處理好政府積極引導和發揮市場機制作用的關係。一方面，要防止過分強調市場機制的作用，無所作為，缺少主動性和前瞻性，削弱政府在發展專業市場中的應有作用；另一方面，在加大政府支持、引導力度的同時，又要防止以行政手段代替市場機制作用的傾向。

二是處理好「優二揚三」的關係。要從落實科學發展觀，從根本上轉變經濟增長方式，實現二、三產業協調發展的高度，來認識加快專業市場發展的必要性和重要性。現代經濟增長的規律表明，第三產業的發展，不僅不會削弱第二產業的發展，而且為第二產業的進一步加快發展提供了強大的動力；重慶市實現經濟增長方式的根本轉變，離不開第三產業的加快發展。以重慶目前的情況來看，發展專業市場，尤其是龍頭專業市場，是加快重慶第三產業發展的重要舉措。如果重慶第三產業的發展實現了新的飛躍，重慶經濟的發展必定躍上新的臺階。

第四章　重慶市鋼材市場發展分析

一、重慶市鋼材市場發展現狀

(一) 現有鋼材市場基本情況

1. 市場規模

2012 年，重慶有鋼材交易市場 18 個，占地面積 2,300 畝，營業面積 100 萬平方米，經營戶 3,700 餘戶，從業人員 2.3 萬人，年鋼材吞吐量約 2,000 萬噸。年交易額上百億的鋼材市場 5 家，分別是巨龍、龍文、綠雲石都、恒冠、金材。2011 年交易額 960 億元，2012 年受需求減少影響，交易額約 900 億元，同比下降 6.2%。

2. 市場分佈

2012 年，重慶市有 13 家鋼材市場，主要分佈在主城區，其中，九龍區 6 家，大渡口區 4 家，沙坪壩區 3 家，經營面積 80 萬平方米，占全市的 80%，交易額約 880 億元，占全市的 97%。

以批發、倉儲為主的市場，主要佈局在靠近鐵路貨運站和水港區域，依託鐵路貨場、專用線以及水碼頭，大進大出，批量儲存；以零售為主的市場，主要佈局在九龍坡的火炬大道以及華福路一帶，形成重慶鋼材分零銷售的市場集群；其餘分佈在萬州、黔江各 1 家，大足區 2 家（主要是廢舊鋼材回收加工），以滿足本地鋼材消費需求為主。重慶市現有鋼材市場基本情況如表 11.1 所示。

表 11.1　　　　　　　重慶主城區現有鋼材市場基本情況表

序號	區縣	市場名稱	占地面積（畝）	營業面積（萬 m²）	經營戶數（戶）	從業人員（人）	年吞吐量（萬噸）	2011年交易額（億元）
1	沙坪壩	巨龍鋼材市場	110	4.2	350	951	540	240
2	沙坪壩	金屬材料現貨市場	120	6.6	200	987	250	98.5
3	沙坪壩	全悅鋼材市場	-	0.8	90	138	-	12
4	九龍坡	綠雲石都建材城	500	22	703	6,102	80	119.6
5	九龍坡	恒勝鋼材市場	75	4.2	219	1,102	30	83.5
6	九龍坡	恒冠鋼材市場	300	7	492	3,210	50	133.8
7	九龍坡	福道鋼材市場	80	8	168	2,000	-	30
8	九龍坡	港灣鋼材市場	150	2.1	-	-	80	40
9	九龍坡	港九鋼材市場	200	4	-	-	12	-
10	大渡口	龍文鋼材市場	400	14	620	1,000	200	112.3
11	大渡口	四三六鋼材市場	180	1.2	17	300	200	91
12	大渡口	中鐵17局	125	4.8	-	-	80	-
13	大渡口	中物儲運豐收壩庫	60	2	-	-	50	-
合計			2,300	80.9	2,859	15,790	1,572	960.7

數據來源：重慶市商品交易市場協會

3. 市場需求及輻射範圍

重慶市鋼材經銷商超過3,000家，大多集中在主城區市場，全國主要鋼廠在市場內均設有經銷處或代理商，成為鋼材市場經營主體的重要支撐。目前，已基本形成「鋼廠—交易市場（簡單加工）—終端客戶」的相對穩定的鋼材流通格局，能夠滿足社會對鋼材流通和消費的需求。

重慶是一個鋼材消費大市，鋼材年消費需求在1,500萬噸左右，分為建築鋼材和工業鋼材，其中建築鋼材約占總需求的2/3，工業鋼材（以汽摩工業用鋼為主）約占1/3。重慶鋼材產量約700萬噸。其中，重慶鋼鐵集團年生產鋼材500多萬噸，約占整個重慶鋼材總產值的80%，本土鋼企的產品無論在量上還是品質上都無法滿足需求，故除鋼廠直供直銷外，多數需要通過鋼材交易市

場的吞吐集散功能來完成，形成「買全國、賣重慶、部分輻射周邊」的市場格局。其產品輻射區域主要為重慶本地，約占 75%，以滿足重慶消費為主。除此之外，部分產品還輻射至雲貴川陝及湖南湖北等地，約占 25%。

市場的貨源主要從外地運入。對於貨源的到達，鐵路約占 55%，水路約占 25%，公路約占 20%；對於產品的發運，公路約占 60%，鐵路約占 30%，水路約占 10%。

(二) 規劃建設情況

1. 市場建設規模

重慶市正在建設的鋼材市場項目為 14 個，規劃占地 8,604 畝，建築面積 360 萬平方米，計劃投資 259 億元。平均每個項目占地 614 畝，建築面積 25.7 萬平方米。其中，占地 1,000 畝的鋼材市場 5 個，建築面積 10 萬平方米以上的鋼材市場 12 個，最大的鋼材市場建築面積達 120 萬平方米。在建鋼材市場具體情況如表 11.2 所示：

表 11.2　　　　　　　重慶市在建鋼材市場基本情況表

序號	區縣	項目名稱	項目地址	占地面積（畝）	建築面積（萬 m²）	投資規模（億元）	備註
1	兩江新區	重慶金材物流交易中心	果園港	1,000	25	10	遷建
2	兩江新區	西部金屬材料交易中心	魚咀	300	30	20	新建
3	沙坪壩區	物流園巨龍鋼材市場	鐵路物流基地	180	14	5	遷建
4	南岸區	上海永翔鋼鐵交易市場	東港港區	400	36	15	新建
5	九龍坡區	鋼諧西部金屬材料商城	銅罐驛	1,200	120	50	新建
6	九龍坡區	鑫邦鋼材城	西彭鋁業園區	588	15	10	新建
7	江北區	中鋼鋼材物流市場	港城工業園	1,200	19	20	新建
8	巴南區	鐵公鋼鐵物流市場	公路物流基地	1,000	30	21	新建
9	涪陵區	鋼龍渝東工貿物流商城	龍橋工業園	450	10	20	新建
10	江津區	攀寶鋼材交易市場	江津雙福	700	24	10	新建
11	江津區	鑫鼎鋼材城（上海彩欣）	江津珞璜	1,130	20	70	新建
12	大足區	重慶長三角鋼材市場	大足區	250	10	3	新建
13	酉陽縣	中亞鋼材交易市場	酉陽縣	220	5	3.6	新建
14	秀山縣	武陵鋼材批發市場	商貿物流園	66	3.8	1.2	新建
		合計		8,604	359.8	258.8	

數據來源：重慶市商品交易市場協會

「十二五」期間，規劃建設的鋼材市場項目有 9 個，規劃用地 2,356 畝，建築面積 144 萬平方米，計劃投資 63 億元。平均每個項目占地 260 畝，建築

面積 16 萬平方米。其中，8 個項目建築面積 10 萬平方米以上，最大的鋼材市場項目建築面積為 36 萬平方米。擬建鋼材市場具體情況如表 11.3 所示：

表 11.3　　　　　　　重慶市擬建鋼材市場基本情況表

序號	區縣	項目名稱	項目地址	占地面積（畝）	建築面積（萬 m²）	投資規模（億元）
1	萬州區	三峽鋼材市場	徐家壩	200	7	1
2	沙坪壩區	方運鋼材物流中心	團結村物流園	166	20	3
3	涪陵區	西部電子商務市場	日興大廈	-	15	10
4	涪陵區	鋼材市場	-	100	-	3.2
5	奉節縣	鋼材市場		200	3.5	1
6	大渡口區	第一鋼市		200	13	10
7	長壽區	金屬材料交易市場	古佛	600	30	10
8	南岸區	西部鋼材城	茶園新區	490	36	16.5
9	江津區	鋼鐵物流中心項目	德感	400	20	8
		合計		2,356	144.5	62.7

數據來源：重慶市商品交易市場協會

2. 市場規劃佈局

在建項目中，團結村鐵路物流基地、南彭公路物流基地、兩江新區果園港和魚復工業園、寸灘港、東港 6 個項目分佈在「三基地四港區」；西彭鋁業園、銅罐驛以及江津雙福、珞璜和涪陵龍橋港 5 個項目分佈在外環港區和其他地區；3 個項目分佈在酉陽、秀山、大足。依託鐵路或港口建設的項目有 6 個，其他 3 個項目僅具有公路運輸條件。

規劃的 9 個項目分別為大渡口、沙坪壩團結村、南岸茶園，江津德感、長壽古佛以及涪陵、萬州、奉節等 8 個區縣，其中，涪陵區占 2 個項目。

3. 市場建設進度

在建的 14 個鋼材市場項目中，6 個項目已建成或基本建成，8 個項目尚在建設之中。

遷建的 2 個市場項目，建設進展比較順利。位於團結村鐵路物流基地的新巨龍鋼材市場，2010 年動工建設，目前市場交易區、倉儲區及加工配送區均建成投入使用，450 戶新老商家已陸續入駐經營，尚待老市場關閉後正式營運。2011 年年末開建的果園港新金材物流中心，現已進入地面建築，鐵路專用線也開始動工建設，今年內市場主體將建成投入營運。

新建的江北中鋼、江津攀寶、九龍坡鑫邦等 5 個項目，一期市場主體部分

已經完工，開始全面招商。但目前都面臨一個共同的難題——招商困難。除中鋼項目因擁有鐵路專用線、靠近港口和主城，已招商簽約200餘戶商家外，其餘幾家市場招商效果均不理想。一方面，投資方當初引進外地經銷商的承諾因當前鋼市不景氣而難以兌現；另一方面，主城各大市場內的本土經銷商大都不願入駐，導致招商不足和招商質量不高。雙福及西彭的兩家市場各擁有1,000、1,500個左右的商舖，現招商率僅10%左右，從而影響到二期項目包括倉儲、加工等物流、生活配套設施建設遲遲不能動工，整個市場內空空蕩蕩，毫無生氣。大足一家市場早於2011年建成，其200多個舖面，雖大都已經出售或出租，但目前也一直處於閒置狀態，遲遲不能開業。其餘幾個新建市場項目，因土地指標低供應、招拍掛手續或資金狀況等因素的影響，建設進度比較緩慢。一些於2011年動工的項目，到現在尚處於平場階段，有的則剛開始基礎建設。

4. 市場投資結構

目前在建鋼材市場項目計劃投資258億元。從投資結構看，表現為「民企為主、多元化投資」的特徵。屬民企的有8家，分別來自上海、福建、江蘇（兩家）以及本土民企。外地及本土企業獨資興建的各佔5家，合資興建的有4家。其中，屬國企的有1家，為重慶港務物流集團下屬重慶金材物流有限公司，其雄厚實力和10多年營運管理經驗和能力，使該項目具有較強競爭力和較好市場前景；屬股份制企業的有4家，包括重鐵巨龍、成都西聯、重慶鋼諧等。其中，由民企巨龍儲運公司與國企重鐵物流公司合作投資的團結村巨龍市場項目，股東集鋼廠、第三方物流及市場管理方為一體，土地及專用線權屬歸重鐵物流公司，有較為明顯的物流鏈優勢及經營資源整合優勢。

九龍坡銅罐驛和涪陵龍橋港兩個項目，均由重慶鋼諧股份公司投資建設，該公司系重慶鋼材貿易商協會通過會員集資入股方式組建，目前，已吸納150多家會員經銷商參與，集資2億。這種既是市場投資業主，又是市場經營主體的投資方式，其優勢是能夠迅速支撐市場的運作，劣勢是缺乏專業市場開發營運經驗和能力。

南彭公路物流基地的鐵公雞市場項目，由成都西聯鋼鐵集團有限公司投資興建。該公司既是開發商又是營運商，具有專業鋼材連鎖市場管理經驗，先後在昆明、成都建立鋼材市場，營運狀況較好。但據瞭解，該項目目前建設資金遇到瓶頸，尚處於平基階段，已在主城現有市場中吸收一些大商戶入股，並有意招攬有資金實力的企業合作，共同開發經營。

(三) 市場搬遷動向

主城現有鋼材市場中約有 10 個市場涉及外遷，面積在 60 萬平方米以上，從業人員約 2 萬人，同時涉及加工、物流等功能性轉移，涉及面廣，涉及的利益關係十分複雜。但從市場的產權屬性看，除 2~3 個市場屬於租賃性質外，多數市場系自持產權，相對於產權多元化的市場，實施搬遷難度小一些。

目前，主城鋼材市場正式啓動搬遷工作的僅有兩家。其中，巨龍市場率先於 2010 年在團結村鐵路物流基地選址興建以承接外遷，現已基本建成即將營運，但老巨龍市場的關閉尚待時日，仍在繼續經營。另一家金材鋼材市場（位於沙坪壩梨樹灣），已在兩江新區果園港徵地 1,000 畝，投資 20 億興建新市場，準備實施整體搬遷，現正加緊建設中。

除此之外，其餘 10 餘家市場出於自身市場可持續發展的需要，雖有搬遷意願，也在籌劃前期準備，但由於以下因素的影響，遷建工作尚無實質性舉動：一是無合適的遷建地址，基本沒有土地指標可供；二是市場開辦者經過多年打拼所擁有的品牌、商家、客戶等資源以及所形成的既得利益，與新市場的合作存在諸多利益上的矛盾；三是政府對市場搬遷和關閉至今沒有明確的說法，「內客外貨」貨車限行政策的實施也無明確的時間表，缺乏正確導向。故大多數市場搬遷的緊迫感不強，尤其對可能出現的老市場關閉不統一、不堅決、搬一些、留一些導致「新市場活不了」的結局，存在極大的顧慮與擔憂。

二、重慶市鋼材市場比較性評價

(一) 排名視角的比較性評價

根據《中國商品交易市場統計年鑒 2012》，中國 2011 年前 100 家商品交易市場統計顯示，重慶 3 家市場入列，其中有 1 家鋼材市場——重慶巨龍鋼材市場，排名第 45 位。對中國 2011 年前 100 家專業市場的統計顯示，重慶 5 家市場入列，其中有 2 家鋼材市場——重慶巨龍鋼材市場（排名第 35 位）、重慶恒冠鋼材市場（排名第 89 位）。從這兩項排名看，鋼材市場在重慶商品交易市場體系中佔有一席之地。

根據《中國商品交易市場統計年鑒 2012》，中國 2011 年西部地區前 100 家商品交易市場統計顯示，重慶 29 家市場入列，其中有 7 家鋼材市場——重慶巨龍鋼材市場（排名第 2 位）、恒冠鋼材市場（恒冠物流有限公司）（排名

第 10 位)、重慶龍文金屬材料交易市場（排名第 13 位)、重慶金屬材料現貨交易市場（排名第 16 位)、重慶市恒勝鋼材市場（排名第 24 位)、重慶市大足縣西部金屬交易城（排名第 63 位)、重慶市大足縣龍水廢金屬市場（排名第 93 位)。從該項排名看，重慶商品交易市場在中國西部地區商品交易市場的總體格局中具有重要地位，其中重慶鋼材市場作為一個獨立的市場類別起到了重要的支撐作用。

根據《中國商品交易市場統計年鑒 2010》，中國 2009 年前 20 家金屬材料市場統計顯示，重慶鋼材市場沒有入列；根據《中國商品交易市場統計年鑒 2011》，中國 2010 年前 20 家金屬材料市場統計顯示，重慶巨龍鋼材市場是唯一一家，排名第 20 位；根據《中國商品交易市場統計年鑒 2012》，中國 2011 年前 20 家金屬材料市場統計顯示，重慶巨龍鋼材市場仍然是唯一一家，排名上升為第 17 位。該項排名說明，重慶鋼材市場在全國的地位並不突出。追蹤該項排名近三年的排名結果，全國鋼材市場的區域分佈相對穩定，主要集中在東部沿海的上海、江浙等經濟發達地區，這種區域分佈與鋼材的消費總量和消費結構的拉動作用相適應，從國內鋼材消費量來看，最大的是華東地區，其次是中南地區、華北地區。

(二) 市場發展模式的比較性評價

姚文斌（2007)[①] 比較了美、日、中三國的鋼材市場組織形式的演進情況，認為與美國鋼材市場組織以利潤為目標的獨立發展，以及與日本鋼材市場組織以公益性為特徵的縱向和橫向聯合不同，在中國，以地方鋼材專業市場為特色的鋼材市場流通渠道是中國鋼材產業市場組織形式的明顯特色，鋼材專業市場是依附於鋼鐵企業的銷售終端的松散的橫向聯合。重慶鋼材市場作為專業市場的一個大類專業致力於鋼材的流通，服務於重慶地方經濟社會發展，其存在的合理性和發展前景符合中國鋼材市場組織形式的演進規律，作為特色的鋼材市場流通渠道，重慶鋼材專業市場融入全國鋼材專業市場體系，並在該體系中承擔了區域分工。

方雯（2013)[②] 對國內鋼材電子交易市場、期貨市場和現貨市場的價格發現功能進行了比較分析，認為鋼材電子交易市場和期貨市場與現貨市場價格雖

[①] 姚文斌，王自勤，宮改雲. 美、日、中鋼材市場演進的分析研究 [J]. 經濟縱橫，2007 (5)：69-71.

[②] 方雯，馮耕中，陸鳳彬，汪壽陽. 國內外鋼材市場價格發現功能研究 [J]. 系統工程理論與實踐，2013，33 (1)：50-60.

然短期內可能會有所偏離，但是長期來看，存在穩定的關係。並且，在中國，與鋼材期、現貨價格相比，電子交易市場價格的信號作用更強，更能客觀真實反應價格走勢，可以作為現貨價格甚至是期貨市場交易價格的指導或基準。近年來，重慶鋼材經貿企業對電子交易市場的認知能力與日俱增，參與大宗商品電子交易市場的遠期合約交易漸趨活躍。鋼材是尚未形成國際定價中心的少數大宗基礎商品之一，重慶鋼材市場集合鋼材經貿商致力於鋼材現貨交易，基於鋼材電子交易市場、期貨市場和現貨市場的價格發現功能比較，重慶市場主體在大宗商品電子交易市場的參與度的高低，一定程度上決定了重慶鋼材市場融入全國鋼材專業市場體系得以健康發展的前景優劣，有必要系統地加以全面引導和扶持。

李擁軍（2009）[1] 比較分析了鋼材交易市場的三種基本類型——票據式鋼材交易市場、「前店後庫」式鋼材現貨交易市場、鋼材電子商務模式，認為「前店後庫」式鋼材現貨交易市場從其誕生之日起，就受到經銷商、鋼材用戶的歡迎，使其得以迅速發展，並成為當前鋼材交易市場的主流形式。進入 21 世紀後，中國的一些鋼鐵企業和鋼材經銷商都在積極探索適合中國鋼鐵行業特色的鋼材電子商務模式，目前已初步形成了相對完整的信息平臺、採購平臺、供求平臺系統。

重慶市鋼材市場屬於典型的銷地型、集散型市場，大體分為兩種類型：一種是以批發、倉儲功能為主，包括巨龍、龍文、金材、港灣、中物儲、436 處、鐵建物流、港九 8 家市場。這類市場擁有鐵路專用線，建有大容量的倉庫，配備有大型起重吊裝機具以及各類加工設備，具備較強的加工倉儲能力。近年來，倉庫幾乎年年爆滿，出租率幾乎達到 100%，是重慶鋼材流通的主要倉儲集散中心。其中以 436 處、巨龍和金材市場為典型代表。另一種類型以零售功能為主，包括綠雲石都、恒冠、恒勝、全悅、福道共 5 家市場，多為「前店後庫」模式，其貨源主要借助上述市場的倉庫進行儲存，現場鋪面存有少量產品供分零出售，並具有簡單的現場加工功能，裝卸方式主要是人工、吊車。由此可見，重慶鋼材市場以傳統經營模式為主，符合重慶本區域基於鋼材現貨交易的一般發展要求，組織形式和經營模式具有明顯的實用性特徵。但是，從全國乃至世界鋼材交易市場的發展趨勢來看，鋼材市場組織的發展必然基於完整的鋼材產業口徑，電子交易、物流倉儲、加工配送等現代流通組織形式必不可少，因此，從這個角度審視，重慶鋼材交易市場的改造升級也是勢在

---

[1] 李擁軍. 中國鋼材交易市場的發展及演變 [J]. 中國鋼鐵業, 2009 (9): 5-11.

必行的。

三、重慶市鋼材市場存在的主要問題

(一) 現有鋼材市場存在的主要問題

1. 市場環境受到制約

現有鋼材市場主要匯集在城市中心區，與城市功能產生較大衝突，交通壓力日益顯現，交易環境日趨惡化，市場場地狹小且周邊無拓展用地，已無法滿足企業自身發展需要。尤其是具有批發、倉儲功能的一批市場依賴的鐵路貨運站（如東站、梨樹灣、南站、大渡口、茄子溪等）相繼或即將關停，其物流優勢消失殆盡。

2. 市場服務能力不夠

這主要表現在倉儲及鋪面容量不夠，加工能力不足、配送服務不多。市場商戶產品無處存放的現象比較普遍，倉儲面積不能最大限度滿足存放需求，現場加工多為剪切、校直、折彎等簡單加工，且加工能力有限，無法為用戶提供深加工、精加工服務。此外，市場大多為第三方物流，擁有配送服務的不到現有鋼材市場的一半，難以完全滿足商戶需求。

3. 市場交易方式落後

主城現有鋼材市場基本上還停留在現場、現貨、現金「三現」傳統交易為主的階段，一些市場當「房東」收租金的角色並未根本轉變，市場管理模式、服務方式等體制機制轉型創新任重道遠。一些市場儘管開展了電子商務或運用現代網絡技術提升交易手段，但投入巨大，回報期長，尤其是推廣整合難度大，尚處於艱難探索中。

4. 市場經營面臨困難

受粗鋼產能嚴重過剩和遏制基礎設施過度投資導致需求萎縮的影響，重慶市鋼材市場處於持續低迷狀態。商戶的加工、出貨量大幅減少，批零交易下滑，庫存積壓增多，資金占用增大。在行業價格暴跌和經營成本攀升雙重壓力下，經銷商生意難做，無利可圖，基本處於全面虧損狀態。

由於不少經銷商開始收縮戰線，關閉撤除在各大市場的分銷門點，以致現有市場商鋪和倉庫出租率明顯下降，鋼材市場往年一鋪難求的火熱場面與眼下的蕭條景象形成鮮明對比。

(二) 鋼材市場規劃建設的突出問題

總體看，重慶鋼材市場的增長方式基本仍停留在依靠數量規模擴張的階段，傳統上以交易為主的市場格局沒有實質性轉變，尤其是沒有一個統籌全市發展的商品交易市場專項規劃，各地的市場規劃缺乏總體平衡把控和區域間協調銜接，客觀上形成投資商引導市場建設的格局。

一些地區不顧當地資源和物流條件，彼此都強調對周邊的輻射和吸引，盲目招商引資，亂批亂建市場，導致市場遍地開花，定位不準，業態雷同和低水平重複佈局；一些市場項目特別是大型項目，缺乏紮實的可行性研究，未經科學論證和嚴格篩選就倉促立項上馬，貪大求全，給後續發展造成極大困難；一些投資商並不具有市場開發營運專長，但通過拔高和誇大項目功能作用，迎合當地招商引資需求，盡享多種優惠，以獲取土地，搶建市場；有的過早出售市場產權，以回籠資金規避風險，但卻給市場的長期發展留下隱患。具體看，問題突出表現在以下幾方面：

1. 土地資源浪費嚴重

重慶現有鋼材市場占地2,300畝，正在建設的項目占地8,604畝（部分二期供地尚未兌現），擬建的項目規劃用地2,356畝，三項之和，全市鋼材市場用地規模將達到13,260畝。儘管主城現有鋼材市場下一步將陸續搬遷，其所占土地將另作他用，但異地遷建，同樣需要占用一定土地，且規模不會小於現有水平。因此，鋼材市場的用地總規模還將有所突破。

據分析預測，到2020年，全市鋼材市場用地規模約為4,000畝，但目前，僅在建市場項目用地就超出了4,500畝，也相當於現有市場占地的3倍多。

當前國家土地資源日趨稀缺珍貴，客觀上要求轉變經濟增長方式，實現優化集約用地。而重慶仍然依靠占用大量土地來尋求市場的規模擴張（不排除部分低水平傳統鋼材市場），顯然是對土地資源的極大浪費，與科學發展觀所倡導的資源節約型增長方式明顯不符。同時，這些項目中，是否均需要大量占地，是否存在圈地投機現象值得商榷和關注。

2. 建設規模總量過度

重慶鋼材市場建設規模過度，主要體現在建築總量過大，單體規模偏大兩個方面。從建築總量看，在建項目面積為360萬平方米，擬建項目面積為144萬平方米，兩項之和，建築總面積達到504萬平方米；從單體規模看，在建項目平均用地459畝，平均建築面積24.6萬平方米，占地1,000畝以上的項目有5個，建築面積10萬平方以上的達11個，最大占地1,200畝，建築面積

120 萬平方米，僅此一個項目的建築面積，就比現有 18 家市場面積的總和還多出 20 萬平方米。

據分析預測，到 2020 年，重慶鋼材消費需求約為 2,500 萬噸，與之相適應，鋼材交易市場建築規模需求約 250 萬平方米。但從目前情況看，僅在建項目的面積就超了 110 萬平方米，相當於現有市場面積的 3.6 倍。

目前全國鋼材產能嚴重過剩，消費需求增長也有一定限度，供大於求的矛盾將長期存在。在此背景下，重慶鋼材市場無限度地盲目擴張，勢必造成市場總量過剩，招商不足，從而加劇市場無序競爭。同時，一味強調大手筆，追求「大而全」「超大化」很容易演變成「空殼化」。目前一些新建市場出現的大面積空置、二期項目無法啓動成為「半截子」工程的現象，應該看作是一個危險警示信號。

3. 市場佈局不盡合理

一是零散混亂，14 個在建項目分別佈局在 14 個不同區域，集中度低，集約化差，且大都功能業態雷同，缺乏各自特色；二是重複佈局，有的地區在已經佈局鋼材市場的基礎上，又規劃建設新的市場，一些相鄰區縣彼此都強調對周邊的輻射和吸引，相距 30~50 公里，都在做鋼材市場文章；三是盲目建設，個別新佈局建設的鋼材批發市場既不靠港口又不靠鐵路，缺乏必要的條件，一期雖早已建成，但招商困難，二期建設至今無法啓動，形成「半截」工程。

4. 市場風險隱患突出

商鋪產權分零化的趨勢比較突出。目前至少有 4 個項目在招商階段即將商鋪產權分零出售。其中，一家市場採取租售方式招商，已出售 100 餘個，出售比例高於出租，另一家市場共有 200 多個商鋪，已出售 170 多個，出售比例高達 80% 以上。另外兩個項目，雖未正式開建，但採取以成本價出售方式，提前進行招商，已有 400 餘家商戶簽訂意向。這些商鋪購買者，除了部分從事鋼材經銷的商戶外，也不乏部分炒鋪投資客，以期商鋪增值轉租或轉售。市場商鋪產權的分零出售，尤其是產權為若干投資小業主所擁有，為市場品牌統一打造和長期培育發展埋下了隱患，存在著巨大的經營風險。

此外，一些鋼材市場不切實際、不合常規的占地行為極有可能形成名為建市場實為「圈地」，招商不足導致資金鏈斷裂進而無法及時還款、利用虛假質押或抵押方式騙貸等一系列違法違規隱患。從全國範圍看，這些隱患真實存在，甚至有些隱患已經爆發，成為足以吸取教訓的真實案例。

5. 市場無序競爭加劇

目前，鋼材市場的無序競爭已開始顯現：惡意殺價、磅秤做假、私下返利

等屢見不鮮。一些企業隨便租賃一塊場地，配置簡易的設備，就可以辦成一個市場；一些新建市場以超常規的招商策略和手段，到現有市場中招攬經銷商，造成人心混亂，干擾到老市場的正常經營秩序。同時，由於鋼材市場數量不斷增多、規模越來越大，鋼材經銷商隊伍和消費需求增長十分有限，在供大於求的情況下，圍繞爭商家、爭客戶、爭業務的無序和惡性競爭，將不可避免地進一步加劇，從而影響到整個鋼材市場的持續健康發展。

四、重慶市鋼材市場發展的對策建議

（一）強化政府宏觀調控手段

修訂和重新出抬《重慶市商品交易市場管理條例》，通過立法的手段，對市場規劃佈局、建設、營運實施全面管理；制定全市商品交易市場包括鋼材市場發展的專項規劃，增強規劃的權威性和導向力，通過規劃的手段，統領指導各區縣的市場佈局；實施政府前置性行政審批，將大型市場項目的審批權收歸市級主管部門和相關職能部門掌控，利用行政的手段，防止地方政府頭腦發熱和各自為政，抑止投資商引導市場建設的傾向，可考慮對規模在 10 萬平方米以上的大型市場建設項目實行准入制，經市級主管部門和相關職能部門審核批准後，方可立項；同時，對 1 萬平方米以上 10 萬平方米以下的市場項目實行備案制，以保持對市場規模的合理掌控。

（二）嚴格控製市場建設規模

市場用地規模必須與城市土地利用總體規劃緊密銜接，並堅持節約、優化的原則，在考慮鋼材市場長期發展的前提下，嚴格控製土地指標和分期供地。市場的單體規模和總體規模應該有個度的掌控，必須與當地的客觀條件相結合，與社會消費需求的增長相適應，與經營主體的形成相匹配。當前的首要任務是剎住鋼材市場建設盲目擴張之風，一些尚在規劃的項目應立即叫停。

（三）加強市場的優化佈局

堅持大型鋼材市場向「三基地四港區」和外環商貿物流園集聚佈局，以充分整合和利用資源，發揮集約、集群效應；堅持區域市場總體平衡、協調發展的原則，加強相鄰地區間的銜接協調和優勢互補，實行錯位和差異化、特色化佈局，避免重複建設和資源浪費。

(四) 正確引導市場外遷

盡快研究制定主城專業市場包括鋼材市場搬遷意見，確定「內客外貨」貨車限行政策的實施時間，明確搬遷進度和搬遷政策，以政府明確的信號，引導主城專業市場早做準備，有組織、分步驟地啓動市場搬遷。

為避免遷建引發市場規模的再度擴張，一要鼓勵新建市場與搬遷市場間的對接整合，在充分考慮現有市場及商戶的利益訴求下，利用新建市場的現成條件，促成新、老市場在商戶、土地、品牌和加工服務、物流配送等資源方面的優化重組，合作共贏；二要對難以整合的遷建市場給予合適安排，在遷建去向、土地供應、財稅政策等方面給予必要的扶持。

(五) 積極引入社會治理力量

除政府和市場兩種力量之外，重慶鋼材市場的發展還需要積極引入社會治理力量，特別是發揮行業協會、專家團隊、企業家聯誼會、管理諮詢機構等社會組織和團體的積極作用。一是建立聽證制度，組織相關方面包括行業協會，參與對大型項目的聽證論證，確保項目的科學性和可行性；二是由主管部門牽頭，組織專家和行業協會，對目前在建和擬建市場項目進行梳理排隊和分析論證。以此為基礎，明確一批優先發展重點項目，在土地供應、融資貸款、配套政策方面給予傾斜，暫停一批明顯同質化、超規模的市場項目，待完善規劃措施、優化業態佈局或削減規模後再行續建，淘汰一批擬建市場項目，避免形成既成事實造成更大資源浪費。

(六) 進一步發揮龍頭市場的作用

規模化、集團化是鋼材交易市場在未來相當長時期內的發展方向，重慶鋼材市場的規模化、集團化發展需要進一步發揮龍頭市場的作用。一是依託龍頭市場發展具有強大輻射功能的鋼材集散樞紐和鋼材物流中心，提升重慶鋼材市場的區域地位和區域流通的調控能力；二是鼓勵大型或超大型鋼材交易市場通過託管、連鎖經營、股份制等形式擴大其地域輻射範圍，從而實現重慶鋼材市場體系的品牌化、有保證的持續擴張；三是鼓勵擁有技術及裝備優勢的鋼材交易市場向服務營銷型深加工中心、產業型深加工中心轉型，引領重慶鋼材市場以技術進步為動力的發展潮流。

(七) 引領市場創新發展

突破傳統，贏得富有活力的發展局面是市場創新發展的內在意義。重慶鋼

材市場的創新發展可以在以下三個方面進行積極探索：一是市場監管功能的創新。利用上下游相關企業對鋼材市場的資本注入實現對市場內經銷商的監管，促進「佣金代理制」的實質性運行，進一步強化經銷商乃至整個市場在鋼材產業發展中的渠道作用。二是市場專業化分工與協作的創新。鋼材市場作為維護市場秩序的主體，有條件集結市場內的經銷商形成具有共同利益目標、接受統一規則約束的利益共同體，以此為基礎形成「虛擬企業集團」，在鋼材市場內實現專業化的分工與協作，合力提升市場競爭力。三是市場服務功能的創新。可以通過資源整合不斷強化對市場內經銷商的服務，在提供行業信息、電子交易平臺、結算、融資、倉儲物流、加工配送等方面形成「一站式」服務能力。

第十二章　重慶市主城區家居市場發展分析

20世紀90年代中期，隨著中國房改政策的實施，中國的百姓開始擁有了自己的住房。伴隨而來的便是家裝熱潮，進而衍生出了家居市場這一具有中國特色的商業業態。家居行業作為房地產行業的下游產業，受房地產行業的影響明顯，其發展歷程也印證了這一點。近年來，房地產行業面臨調控，重慶市主城區家居市場正式進入變革期。在此階段，家居市場的發展現狀出現了一些新的特徵。

一、重慶市家居市場發展歷史沿革

（一）1990—2000年：家居市場的萌芽期

20世紀90年代初期開創了建材家居市場的先河，以路邊攤為主要經營形式，形成了以重慶馬家岩、石橋鋪、龍溪鎮、南坪片區為代表的建材一條街，市場主要面向低端客戶。

（二）2000—2005年：家居市場的成長期

自2000年起，中天裝飾城、得意裝飾城、家佳喜裝飾城在渝中半島形成了「三足鼎立」之勢，商場化管理的裝飾建材家居市場應運而生。重慶家居市場從自發的攤位制市場開始向規範化、商場化的專業賣場蛻變。

2003年，「鎧恩國際家居名都」專業家具大賣場進駐南岸八公里。隨著江北建瑪特 Shopping Mall 亮相，超大規模的建材城在重慶家居市場形成南北對峙格局。2004年，建瑪特江北店盛大開業。同時，成都青田家私落戶渝中區大溪溝，東方燈飾廣場又一專業燈飾賣場誕生、商社建材以及金觀音家具城等區

域市場紛紛湧現，重慶家居賣場區域化格局漸成雛形。

2005年，全國連鎖建材市場進入重慶。東方家園落戶江北五里店，百安居落戶南岸區工貿。航母西部建材城超大體量建材賣場開業。同時，伴隨鎧恩國際首個「歐美家具館」、美克美家、燈瑪特的相繼亮相，重慶中高端家居產品市場凸顯。

(三) 2005—2011年：家居市場的大擴張期

居然之家、紅星美凱龍、歐亞達、香江家居、好百年等外地賣場湧入重慶。聚信名家匯、聚信美、美每家等本地賣場相繼開業，提檔升級。

2006年，居然之家、紅星美凱龍相繼進入，提升了重慶家居市場的整體形象。同年，百安居黃泥磅店、龍湖紫都城店開業。本土賣場奮力崛起，八益建材市場孕育了國窖建材匯展中心，馬家岩建材商圈孕育了大川建材市場、升偉精品裝飾城。

2007年，聚信國際建材城開業，匯集了重慶最具品牌力的木製品品牌，成為重慶木製品消費的匯聚地，標誌著北部、南岸和沙坪壩三大傳統建材商圈完成升級換代。2008年9月，聚信國際建材城二期開業，奠定了聚信國際建材城建材消費的主導地位，形成建材消費的核心區。2009年，出現了「中國家居看重慶」的恢宏景觀——短短半年，重慶湧現了10家餘家居新賣場。

2011年，美每家、聚信美超大體積的家居建材市場開業。至此，重慶主城區家居市場近50家，總規模近300萬平方米。

(四) 2011年至今：家居市場的變革期

重慶市主城區家居市場總體呈現出百花齊放、良莠不齊、競爭慘烈、各樹一幟的局面。看起來很紅火，但品牌產品和品牌企業嚴重不足，競爭手段非常單一，價格戰無休止地打，嚴重制約著整個重慶家居行業品牌的健康發展和迅速提升。同時隨著重慶主城區城市建設的快速擴張、二環區域發展規劃全面實施、「三基地四港區」物流規劃空間佈局全面推進，主城區家居市場外遷化趨勢明顯。諸多市場也趁此機會整合提升、轉型發展。家居市場正式步入變革期。

1. 家居市場受房地產調控影響面臨洗牌

2011年各大賣場均出現一定程度的業績下滑，退租現象層出不窮，家具出口同比下滑了60%以上。中天裝飾城閉館，得意裝飾城宣布全面退出建材家具市場，轉型餐飲娛樂業。江北富力海洋廣場招商失敗，東方家園退場，香江

家居撤離重慶，百安居黃泥磅店、南坪店先後關門，好百年不到一年關門。種種跡象表明，家居房地產調控行業影響巨大，行業正面臨洗牌。

2. 家居市場開始進入理性發展

幾年快速發展的重慶家居業，跨過了馬路市場、攤位市場的粗放時代，逐步升級成集超市、百貨、購物中心等眾家之長，行業適應性更強的專業化家居商場、「主題家居 MALL」等，市場環境更為時尚、現代化，導入品牌也更為高級豐富。

3. 競爭方式開始多樣化

以紅星美凱龍、居然之家、聚信美為代表的大賣場，其目標消費群重疊，賣場定位重疊，拼搶客戶。規模型賣場中，鎧恩國際家居名都、美每家偏安一隅，並主打中低端規模市場優勢，大量吸聚主城及區縣消費者。

以聚信名家匯、龍湖家悅薈、燈巢等為代表的中小型賣場以中高檔定位及主打品類優勢為特點，形成特色。如聚信名家匯以品質建材為核心，形成大品牌集結規模優勢，如木製品、建材大牌旗艦店等。

銷售通道多樣化。建材商通過裝飾公司、自建渠道、獨立店、電商以及第三方銷售平臺（如超級腕）等，形成多樣化的銷售及展示通道，開展電子商務，傳統家居市場的銷售功能受到衝擊。

二、重慶市家居市場 SWOT 分析

（一）優勢（strengths）

1. 市場成熟度高

重慶現有家居市場經過二十多年的發展、擴容，每個市場都有一定規模，材料齊全，各檔次均備。有的已經升級到二、三代市場。

2. 交通便捷

重慶現有家居市場大都在主城區域範圍內，市內交通發達，公共交通便捷，用時短，運輸方便，運輸成本低。

3. 配套設施基本完善

經過多年的發展，市政設施、道路管網、電力配置以及餐飲娛樂設施基本完善。

4. 管理團隊專業

多年的發展和經營，逐漸形成和組建了自我特色的經營管理團隊，有的為

了保持市場管理方面的優勢，還聘請了全國建材市場領袖級專業團隊，或者是國際化的管理團隊。

5. 客源穩定

每個市場的經營戶和經銷商，都有自己的穩定客源和成熟的銷售渠道。

6. 客戶認知度高

由於市場建立時間長、宣傳、口碑等，逐漸得到二級、三級市場以及終端消費者的認可，有的甚至耳熟目詳。

（二）劣勢（weaknesses）

1. 定位不準

交易市場要做大做強，首先應定位準確，對各個區域應明確分工、優勢互補，規範所有商鋪的經營行為，促使朝著專業化、檔次化、精細化方向發展。重慶家居市場規模小、數量多，技術創新能力普遍較差，產品設計和開發更是競相模仿，同質化市場遍地開花，商家為了提高市場的佔有率，基本上開一家進一家，這樣使得商家的經營成本大幅度提高，而利潤卻在下降。同時由於定位不清，高、中、低一起銷售，產品檔次質量魚龍混雜，售後服務不到位。

2. 深度整合不力

現有市場商品種類雖多，但缺乏區域資源整合；現有市場雖然大，但沒有形成大的市場概念，缺乏整體售後服務保障體系、整體營銷舉措、市場整體核心管理，缺乏有檔次的大型商業交易活動。

3. 沒有現代家居商務中心理念

現有市場最多是採購中心，未大規模吸引建材廠方、建材加工業主、總代理進駐，無朝著建材商務中心方向發展的理念。

現有市場大多採取攤位制的銷售方式，價格不穩定甚至進行價格欺騙、質量檔次懸殊、售後服務不利等因素影響了消費者的信任，市場競爭處於較低水平，經營風險較大。

4. 家居建材市場規模尚小

重慶最大的重慶鎧恩國際家居城只有 40 萬平方米，馬家岩（升偉、大川、臨江、光能）建材圈也只有 60 萬平方米，與周邊省會城市比起來，重慶地區家居建材市場處於起步階段，規模尚小。

5. 配套設施有待完善

現有市場雖然有一定的配套設施，但通信、金融等更為便捷的配套設施服務卻沒有全部完善。重慶雖有大市場，但無大賣場，大賣場的輻射積聚、群聚

效應及規模效益等特點並未形成，因此並沒有形成大市場帶動大產業的局面。

（三）機會（opportunities）

主城區專業市場經歷了由「街」到「場」再到「城」的過程，在經歷了二十幾年高速增長後，正逐步實現從數量擴張向質量提升的轉變之中。專業市場逐漸步入了規模化發展的道路，在優化市場交易功能的同時突出市場的專業化、現代化，形成具有「展貿功能+電子商務+現代物流」組合而成的「市場綜合體」。同時，位於主城區內的大部分專業市場所占據的空間位置非常優越，逐漸成為中心城區重新進行產業佈局與升級發展的障礙。內環以內大型功能性市場搬遷，已成為順應市場發展和城市產業佈局調整要求的必然趨勢，同時重慶作為國家五大中心城市的建設與發展，都為家居市場發展帶來機遇。

（四）威脅（threats）

1. 缺少規劃，無序發展

這種現象在重慶乃至全國都具有普遍性。其原因在於建材流通主管部門、規劃部門、工商管理等部門前期缺乏協調；對市場需求、市場佈局、數量及業態缺少研究、指導；缺少對市場成立的聽證、論證、准入等的宏觀調控制度。

2. 業態落後，現代化水平低

從重慶整體看，家居市場業態比較落後，在市場數量上，家居連鎖超市、商場化市場和購物中心等這些比較先進的市場業態大約占總體市場的20%，其餘80%還是初級的攤位制市場。

3. 信譽形象不好，產品質量、價格管理不到位

由於市場管理粗放、經營秩序混亂、假冒偽劣商品導致了自身信譽形象不好，其管理中突出的問題是產品質量以及價格管理問題。

三、重慶市家居市場發展建議及展望

（一）重慶市家居市場行業發展建議

1. 數量擴張轉向運行質量的提高

現有很多市場，都採取由主辦方出租場地、收取租金、提供物業管理服務模式。家居建材市場必將轉向經營市場、信奉消費者、商戶皆為「上帝」，注重廣告宣傳、樹立職場形象、誠信經營等。如「先行賠付」「送貨上門」「配

送服務」等。主辦方應由物業管理型轉向經營管理型。

現有市場，多是攤位制市場。隨著經濟水平的不斷提高，流通資本的相對集中和消費者生活質量不斷提高，必將要求市場向商場化市場、購物中心方向發展。集休閒娛樂、購物為一體的家居建材購物中心成為發展的必然趨勢。

2. 業態上，向商場化、購物中心方向發展

國民經濟的快速發展、經濟水平的不斷提高以及流通資本的相對集中和消費者生活質量的不斷提高，要求市場業態必須由那種初期的攤位制市場向商場化市場、購物中心方向發展。這就要求我們在設計和定位上要做到建築檔次高、設施現代化、經營的商品品牌化的大賣場、專賣店、超市，做到多業態結合，必須集休閒娛樂、購物於一體。

3. 招商制建材家居市場經營範圍大有突破

原經營範圍為建築結構建材、基礎材料、裝修材料的招商制建材家居市場更多向集建築結構建材、基礎材料、裝修材料、家居、廚具、衛浴、燈飾、布藝、家電和其他家居用品、飾品等經銷為一體的家居建材市場轉換。

4. 形成生產與銷售的產業鏈

在大型的家居建材市場中，形成以家居建材市場為中心，以材料商、生產商、家裝公司為輔的家居產業鏈，各方緊密合作達到共贏，也只有這樣，市場的潛力才會得到挖掘，做到利益更大化。

(二) 重慶家居市場發展展望

1. 總量過剩更趨嚴重

目前主城區正在建設的市場面積超過 500 萬平方米，加上現有的 460 萬平方米，未來 2~3 年，全市家居建材市場規模將達到驚人的 1,000 萬平方米以上。而據業內專家預測，到 2020 年，重慶家居建材市場總規模需求僅為 750 萬平方米。

2. 行業競爭日趨激烈

一方面，隨著國家對房地產業的宏觀調控持續進行，家居市場曾經優良的外部發展環境將不復存在；另一方面，新型經營模式的快速發展和市場規模的無序擴張形成的行業競爭日益加劇，蛋糕份額大幅縮水，家居市場過去一鋪難求的火爆場面也將一去不復返。在需求不旺和銷售分流的雙重影響和衝擊下，賣場生存難度將進一步加大，行業洗牌在所難免。

3. 結構調整、模式創新、服務升級仍是主旋律

結構調整、模式創新、提升服務成為市場核心競爭力的關鍵所在。其中，

市場提升服務包括兩個方面：一是市場作為交易平臺或載體，主要服務對象是消費者，消費者信得過，消費者樂意買單，就是市場興旺繁榮的最大保障；二是市場營運商實質是服務商，主要服務對象首先是經營者，經營者生意不好，賣場就很困難。商家穩，則市場穩，商家興，則市場興。因此，堅持以消費者為導向，以經營者為依託，提升為消費者和經營者的兩個服務，完善服務體系，延伸服務鏈條，成為市場核心競爭力和可持續發展的根本要務和關鍵所在。

第十三章 重慶市農產品批發市場發展分析

一、重慶市農產品批發市場發展現狀

(一) 重慶市農產品市場體系及佈局

1. 重慶農產品批發市場體系

重慶市農產品市場基本形成了一級批發市場、二級批發市場、社區農貿市場、連鎖超市等多層次的體系格局。截至 2012 年年初，全市各區縣已建、在建、擬建的各類農產品批發市場共 98 個，其中已建 44 個，在建 21 個，擬建 33 個。

一級農產品批發市場主要有江北觀音橋農貿市場、菜園壩水果批發市場、萬噸冷庫批發市場等；新建的一級農產品批發市場為雙福國際農貿城、巴南西部花木城等。其中，重慶雙福國際農貿城總投資約 80 億元，規劃占地 5,000 畝，建成後將成為全國一流的農產品批發交易、農產品展示、物流配送、電子商務等功能齊全、交易現代化的國際農產品批發市場。巴南花木世界占地面積約 5,000 畝，總投資 12 億元，建成後將成為全國最大的集花木園藝交易展示、設計研發、生產加工、物流運輸、電子商務、生態旅遊、休閒觀光於一體的綜合性專業花木園藝產品集散中心。

目前重慶市農產品批發市場中二級批發市場數量多，分佈相對較均勻。大部分二級批發市場兼具零售功能，主要二級批發市場有萬州區三峽農產品物流批發市場、永川農產品綜合批發市場、南川農產品批發市場等。

從流通渠道看，目前重慶市一級批發市場的產品主要是從全國各地運往重慶，進入一級批發市場後，大部分進入各二級批發市場，少部分流通到社區農貿市場以及大型超市，二級批發市場從一級市場以及本地專業化產業基地購入

產品，少部分產品直接從外地購入，再通過三級市場或超市到達消費者手中，或直接銷售給消費者（圖 13.1）。

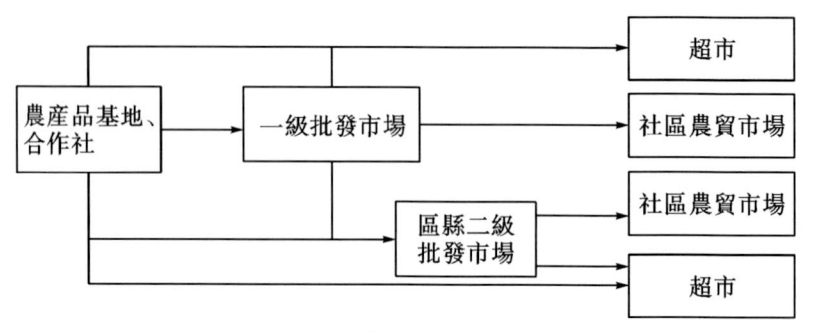

图 13.1　重慶農產品批發市場體系圖

2. 農產品批發市場空間分佈

重慶市農產品批發市場發展區域差距大，主城區的綜合農產品批發市場數量多，發展較快，規模較大，兩翼地區大型批發市場較少，交易規模小，但隨著重慶市兩翼區域發展戰略的推進，兩翼地區農產品批發市場也得到快速發展（圖 13.2）。

圖 13.2　重慶農產品批發市場空間佈局圖

目前，重慶已建成的44個農產品批發市場中，主城區數量最多，為16個，占比36.4%；一圈非主城區14個；渝東北11個；渝東南3個。在建農產品批發市場中，主城區為5個，一圈非主城6個，渝東北7個，渝東南3個。擬建農產品批發市場中，主城區較少，為4個，一圈非主城數量最多，為13個，渝東北9個，渝東南7個。

(二) 重慶市農產品批發市場經營情況

1. 市場經營面積

重慶農產品批發市場總經營面積約141.35萬平方米。其中，經營面積20萬平方米以上的農產品批發市場1個（江北區觀音橋農貿市場）；10萬~20萬平方米的農產品批發市場2個；5萬~10萬平方米的農產品批發市場6個；4萬~5萬平方米的農產品批發市場1個；3萬~4萬平方米的農產品批發市場4個；2萬~3萬平方米的農產品批發市場6個；1萬~2萬平方米的農產品批發市場15個；1萬平方米以下的農產品批發市場9個（圖13.3）。

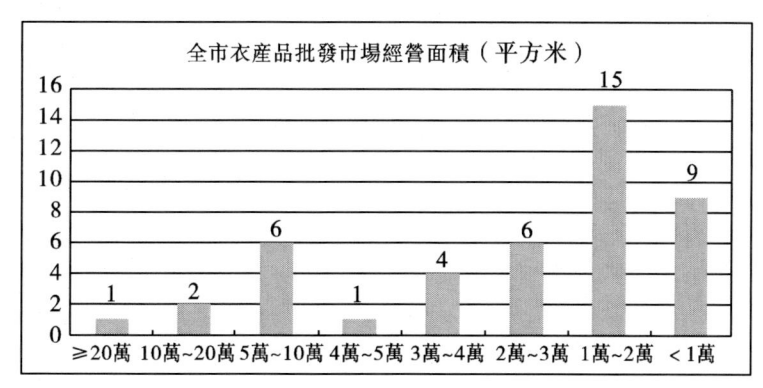

圖13.3 重慶農產品批發市場經營面積比較圖

2. 經營戶數

重慶現有44家農產品批發市場中，除墊江無經營戶數外，其他43個總經營戶約40,749戶。其中，3,000戶的有2家，為江北觀音橋農貿市場和永川農副產品綜合批發市場；1,000~3,000戶的有2家；500~1,000戶的有9家；400~500戶的有5家；300~400戶的有3家；200~300戶的有8家；100~200戶的有9家；100戶以下的有5家（圖13.4）。

3. 交易額

從交易金額來看，統計的2011年全市28個農產品市場總交易額約為621.574,9億元，平均每個批發市場年交易額為22.2億元。其中交易額規模最

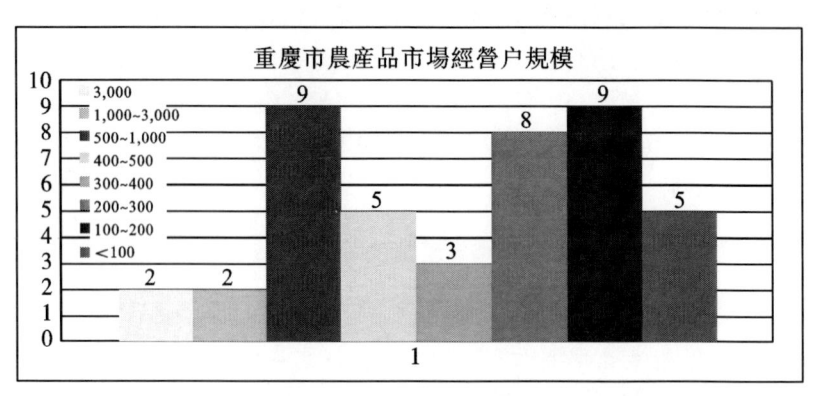

圖 13.4　重慶農產品批發市場經營戶規模比較圖

大的為觀音橋農貿市場，約 233.693 億元，占全市農產品批發市場總交易額的 37.6%；其次為大渡口萬噸冷儲物流交易中心、渝中區西三街水產品市場和重慶花木世界，分別為 130 億元、55 億元、50.338 億元；其他批發市場中，年交易額 10 億~23 億元的有 5 個，5 億~10 億元的有 6 個，3 億~5 億元的有 6 個，小於 3 億元的有 7 個（圖 13.5）。

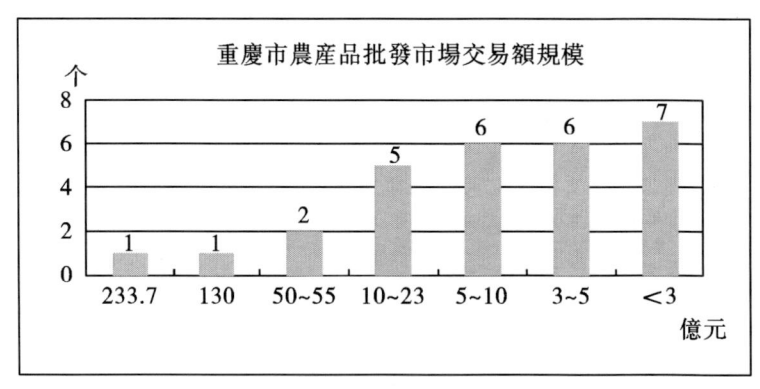

圖 13.5　重慶農產品批發市場交易規模比較圖

二、重慶市農產品批發市場建設主要經驗

（一）多方參與主體

近幾年，重慶市農產品批發市場參與主體呈多元化發展趨勢，由過去政府

單一投資逐漸向多種市場主體參與的格局發展。社會各方投資辦市場，參與市場建設的主體涉及國家、集體和民營等企業。

社會多方的參與保證了雄厚的資金來源，使農產品批發市場不斷做大做強，較好地消除了以前農產品批發場地不足、設施簡陋、以街為市的狀況。同時，近年來以個體工商戶經營為主的格局正在發生變化，物流企業、新型農產品批發企業和商貿企業紛紛入駐市場，為農產品批發市場注入生機與活力。

目前，重慶市農產品市場主要參與主體有渝惠集團（商投）、農投、供銷社農產品集團、重慶公運集團等。值得注意的是，上述市場與體系的投資、營運及控股主體均為國有資本，重慶主要批發市場屬於國資公司或國有公司控股，以利於掌控農產品流通、控制物價、便利消費者。如觀音橋農貿市場，渝惠集團控股70%，市場主要經營商戶控股30%，該類模式既在一定程度上加強了政府對這一菜籃子工程的公益性的控制，又調動了商戶的積極性。

（二）完善市場服務體系

市場服務體系的完善程度直接影響到市場服務效果，因此進一步完善農產品市場服務體系建設，是增強市場競爭力的基礎和前提。重慶部分農產品市場為商戶提供的各類服務的經驗值得學習和借鑑。如菜園壩水果市場自開業以來，長期堅持政府政策優惠、部門稅費優惠、市場租金優惠的「三惠」舉措，有效地降低了經營成本費用，較好地擴張了經營效益空間，增強了市場集聚力和輻射力；另外，商戶購買產品時，市場還組織商戶到產地進行集體議價、統一購買的方式進行採購，大大降低了採購成本。

（三）重視物流交通組織

重慶市農產品市場十分重視物流交通體系的建設，從規劃選址開始，交通條件一直被看成市場建設和發展的重要因素之一；在營運階段，個別市場建立有專門的運輸團隊，如菜園壩水果市場於2001年8月組建了重慶菜園壩水果市場物流配送中心，中心配置車輛共300餘輛，配送中心的經營方針是「統一管理、標準收費、安全快捷、服務消費」。營運實施措施是「五統一」，即統一車標、統一配送、統一收費、統一調度、統一安檢，有效地整治了車輛亂停放、運程亂收費、商品亂裝卸的「三亂」狀況，規範了市場運輸秩序，增強了市場物流活力。

三、重慶市農產品批發市場存在的主要問題

（一）缺乏統一的體系規劃

目前重慶市農產品批發市場建設缺乏統一的體系規劃，宏觀政策引導力度不夠，導致市場建設規劃佈局、功能區劃分不合理，缺乏科學性，市場功能不足等。從全市農產品批發市場空間佈局來看，地區間分佈極不平衡，主城區發展較好，兩翼地區發展落後；同時，銷地市場多，產地市場少。隨著城市框架拉大、新建社區的改造和城鎮一體化建設步伐加快，原有的農產品市場大多面臨搬遷問題。由於缺乏統一規劃或規劃滯後，有不少農產品批發市場面臨重新選址問題，加之農產品批發市場建設投資大，勢必制約農產品流通的發展。

（二）對本地農業發展帶動小

重慶農產品專業市場主要為銷地型市場，蔬菜主要來自海南、廣西、雲南、四川、陝西、山東等地區，水果主要來自海南等地區，水產品主要來自福建和廣東等地區，乾雜貨主要來自北方和湖北等地區，這些與本地產業發展的關聯度不大，對本地農業發展帶動力不強。此外，重慶農業仍以小農生產為主，集約化、規模化程度較低，經營分散，農業專業合作社等農村合作經濟組織發育緩慢，加上缺乏具有區域影響力的產地型農產品批發市場，不能積極有效地發揮農產品批發市場對本地農業發展的帶動作用。

（三）信息化建設不完善

傳統農產品批發市場向現代化農產品批發市場轉型，不但需要設備先進、交易方式創新、信息傳遞方式創新，還需要建立起與現代農產品流通方式相適應的信息服務體系等。而目前重慶市農產品批發市場信息化水平仍較低，重慶市除主城區個別大型批發市場建有信息化平臺外，大多數市場仍不具備信息化平臺。物流和信息設備條件落後於國內先進水平，信息資源共享程度低，無法使市場、政府、產品供應者、產品需求者之間的信息交流暢通，導致市場供求信息不能有效傳遞，使得市場信息指導生產與消費的作用不能有效體現。

（四）冷鏈體系建設滯後

冷鏈物流體系的建設是促進農產品流通、包裝全程保鮮的重要手段。重慶

冷鏈體系的發展水平與全國平均水平類似，剛剛處於起步階段。其主要表現為：一是冷庫容量不足，難以滿足市場需求，其中大部分冷庫只限於肉類、魚類的冷凍儲藏。在冷庫建設中重視肉類冷庫建設，輕視果蔬冷庫建設；重視城市經營式冷庫建設，輕視產地加工冷庫建設；重視大型冷庫建設，輕視批發零售冷庫建設。整體發展欠缺影響了冷鏈物流的資源整合。二是冷凍冷藏運輸車輛太少，專業設施設備能力不足，無法完全保證全程冷鏈的實施。三是原有專用庫房、車輛等設施設備陳舊，無法保證冷鏈物流系統的良好運行。

(五) 新建市場配套能力弱

通過對雙福西部國際農貿城等農產品批發市場調研發現，許多新建農產品市場一般距主城區較遠，通往主城區的公交線路未開通，交通不太便利，人流不大，配套建設相對滯後，缺乏城市氣息和氛圍，周邊的娛樂設施較少，銀行、超市等商業網點稀少，這些對農產品批發市場快速發展制約較大。如雙福西部國際農貿城，配套住宿、餐飲、停車場等配套設施建設滯後，商業配套不能滿足入駐商戶及駕駛員的需求，同時，外圍交通不便，主城區公交未通，導致人氣不旺。

四、國內外農產品批發市場主要發展經驗

(一) 提高農業生產規模化、組織化程度

發達國家農產品批發市場發展經驗表明，破解農業生產產銷難題的有效辦法是不斷提高農民組織化程度和生產規模化水平。這一是可以帶動農業產業結構的調整。農民專業合作社一頭連著市場，一頭連著農戶，市場的信息通過合作社較為準確地傳遞給農戶，合作社通過自身經營引導農戶發展專業化生產，形成規模化、專業化的農業產業區域和農業產業體系，可有效推進產業結構的調整和升級。二是有利於提升農產品質量層次。合作社為農業標準化的推廣提供了有效的載體，為農產品質量安全體系的建設和推廣提供了組織保證。三是有利於產品銷售價格的提升。組建農民專業合作社，避免了農戶之間、農戶與加工企業之間的無序競爭，通過合作組織可以爭取更多價格談判話語權，維護了農民的利益。

重慶在農業發展中，應結合當前重慶農業產業化發展實際，大力提高農產品生產組織化程度，可以通過壯大農業產業化龍頭企業，發展農民專業合作組

織等渠道，提高農民、農業生產和農產品批發市場的組織化程度。

(二) 先進的交易方式

在國外，遠期、遠程、拍賣交易已成為農產品批發交易的主體內容，由於拍賣可以實現農產品質量等級化、重量標準化、包裝規格化以及檢驗檢測制度化，同時可以提高交易速度、形成公開透明的交易價格，很多發達國家和地區法律都規定大部分農產品都要進入拍賣市場。如日本大阪市中央批發市場90%的鮮活農產品都經過拍賣成交；荷蘭的阿司米爾花卉拍賣市場是世界上最大的花卉交易中心，荷蘭出口的花卉中有一半以上是通過這個拍賣市場銷售出去的。

重慶市農產品市場也應注重交易方式多樣化發展，積極發展訂單購銷、電子商務、網上交易等營銷方式。在一些條件成熟的農產品市場，可以利用農產品拍賣、代理等國際通行的交易方式，極大地提高農產品流通和交易的效率。

(三) 重視流通、倉儲等環節的設施建設

在農產品流通體系中，農產品的流通、加工、貯存等環節起著承前啟後的樞紐作用，同時，它又是農產品打開市場銷路、適應供求關係的條件。美國農產品78.5%從產地通過配送中心直接到零售商，農產品流通環節少、速度快、成本低、營銷效率高。日本農產品流通的公共設施以及保鮮、冷藏、運輸、倉儲、加工等服務體系十分完備。如日本的批發市場實現了與全國乃至世界主要農產品批發市場的聯網，批發市場能夠發揮信息中心的功能，不必進行現場看貨、實物交易，而實行只看樣品的信息交易，實物則由產地直接向超市配送中心運送，做到商物分離。

農產品流通設施的建設，涉及領域廣闊，任務重，對此重慶市政府必須給予高度重視，要統一規劃，加強領導，發揮政府、社會、企業和個人各方面的積極性，通力進行流通設施建設，保證農產品流通、加工能力與生產能力相適應。

五、重慶市農產品批發市場發展對策建議

(一) 完善體系規劃，加快搬遷整合

1. 制定科學的市場體系規劃

積極協調發改、農業、商務、糧食、供銷等部門科學制定農產品批發市場體系建設規劃，從宏觀上加強對農產品市場體系建設的指導。特別是在規劃新

建市場時，要著眼於多層次、多類型、多功能的發展定位，在現有市場基礎上進一步規範發展，完善市場功能，增強輻射能力，切實做到農產品市場規劃的科學性與合理性。同時，堅持因地制宜、分類指導、務求實效、循序漸進的原則，推進農產品市場體系建設。

農產品運輸不同於一般的商品的運輸，它不僅要求運費低，而且必須保證沒有發生腐爛，因此對農產品一級批發市場的選址就更加重要，其佈局不僅要降低農產品的運輸成本，而且要保鮮保質。未來，重慶市將以正在建設的雙福西部國際農貿城作為一級批發市場向外輻射，建議根據農產品公路合理配送範圍，深入對在渝東北區域設立一級農產品批發市場建設的必要性進行論證，科學合理佈局一級批發市場。同時，建議每個區縣至少建立一個二級農產品批發市場。

2. 合理佈局產地型批發市場

進一步提升重慶本地農業的競爭力，把農產品生產與產地型批發市場建設緊密結合起來。建議在主要柑橘、臍橙、辣椒等生產地建立產地型特色農產品批發市場，主要依託奉節臍橙、忠縣柑橘、梁平柚、石柱辣椒、榮昌仔豬、江津花椒等特色農產品生產基地建立一批產地型特色農產品批發市場。推行「生產基地—產地市場」流通模式，實行標準化、網絡化、品牌化經營，實現生產、加工、運輸、服務的現代化。同時，著力打造與商品相關的文化氛圍，通過文化的傳播聚集人氣，從而增強商流功能。

在發展產地型批發市場時，應重點解決市場的淡旺季差別大的問題：一是推行「產銷結合」的綜合類市場。在旺季時，主要以本地產品為主；在銷售淡季時，可向銷地型市場轉型，從外地購進特色產品銷往本地區域。二是通過品種培育，主動調節農產品生產週期，盡可能做到均衡上市，採用產期調控技術避開淡季的上市高峰。三是通過建立嚴格的產品質量控製體系，提高產品質量水平，如提高冷藏保鮮配套設施能力，實現商品增值和延長產品銷售期的目的（圖13.6）。

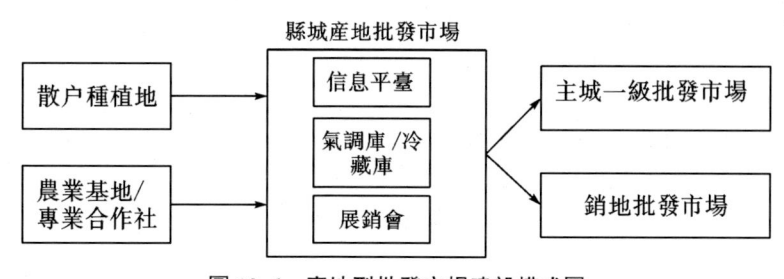

圖13.6 產地型批發市場建設模式圖

3. 加快保鮮物流體系建設

依託農產品批發市場體系建設，迅速加快農產品保鮮物流產業推廣，重點加強分級、包裝、預冷等商品化處理和保鮮儲存環節建設，大力發展冷藏運輸能力、建立冷藏庫、氣調庫等保鮮設施；重點完善一級批發市場、二級、特色產品產地型批發市場保鮮物流設施建設，契合建立現代農業產業體系的要求，為重慶市農產品建立了一個以保鮮體系為核心的高端流通平臺，降低果蔬損耗，確保為消費者提供安全的商品（圖13.7）。

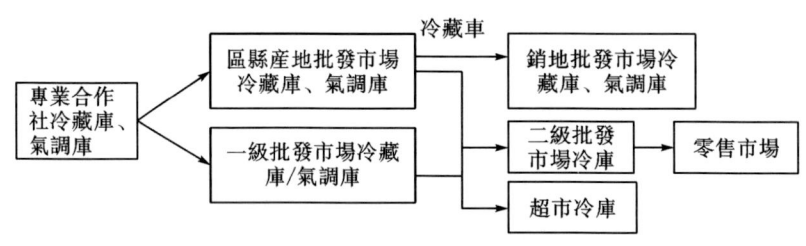

圖13.7 農產品保鮮物流體系圖

4. 加快主城市場搬遷

積極協調各投資主體及商戶，快加主城區幾大市場的搬遷工作，在對原有市場搬遷整合的過程中，應主要採取經濟手段，由政府規劃引導市場行為。從市場建設開始，加強對投資方的合理引導，幫助其對市場的選址、定位進行科學論證，同時引入民營資本，形成競爭，最後配套一些優惠措施，扶持這些市場盡快度過「空窗」期。

從市場調研瞭解到，目前觀音橋農貿市場許多商戶不願搬遷至新建市場，主要是因為商戶考慮到搬遷後對主城中心區配送距離增大，造成主城區內的大量零售商、散戶採購不方便，會增加物流成本，並可能引起產品零售價提高，最終造成這部分客源的流失。這同樣也是市場經營方的顧慮。故要加快主城區市場搬遷的進程，必須採取適當措施。以雙福農貿城為例，建議首先必須開通市場至主城區的便捷公交，其次建立市場統一的物流配送體系，降低物流配送成本，同時完善市場餐飲住宿等配套設施。建議政府在搬遷後的一段時間內對市場第三方物流企業或商戶提供物流成本補貼，促使主城農產品市場整合搬遷。而針對主城現有農產品市場，搬遷後可考慮其原址的改造提升，例如現有觀音橋農貿市場原址可打造成為主城區精品農產品批零市場，嘗試主要針對網購以及有車一族銷售高檔水果、精品蔬菜等，建立完善的配送體系，允許私家車輛入場採購。

（二）加強農產品市場信息體系建設

建立重慶市農產品市場信息機構。由重慶市發改委牽頭，商委、供銷、農業、統計等部門參加，通過「企業主導、政府支持」的形式聯合組建農產品信息機構。既要加大對市場信息系統硬件設施的投入，又要不斷加強智力資本配備和軟件設施建設，切實做好農產品供求、價格及交易信息的收集、處理、預測和發布工作以及市場信息諮詢服務，正確、合理地引導農產品的生產、流通和交易。

依託一級農產品批發市場建立市級農產品的信息平臺，主要任務是分析產銷形勢，發布產銷信息等；市場應建立內部信息服務平臺，為商戶及時提供有效的信息。同時在各個區縣依託二級批發市場建立區縣級農產品信息平臺，形成市級平臺、區縣級平臺、農產品基地信息平臺完善的信息體系。信息平臺的功能應具有以下方面功能：

1. 農產品生產動態信息反應功能

一是標準化生產基地、龍頭企業、專業合作組織和其他生產者，通過信息網絡在平臺上及時發布各自生產信息，能夠對農產品生產和農業產業化經營的區域佈局做到比較全面、準確地反應；二是重點農區內主要農產品生產或加工性企業，通過信息網絡在平臺上及時發布各自供貨信息。

2. 農產品銷售市場動態信息發布功能

主要包括重慶市主要農產品批發市場行情、重慶市主要農產品零售市場行情、國內主要市場主要農產品市場行情、國際主要市場主要農產品市場行情等。

3. 宣傳功能

包括個性化專題宣傳內容、農商企業專題廣告、區縣特色產銷服務介紹、通知通告等。

（三）積極開展多樣化的交易方式

1. 發展農產品期貨交易

期貨交易作為一種即期成交、遠期交割的交易方式，有利於農民瞭解農產品供求和價格的未來走勢，農民據此調整生產結構，可以有效地避免生產的盲目性。同時，期貨交易又可避免農產品集中上市帶來的季節性價格下降，提高農戶在市場交易中的地位，增加生產者、消費者對大宗農產品交易信息的透明度。根據重慶農產品生產實際，要組織專門人員，開展調查研究，制定切實可

行的措施，推行農產品期貨交易。

2. 發展農產品拍賣交易

由於實行農產品拍賣制在降低交易費用、提高交易效率、保證交易的公平性以及交易雙方的利益、調節農產品生產和供求等方面具有重要作用，建議政府相關部門要加強引導，支持農產品批發市場和經營企業積極探索這種現代化的交易方式，不斷完善農產品價格形成機制。結合重慶實際，可以先搞試點，再逐步推開。

（四）加強政策支持

重慶市政府歷來對農產品流通非常重視，近幾年財稅上的支持力度很大，對農產品市場的扶持政策也很多，但扶持對象宜進一步突出重點，建立完善的市場准入與評價標準，對符合全市農產品市場總體規劃的項目給予大力支持，並重點在以下幾方面出抬相關政策：

1. 加大綜合信息平臺建設的支持力度

成立由市分管領導任組長的全市農產品批發市場綜合信息化平臺建設領導小組，研究規劃、制定政策、現場指導，並隨時調度，解決信息化平臺建設中遇到的困難，形成信息化建設的良好環境，積極為信息化建設提供政策、資金、技術、人才支持，重點支持農產品批發市場搭建網上交易服務平臺和信息化管理平臺建設。

2. 加強對物流項目的支持

加大對大型物流配送中心、農產品冷鏈物流設施等項目的支持。在農產品批發市場的基礎設施建設、綜合服務能力建設、多功能服務網絡體系構建、信息收集傳輸建設等方面給予扶持，在銀行貸款、稅收等方面給以優惠，發揮公益性流通設施在滿足消費需求、保障市場穩定、提高應急能力中的重要作用。

3. 免除各項行政事業性收費

減少批發市場的收費項目，如流通環節中的檢驗檢疫費用、公路收費等，以降低批發市場的交易成本，吸引更多市場參與主體。

第十四章　重慶市主城區市場外遷與佈局

一、重慶主城區大型商品交易市場發展現狀

據統計，重慶主城內環範圍億元以上商品交易市場共79個，總營業面積為537萬平方米，2010年實現交易總額2,672億元。其中，以批發功能為主的商品交易市場共39個，總營業面積為290萬平方米，2010年實現交易總額1,434億元（表14.1）。

表 14.1　　**重慶市主城區商品交易市場發展概況表**

	市場數（個）	營業面積（萬 m²）	交易額（億元）	經營戶（戶）	從業人員（人）
（1）主城區市場	89	617	2,740	50,328	237,243
批發功能市場	44	378	1,720	35,697	235,089
（2）內環範圍市場	79	537	2,672	46,622	226,949
批發功能市場	39	290	1,434.7	38,644	196,185
金屬材料市場	8	47	450.2	1,167	3,659
建材家居市場	7	54	133.97	2,094	13,868
農副產品市場	8	70	401.08	17,284	72,600
汽摩配市場	6	32	107.85	2,639	18,400
五金機電市場	7	38	109.1	2,719	13,182
小商品市場	2	36	211.2	12,436	54,476
醫藥市場	1	9	21.3	305	20,000

註：內環範圍市場包括內環線內市場及個別內環線外臨近市場。

按市場交易額劃分，100億級市場共8個，包括龍文鋼材市場、綠雲石都建材交易城、恒冠鋼材市場、巨龍鋼材市場、朝天門市場、觀音橋農貿市場、南坪醫藥市場、萬噸冷儲物流交易中心；10億~100億級市場共17個，主要包括金屬材料、五金機電、汽摩配、農副產品等類型市場；1億~10億級市場共12個。

　　從經營面積上看，20萬平方米以上的市場有2個，5萬~20萬平方米市場有19個，5萬平方米以下的市場16個。

　　從空間佈局上看，五金機電市場、金屬材料市場和建材家居市場區域佈局較為集中，五金機電市場主要佈局在九龍坡區，金屬材料市場主要佈局在九龍坡區和大渡口區，建材家居市場主要佈局在九龍坡區和沙坪壩區；汽摩配市場、農副產品市場（含冷鏈）分佈較為分散，汽摩配市場主要佈局在九龍坡區、巴南區、南岸區、渝中區，農副產品市場佈局在江北區、沙坪壩區、渝中區、大渡口區、渝北區（圖14.1）。

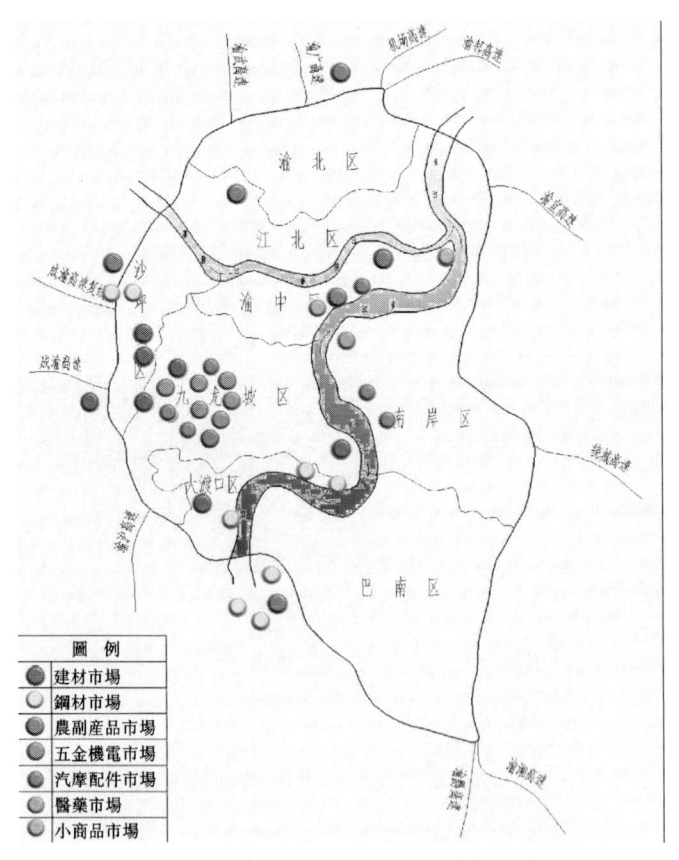

圖14.1　重慶市主城區大型批發市場分佈圖

二、重慶主城區大型商品交易市場存在的問題

隨著城市的快速擴張，以及對市場現代化發展要求的提升，重慶主城區商品交易市場存在較多問題，也產生了諸多不利影響。

1. 與城市開發建設的矛盾日益突出

隨著城市規劃、交通規劃調整，部分市場原有物流運輸優勢逐步消失，部分市場面臨用地性質調整；原有市場的存在也阻礙了城市開發和交通建設的快速推進，制約城市功能的完善和提升。如觀音橋農貿市場、朝天門市場等。

2. 貨物集散產生的交通壓力嚴重阻礙暢通重慶建設

由於市場多集中在內環核心區，批發市場貨物以及消費者的集聚，增大了周邊交通道路的負荷壓力，既導致市場貨物運輸效率下降，也增大了交通擁堵矛盾，難以通過道路建設緩解。

3. 市場功能設施嚴重不足

多數市場內部倉儲、停車等方面功能配套設施條件較差，用地飽和度較高，難以實現就地拓展和改造升級，不利於市場發展整體水平提升。

4. 市場整體形象差

多數市場建成營運期較長，設施陳舊、管理混亂，存在較大環境、安全問題，與內環以內發展高端服務業態的定位嚴重不符，對吸引和集聚高端產業形成制約。

5. 對本地產業的整合帶動能力較弱

絕大部分市場以銷地型市場為主，與本地產業基地在空間上、功能上的有機聯繫較為缺乏，難以實現產業鏈條由生產向服務的延伸和由服務向生產的融合，對本地產業產生強大的支撐帶動作用。

三、重慶主城區大型商品交易市場面臨的形勢

1. 二環區域發展規劃全面實施

2009年12月31日重慶外環高速通車，標誌著主城進入「二環時代」。所謂重慶二環，又稱重慶外環，是指起於北碚，經沙坪壩、九龍坡、江津、巴南、南岸、江北、渝北等8個行政區，環繞到起點的重慶繞城高速公路。重慶

二環高速公路全長187公里，環內面積2,253平方公里。其中，二環與內環之間的面積1,958平方公里，是未來主城區拓展的重要空間，內環以內面積295平方公里。二環區域的範圍為：內環與二環之間地區，以及二環外圍毗鄰的龍興─石船、王家─木耳、水土─復興、北碚等城市組團。從總體上看，內環區域即主城核心區，城市化、工業化水平較高；而二環區域基本上是新開發區域，其中，內環與二環之間的地區有一定的城市化、工業化基礎，可開發度高（圖14.2）。

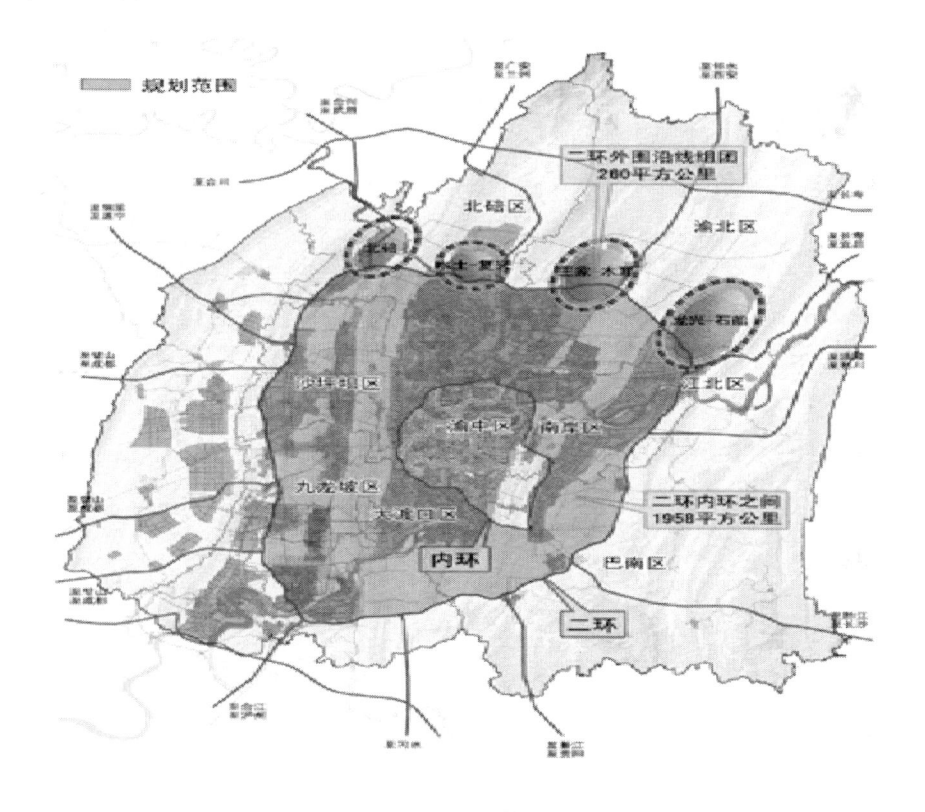

圖14.2　二環區域範圍示意圖

加快建設千平方公里、千萬人口的特大城市，全面實施二環區域發展規劃，將加快內環以內區域的優化提升，以大力發展總部經濟、服務外包和現代服務業，疏解城區人口，改善人居環境為重點的城市功能調整升級將加速推進，迫切要求對內環以內城市建設、交通發展、環境及安全產生較大影響的大型功能市場外遷。作為國家中心城市建設主戰場，二環區域將承擔分流內環以內人口、產業，分擔要素集散、公共服務等功能的任務。隨著大規模工業化、

城鎮化開發建設，大批工業園區、物流園區、大型聚居區、城市公共服務中心將不斷形成，並憑藉良好的對外交通樞紐優勢，為承接環內大型功能性市場向二環區域轉移，建設新一代現代化、集約化、規模化專業市場集聚區提供良好的條件。

2. 「三基地四港區」物流規劃空間佈局全面推進

未來重慶主城區將逐步形成包括鐵路物流基地、航空物流基地、公路物流基地、寸灘港區物流樞紐、果園港區物流樞紐、東港港區物流樞紐、黃磏港區物流樞紐、西部國際涉農物流加工區（白市驛）、洛磧危化物流園、西永綜合保稅區共計10個國家級物流樞紐基地的空間佈局體系。利用樞紐基地連接國內國際物流通道，一體一站「公鐵水聯運」以及多層級城市配送網絡優勢，將為重慶商品集散交易提供最強的物流綜合服務，有利於重慶形成大商貿、大物流、大市場的整體格局。此外，「三基地四港區」按照提升功能，促進集聚發展的要求，將規劃較大規模市場用地，為合理佈局大型功能性市場的搬遷及整合提升提供了良好的承接平臺。

3. 鐵路內客外貨調整逐步推進

按照「內客外貨」佈局調整，主城內將形成「1+9」鐵路貨運樞紐佈局，預計到2030年，貨運樞紐吞吐能力將達到8,110萬噸，能較好地滿足全市經濟社會發展對主城鐵路貨運能力的要求，提高物流效率，降低綜合物流成本。原有重慶東、重慶南、重慶西、梨樹灣、大渡口、茄子溪、銅罐驛、中梁山、伏牛溪9個原有貨運站將逐步關閉，原有臨近鐵路貨站佈局的專業市場物流運輸優勢將逐漸喪失，迫切要求原有市場按照新的鐵路貨運體系考慮搬遷和整合提升。

4. 大型專業市場規模化、現代化發展趨勢日益凸顯

主城區專業市場經歷了由「街」到「場」再到「城」的過程，在經歷了十幾年高速增長後，正逐步實現從數量擴張向質量提升的轉變之中。專業市場逐漸步入了規模化發展的道路，在優化市場交易功能的同時突出市場的專業化、現代化，形成具有「展貿功能+電子商務+現代物流」組合而成的「市場綜合體」。同時，位於主城區內的大部分專業市場所占據的空間位置非常優越，逐漸成為中心城區重新進行產業佈局與升級發展的障礙。內環以內大型功能性市場搬遷，已成為順應市場發展和城市產業佈局調整要求的必然趨勢。

無論從中國大型商品交易市場發展的趨勢，還是從重慶主城大型批發市場發展所處的環境、現狀分析，主城區大型批發市場外遷發展都已成為必然。隨著重慶經濟社會的加快發展和城市建設的快速推進，大多數位於重慶主城的具

有批發功能的商品交易市場自身提升發展，以及與城市規劃發展的矛盾日益顯現，迫切需要進行規劃佈局的整體調整，通過集中搬遷和整合提升，實現大型功能性市場的加快發展。

四、重慶主城區大型批發市場外遷的意義

逐步推進內環以內的大型批發市場往外環集中區域搬遷整合發展，將在提高市場發展水平、提升重慶商品交易市場集散能力、夯實商貿物流中心地位、促進城市功能優化升級、推動貿易與加工產業融合互動等多方面發揮突出的作用，意義十分重大。

1. 有利於推進批發市場規模化、集中化發展

有利於把重慶建設成為西南地區最大的商品批發交易集散地。內環以內主要批發市場逐步外遷集中發展後，未來在二環區域將形成5~6個規模化、集中化的大型專業市場集聚區。預計主城一級批發市場年交易規模將達到5,000億元左右，帶動相關稅收及經營性收入約600億元/年，市場就業人員總規模增加到100萬人左右。

2. 有利於夯實商貿物流中心地位

主城大型批發市場向二環區域集中搬遷升級發展，有利於加快重慶商品交易市場向功能領先、配套齊全、技術現代的第三代市場升級，帶動重慶市場發展水平的整體提升，並發揮物流大通道戰略優勢，形成「大物流+大市場」格局，使重慶商品交易的集聚和輻射功能進一步增強，由本地向西部乃至全國、全球的擴展，加快重慶建設長江上游商貿物流中心的進程。外遷發展初步成型後，按市場用地規模、經營建築面積、商品交易額等數據估算，重慶未來商品批發交易規模將達到成都市的2倍以上，進一步凸顯長江上游商貿物流中心地位。

3. 有利於促進城市功能優化升級

一是主城區市場外遷發展將為中心城區城市功能優化升級提供空間。據初步估計，主城區市場外遷將為城市核心區騰出約4,000畝建設用地，可供金融、商業等高端業態建築開發體量達880萬平方米左右，間接帶動投資400億元以上。二是主城大型批發市場向二環區域集中搬遷後，大批市內外進出貨物的集散將在中心城區外圍的物流基地、物流中心和專業物流節點完成，進入主城中心區的物資商品通過專門的城市配送體系實現，從而疏解大量的城區貨

流，減輕大型貨運車輛對內環快速通道和城區幹道的交通通行壓力，從「疏」的方面緩解城市交通擁堵。三是市場外遷直接解決了原有市場滋生的環境、衛生、安全等城市管理問題，有利於中心城區功能優化提升；市場搬遷帶動大量從業人員就近居住，在疏解中心城區人口的同時也將促進二環區域大型聚居區的形成，這樣可從內外兩個方面提升城市居住水平。

4. 有利於推動貿易與加工產業融合互動

未來二環區域將實施大規模工業化建設，一批國家級、市級重點工業園區、開發區加快發展。主城大型功能性市場向二環區域集中搬遷升級，將與產業基地在空間上、功能上形成有機聯繫，有利於生產與服務的互動發展，打造「大市場+大加工」的產業集群發展格局，帶動汽摩製造、金屬材料加工、建材家居等產業加快發展，提升產業競爭力和市場影響力。

五、重慶主城區大型批發市場外遷的對策

1. 加快大型批發市場外遷發展進程

不同於其他市場化運作項目，政府應在商品市場外遷發展的建設過程中發揮引導作用，採取政府引導和市場化運作相結合的辦法，統籌推進。通過加強政府引導和管理，強化對市場建設的統一規劃管理，通過控制市場設立，實現規模控製和資源整合。同時，要加強市場外遷的宣傳，為引導市場經營主和商戶搬遷營造良好的社會輿論氛圍。

2. 合理規劃市場外遷集聚發展區

要按照集中集約佈局發展原則，突出大型批發市場搬遷與主城特大城市空間發展戰略、與交通及物流基礎設施建設、與經營產品流通特性的緊密結合，圍繞二環區域功能區劃分和大規模工業化、城鎮化開發，在二環區域集中佈局建設一批專業突出、分工明顯、技術先進的大型市場集聚區，承接內環以內大型功能性市場搬遷。規劃引導的搬遷集中發展區，要充分考慮交通集疏運條件、加工產業支撐、配套設施條件等因素，體現區域板塊特色，結合物流基地工業園區功能定位、產業佈局，切實促進市場規模和檔次的整體提升，促進市場通達能力和輻射能力的顯著提高，實現市場轉型升級和創新發展。

3. 強化相關基礎設施建設

為順利引導市場外遷，要按照高標準、適度超前的原則，加強市場集聚區周邊城市交通、公交站點及線路、供水、供電、供氣等配套基礎設施建設，滿

足新建大型市場集中區域人流、車流不斷增加的需求。引導市場建設方充分論證，科學建設市場內部道路、廣場、停車場、綠化、公用設施等基礎設施；有效銜接與新建市場相關聯的物流基地、配送中心，合理建設市場內部物流倉儲設施，鼓勵建設集中共享的倉儲、電子交易平臺，減少重複建設。

六、重慶二環區域大型商品交易市場佈局

1. 二環區域產業佈局

「內環外移」，二環通車為重慶產業佈局提供了更多的選擇，依託二環建設的眾多市場集群，為內環內那些佈局分散、存在環境污染和安全隱患、不符合產業政策的大型市場進行轉型或異地搬遷創造了條件，同時也會吸引更多企業入駐，對推動重慶產業結構調整和佈局起到積極作用。

根據規劃，內環與外環之間，重點佈局先進製造業和大型物流基地，促進產業向輻射型、帶動型轉變，並加快重大公共服務設施和市政基礎設施規劃建設，提升主城綜合服務功能。超前規劃和建設一批連接各組團和衛星城的快速通道、綠色廊道，增強主城對外輻射帶動力。主城各區要嚴格遵循組團功能定位，錯位發展、特色發展、聚合發展，避免同質化。

首先，原則上內環線以內限制發展和擴大大型商品交易市場規模，在內、外環之間，培育物流業、專業批發市場群等，完善相關配套設施。結合蔬菜、副食品基地發展得好的地區，在外環周邊交通便利的位置，設置大型農副產品批發市場和農副產品配送中心。

其次，內環線以內，將不再新增工業用地。將大楊石組團、觀音橋—人和組團、南坪組團、大渡口組團中占地面積大、佈局分散、存在環境污染和安全隱患、不符合產業政策的工業企業進行轉型或異地搬遷。內、外環之間，是工業拓展的主要備選空間，新增工業企業進入相應的工業園。鼓勵發展高產出、低污染、技術含量高的高新技術產業、裝備製造業、汽車、摩托車和材料加工等工業，將嚴格限制污染較重的工業。

最後，都市區內環以內地區重點佈局現代服務業、高新技術產業和文化產業。內、外環之間，則重點佈局現代製造業、現代物流業、休閒旅遊業、房地產業；繞城高速以外的地區，重點佈局都市農業、生態旅遊業等產業。此外，大型集聚區水電氣、商業、教育、醫療等基礎設施和服務設施方面，也將有細緻、完善的規劃。

2. 重慶二環區域市場發展思路

根據重慶市主城區二環區域發展規劃（2011—2020 年），在「十二五」期間，全市將逐步形成「內客外貨」的物流架構，大型的一級批發市場或將全部遷到外環，內環重點打造客運中心。

（1）合理利用土地優勢帶動專業市場外遷

二環區域的土地資源比較豐富，但是專業市場不足制約了二環區域商貿流通業的發展。內環區域的土地資源比較密集，相對來說，交通也比較擁擠，而二環區域的土地資源相對豐富並閒置。加大二環區域專業市場的開發，專業市場外遷，不但能夠解決內環區域的擁擠問題，並且可以有效利用二環區域的土地資源，帶動二環區域商貿流通業的發展。據初步調查，主城可能涉及外遷的批發市場有 40～50 個，面積在 350 萬平方米以上，涉及經營戶 4 萬多戶，從業人員約 20 萬人。此外，尚有部分市場涉及倉儲、物流等功能性轉移。

（2）加大承接東部市場轉移招商引資力度

目前重慶正處於經濟結構和發展方式的轉型階段，充分利用國際國內產業轉移重大歷史機遇，積極引導國際或東部沿海大型質優的專業市場向重慶轉移，選取與本地商貿流通產業關聯度較高的優勢市場項目，快速擴大專業市場規模，增強市場的集聚輻射功能，加快流通產業內部結構調整，引進先進管理經驗，快速提高其產業市場集中度。

（3）整合內環優勢資源帶動二環專業市場發展

通過加大二環區域新興專業市場的投資建設力度，加強與內環龍頭市場合作，快速整合優勢資源，發揮產業互動、功能互補效應，促進二環新興專業市場群大發展。充分發揮龍頭市場的領頭羊作用和整體帶動作用，快速拉動二環專業市場群的發展壯大，最終實現區域商貿市場一體化，成為長江上游的商貿中心。

（4）加強市場監測調控及運行機制建設

做好市場監測調控工作，完善市場信息快速反應系統，提高生產生活必需品市場監測、預警和調控能力。強化部門協作，建立協調交流機制、互動機制、日常工作機制，共同做好對二環區域專業市場的服務和市場監管工作。整頓市場經濟秩序，推動商貿流通企業信用等級的提高。

（5）打造二環區域專業市場信息化平臺建設

重慶二環區域專業市場的發展、電子商務信息化平臺的建設是基礎性的建設；及時的物流信息、客源信息、資源信息等，對於二環區域專業市場的發展至關重要。信息化的平臺不但能方便其管理，還能節約成本，並且信息化平臺

能輻射其他的產業，促進虛擬市場與實體市場的共同發展。

（6）加大二環區域的公共服務設施建設配套力度

二環區域目前設施配套不足，影響了專業市場的外遷和佈局。根據工業化和城市化的進展情況，逐步推進二環區域的公共服務建設，適時推動與之相適應的房地產開發建設、水電氣供應等各種市政設施建設、商業等生活服務設施建設、文化娛樂設施建設、休閒健身設施建設、城市綠化建設、醫療衛生資源建設、教育資源建設和服務佈局，方便新興城市化區域的市民生活；開闢多元化融資渠道和加大資金投入，提升城市基礎設施承載能力。完善城市基礎設施投融資體制；同步推進農村鄉鎮向城市街道、農村社區向城市社區的轉型，為新興城市化人口提供相應的城市公共服務。

（7）加快完善內外環城市交通體系

加快完善以城市軌道交通、城市快速干道和城市綜合交通換乘樞紐為主的城市內部通勤交通系統。加快建設「9線1環」軌道交通建設，並根據重慶主城二環區域發展需要，適時研究規劃新建9條軌道交通線路之間的連線，形成軌道交通的二環。積極推進「五橫、六縱、一環、七聯絡」的城市快速干道建設，使都市區的干道形成網狀結構，有機連接二環高速和各條對外的射線高速公路。適時推動城市公交車線路的調整和增加，方便兩環之間市民的通勤。

3. 二環區域商品交易市場規劃佈局

根據《重慶市商貿流通業發展第十二個五年規劃》，二環區域屬重點佈局開發區域，結合重慶產業發展優勢，加快推進一批一級大型專業市場集群向「三基地四港區」及雙福農產品物流園、白市驛涉農物流加工區佈局。在主城二環區域，重點規劃建設西部進出口商品集散地、西部農貿城、朝天門國際商貿城、西部藥品交易城、西部國際涉農物流加工區、西南生產資料集散地、西部汽摩貿易城、西部家居裝飾城、國際建材商貿中心、西部花木城10個一級商品批發市場集群。按照「同類項」整合，推動朝天門綜合交易市場、菜園壩水果市場、菜園壩摩配市場、儲奇門中藥材市場、南坪藥品市場、觀音橋農產品市場、馬家岩板材市場、大川建材市場、巨龍鋼材市場、梨樹灣金屬材料市場、綠雲石都、恒冠鋼材市場、恒勝鋼材市場等內環區域大型市場向10個一級批發市場集群搬遷集聚，進一步做大做強。

團結村物流基地重點佈局電子、建材等市場集群；

南彭西部工貿城佈局一級批發市場集群；

航空物流基地重點集散快遞物品、高端精細物品及生物醫藥等；

寸灘港區重點集散港口集裝箱貨物；

黃磏港區重點佈局有色金屬、廢舊金屬、黑色金屬等市場集群；

果園港區及周邊重點佈局汽車及零配件等市場集群；

東港港區及周邊重點佈局機電、醫藥產品、紡織服裝、小商品等市場集群；

雙福農產品物流園重點佈局農產品批發市場；

白市驛涉農物流加工區重點佈局農產品加工及銷售、農產品冷鏈物流。

具體規劃佈局如表 14.2 所示：

表 14.2　　二環區域一級商品批發市場集群規劃建設一覽表

序號	市場名稱	建設地點	主要建設發展內容
1	西部進出口商品集散地	江北區寸灘保稅港區	依託中國內陸唯一保稅港區國際採購、配送、中轉、轉口貿易、出口加工的功能平臺，構建輻射西部地區進出口商品的大通道，建成西部進出口商品集散地。
2	中國西部農貿城	江津區雙福鎮	建設集批發、物流配送和電子商務於一體的中國西部最大的千億元級農產品貿易城。服務重慶為基礎，輻射西部，部分農產品輻射全國。
3	朝天門國際商貿城	南岸區迎龍鎮（臨近東港港區）	以批發、博覽、電子商務為主體，建設長江上游地區及中西部地區重要的小商品、服裝、百貨、家電、家居等日用工業品和東部商品西進的展示中心、交易中心、結算中心、信息中心、價格形成中心、設計研發中心、物流配送中心。
4	中國西部藥品交易城	南岸區迎龍鎮（臨近東港港區）	以批發、電子商務為主體，建設西部地區最大的中藥材、藥品、醫療器械等交易市場。
5	中國西南生產資料集散地	九龍坡區黃磏港區附近	轉移內環以內現有生產資料大市場的批發、物流、倉儲功能，發展有色金屬、機床設備、機電產品、陶瓷、玻璃、閒置設備等批發交易，並爭取設立鋼材、鋁鎂等有色金屬期貨交割庫，打造區域性的生產資料集散地。
6	南彭西部工貿城一級批發市場集群	巴南區南彭公路物流基地	依託南彭公路物流基地，通過引進華南城等龍頭商貿企業，打造西部工貿城。重點打造一級批發市場集群，規劃建設中國西部汽摩貿易城、重慶南部機電產品市場、重慶南部生產資料專業市場、重慶南部日用工業品市場、京東商城重慶電子商務營運中心等，成為中國西部有強大輻射力的一級批發市場群，遠期發展期貨交易市場。
7	中國西部家居裝飾城	巴南區李家沱街道、北部新區	改造提升鎧恩國際家居名都和北部新區聚信美·家居城，建成中國西部最大的家居裝飾城。

表14.2(續)

序號	市場名稱	建設地點	主要建設發展內容
8	重慶國際建材商貿中心	沙坪壩區團結村鐵路物流基地	打造以家居建材批發、營銷、倉儲、展示功能為主，同時兼信息、電子交易、物流配送等功能的西部一流的超大規模、綜合性、現代化家居建材物流中心和採購基地。
9	中國西部花木城	巴南區界石鎮	優化提升重慶花木世界功能，建成前店後院交易展示集群、主題商業街、花木物流中心，奇石、根雕交易展示、農業技術創意培訓基地，生態休閒度假等西部一流的交易與生態旅遊複合併重的花木交易旅遊市場。
10	麻柳嘴重化工產業園市場區	巴南區麻柳嘴重化工產業園	規劃佈局石油深加工產品市場、貴煤市場交易中心、重慶南部舊貨市場（再生資源）。
11	西部國際涉農物流加工區	九龍坡區白市驛鎮	建設西部國際涉農物流加工區，打造集糧食、食用油、禽肉、海產品等農產品加工、銷售、倉儲、冷凍、冷藏等於一體的，輻射西部的超大規模的農產品物流加工區。

參考文獻

[1] 洪濤. 中國商品交易市場 30 年——商品交易市場體系與模式創新 [M]. 北京：經濟管理出版社，2009.

[2] 孫家賢. 社會主義市場經濟探索——浙江專業市場現象剖析 [M]. 杭州：浙江人民出版社，1992.

[3] 鄭勇軍，袁亞春. 解讀「市場大省」——浙江專業市場現象研究 [M]. 杭州：浙江大學出版社，2003.

[4] 彭建強. 制度創新與市場發育——中國農村專業批發市場的形成與發展 [M]. 北京：中國經濟出版社，2004.

[5] 顧存偉. 流通領域的變革 [M]. 上海：上海社會科學出版社，1990.

[6] 李朝鮮，方燕. 中國商品交易市場景氣與預警研究 [M]. 北京：經濟科學出版社，2007.

[7] 紀良剛，劉東英，盧燕. 商品交易市場宏觀分析 [M]. 北京：中國經濟出版社，2009.

[8] 曾慶均，丁謙. 重慶市商品交易市場發展研究 [M]. 成都：西南財經大學出版社，2012.

[9] 紀良剛，張偉東. 商品交易市場經營管理 [M]. 北京：中國經濟出版社，2009.

[10] 唐紅濤. 中國城鄉商品交易市場協調發展實證研究 [M]. 北京：中國市場出版社，2011.

[11] 郭嵐. 中國區域差異與區域經濟協調發展研究 [M]. 成都：四川出版集團，2008.

[12] 陶應虎. 農村居民收入區域差異及其影響因素研究——以江蘇省為例 [M]. 北京：清華大學出版社，2009.

[13] 張新民. 中國有機農產品市場發展研究 [M]. 北京：中國農業出版社，2011.

［14］曾慶均. 現代貿易組織理論與實務［M］. 重慶：西南師範大學出版社, 1999.

［15］金祥榮, 柯榮生. 對專業市場的一種交易費用經濟解釋［J］. 經濟研究, 1997（4）.

［16］陸立軍. 中國小商品城與農村經濟發展的義烏模式［J］. 商業經濟與管理, 1997（6）.

［17］陸立軍.「中國小商品城」的崛起與農村市場經濟發展的義烏模式［J］. 經濟社會體制比較, 1999（1）.

［18］陸立軍, 楊海軍. 市場拓展、報酬遞增與區域分工——以「義烏商圈」為例的分析［J］. 經濟研究, 2007（4）.

［19］陸立軍. 專業市場轉型、提升的基本態勢與對策［J］. 浙江學刊, 2009（4）.

［20］陸立軍, 於斌斌. 基於修正「鑽石模型」的產業集群與專業市場互動的動力機制［J］. 科學學與科學技術管理, 2010（8）.

［21］羅衛東. 專業市場的前景不容樂觀［J］. 浙江社會科學, 1996（5）.

［22］王克強, 李敏, 劉曉燕. 中國商品交易市場發展現狀分析［J］. 中國市場, 2009（34）.

［23］郭國慶, 錢明輝, 吳劍峰. 論加強商品交易市場管理［J］. 財貿經濟, 2005（5）.

［24］楊松. 北京商品交易市場發展模式及管制方式（一）［J］. 中國市場, 2007（30）.

［25］楊富堂. 商品交易市場持續發展理論［J］. 產業與科技論壇, 2008（7）.

［26］洪濤. 中國商品交易市場走勢與發展［J］. 中國市場, 2008（21）.

［27］馬燕, 王鬱, 王敬華. 農村商品交易市場發展概況與趨勢［J］. 中國市場, 2006（14）.

［28］石憶邵. 中國億元商品交易市場發展的特點及其成因［J］. 商業研究, 2006（11）.

［29］肖林. 國際貿易中心與大宗商品交易市場發展［J］. 科學發展, 2009（7）.

［30］徐峰. 中國專業市場國際化的基本模式和發展路徑［J］. 商業經濟與管理, 2006（11）.

［31］曹榮慶. 論專業市場的國際化模式及其創新——以中國義烏國際商

貿城為例 [J]. 經濟理論與經濟管理, 2008 (2).

[32] 劉天祥. 專業市場研究的文獻綜述 [J]. 當代經濟, 2006 (9).

[33] 石憶邵. 中國億元商品交易市場集中化與專業化空間態勢 [J]. 地理學報, 2008 (4).

[34] 張旭亮, 寧越敏. 中國商品交易市場發展時空差異及其形成機理探析 [J]. 地理科學, 2010 (8).

[35] 吳意雲, 朱希偉. 接入效應市場分割與商品交易市場的發展 [J]. 經濟學（季刊）, 2011 (1).

[36] 劉德成. 關於商品交易市場走向何處去的思考 [J]. 理論前沿, 2002 (5).

[37] 石憶邵. 中國商品交易市場的空間分佈及其發展對策 [J]. 世界地理研究, 2005 (3).

[38] 朱媛玲. 中國房地產市場價格區域差異的計量研究 [D]. 長春：吉林大學, 2012.

[39] 李巧波. 中國房地產市場的區域差異及影響因素研究 [D]. 上海：華東師範大學, 2011.

[40] 喬忠, 李凌穎. 商品交易市場網絡節點選址的雙層規劃模型——以安徽省碭山縣為例 [J]. 中國管理科學, 2008 (2).

[41] 張明東, 陸玉麒. 中國商業發展的空間分異研究 [J]. 商業研究, 2009 (10).

[42] 楊富堂. 小商品市場運行與發展機理研究——以鄭州鞋城為例 [D]. 天津：天津大學, 2006.

[43] 肖林. 國際貿易中心與大宗商品交易市場發展 [J]. 科學發展, 2009 (7).

[44] 徐建華, 魯鳳. 中國區域經濟差異的時空尺度分析 [J]. 地理研究, 2005 (1).

[45] 梁雲芳, 高鐵梅. 中國房地產價格波動區域差異的實證分析 [J]. 經濟研究, 2007 (8).

[46] 黎翠梅. 農村金融發展對農村經濟增長影響的區域差異分析——基於東、中、西部地區面板數據的實證研究 [J]. 湘潭大學學報, 2009 (5).

[47] 劉慧. 區域差異測度方法與評價 [J]. 地理研究, 2006 (7).

[48] 王麗. 商品交易市場監管的工商行政管理主導與多元力量介入研究 [D]. 昆明：雲南大學, 2011.

[49] 武倩. 北京日用工業品交易市場競爭力研究 [D]. 北京：北京工商大學, 2010.

[50] 徐峰. 中國專業市場國際化的基本模式和發展路徑 [J]. 商業經濟與管理, 2006 (11).

[51] 曹榮慶. 論專業市場的國際化模式及其創新——以中國義烏國際商貿城為例 [J]. 經濟理論與經濟管理, 2008 (2).

[52] 應熊, 吳志鵬, 李濤, 張少博. 關於浙江市場轉型升級的幾點建議 [J]. 浙江經濟, 2012 (21).

[53] 彭繼增, 趙恒伯. 專業市場：概念、歷史演進及其集聚機理分析 [J], 財貿研究, 2009 (5).

[54] 楊松. 北京商品交易市場的發展模式及管制方式 [J]. 中國市場, 2007 (38).

[55] 馬增俊. 農產品批發市場的發展模式及定位 [J]. 中國市場, 2010 (17).

[56] 梁筱筱. 淺析中國農產品批發市場發展模式 [J]. 中國商貿, 2010 (19).

[57] 陳炳輝, 安玉發. 農產品批發市場發展模式國際比較及對中國的啟示 [J]. 世界農業, 2006 (2).

[58] 李敏. 中國農產品交易市場發展對策研究 [J]. 統計研究, 2003 (1).

[59] 關海玲, 陳建成, 錢一武. 電子商務環境下農產品交易模式及發展研究 [J]. 中國流通經濟, 2010 (1).

[60] 鄭勇軍. 浙江農村工業化中的專業市場制度研究 [J]. 浙江社會科學, 1998 (6).

[61] 朱國凡. 現階段浙江農村專業市場的發展 [J]. 中國農村經濟, 1995 (10).

[62] 紀良綱. 農產品批發市場研究 [J]. 重慶商學院學報, 1995 (4).

[63] 曾慶均. 重慶朝天門綜合交易市場：現狀、組織與運行 [J]. 重慶商學院學報, 1997 (3).

[64] 史晉川. 制度變遷與經濟發展：「浙江模式」研究 [J]. 浙江社會科學, 2005 (5).

[65] 包偉民, 王一勝. 義烏模式：從市鎮經濟到市場經濟的歷史考察 [J]. 浙江社會科學, 2002 (5).

［66］Catherine Kyrtsou and Michel Terraza. Noisy Chaotic Dynamics in Commodity Markets ［J］. Empirical Economics, 2004, 29 (3): 489-502.

［67］Jacques Belair and Michel C. Mackey. Consumer Memory and Price Fluctuations in Commodity Markets: An Integrodifferential Model ［J］. Journal of Dynamics and Differential Equations, 1989, 1 (3): 299-326.

［68］James and Yeager Depreciation. Multipliers, and Commodity Market Equilibrium: A Pedagocial Approach ［J］. Atlantic Economic Journal, 1997, 5 (2): 90-91.

［69］Kurt Vanmechelen and Jan Broeckhove. A Comparative Analysis of Single-Unit Vickrey Auctions and Commodity Markets for Realizing Grid Economies with Dynamic Pricing ［M］. Springer Berlin Heidelberg, 2007: 98-111.

［70］Luca Pieromi, Matteo Ricciarelli. Modelling Dynamics Storage Function in Commodity Markets: Theory and Evidence ［J］. Ecomomic Modelling, 2008, 1 (8): 1-13.

［71］Maksim Tsvetovat and Kathleen M. Carley. Emergent Specializations in a Commodity Market: A Multi-Agent Model ［J］. Computational & Mathematical Organization Theory, 2002.

［72］B. Joseph Pine Ⅱ. Mass Customization: The New Frontier in Business Competition ［M］. Harvard: Harvard Business School Press, 1993.

後　記

　　2010年2月，重慶市商業委員會、重慶市商品交易市場協會委託重慶工商大學編製《重慶市商品交易市場藍皮書》，到2014年已編製完成2010、2011、2012、2013年《重慶市商品交易市場藍皮書》。以2011年《重慶市商品交易市場藍皮書》為基礎，出版了《重慶市商品交易市場發展研究》。《商品交易市場發展論》是《重慶市商品交易市場發展研究》的延伸研究。

　　《商品交易市場發展論》分上下兩篇。在調查研究基礎上，課題組充分討論，確定了編寫大綱、基本思路和主要內容，並明確了各部分的執筆人：第一篇第一、二、四、七章，曾慶均、郭銀；第一篇第五、六章，郭銀、曾慶均；第一篇第三章、第二篇第九章，孫暢；第二篇第八章，張永鵬、王曉琪、曾慶均；第二篇第十章，劉瑋、曾慶均；第二篇第十一章，丁謙、朱吉華；第二篇第十二章，何濤；第二篇第十三章，葛俊、劉瑋；第二篇第十四章，王曉琪、楊偷。最後由曾慶均統稿定稿。

　　本書列入重慶市高等學校特色專業建設項目——貿易經濟專業的專著資助出版計劃。

　　在此，謹向同事們致以崇高敬意！

　　由於水平有限，研究中尚存諸多不足與不盡如人意之處，熱誠歡迎學界前輩、同仁批評指正。

曾慶均

2014年8月28日於南山書院

國家圖書館出版品預行編目(CIP)資料

商品交易市場發展論 / 曾慶均 等 著. -- 第一版.
-- 臺北市 : 財經錢線文化出版 : 崧博發行, 2019.01

面 ; 公分

ISBN 978-957-680-280-5(平裝)

1.商品市場 2.中國

496　　107019086

書　名：商品交易市場發展論
作　者：曾慶均 等著
發行人：黃振庭
出版者：財經錢線文化事業有限公司
發行者：崧博出版事業有限公司
E-mail：sonbookservice@gmail.com
粉絲頁　　　　　　網　址：
地　址：台北市中正區延平南路六十一號五樓一室
8F.-815, No.61, Sec. 1, Chongqing S. Rd., Zhongzheng Dist., Taipei City 100, Taiwan (R.O.C.)
電　話：(02)2370-3310　傳　真：(02) 2370-3210
總經銷：紅螞蟻圖書有限公司
地　址：台北市內湖區舊宗路二段 121 巷 19 號
電　話：02-2795-3656　傳真：02-2795-4100　網址：
印　刷 ：京峯彩色印刷有限公司（京峰數位）

　　本書版權為西南財經大學出版社所有授權崧博出版事業有限公司獨家發行電子書及繁體書繁體版。若有其他相關權利及授權需求請與本公司聯繫。

定價：450元

發行日期：2019 年 01 月第一版

◎ 本書以POD印製發行